여행자를 위한

지식 사전

THE WAYFARER'S HANDBOOK

This Korean edition was published by Symposia,
a division of Moonyelim Publishing Co.
by arrangement with Black Dog & Leventhal, New York, USA
through KCC(Korea Copyright Center Inc.), Seoul.

THE WAYFARER'S
HANDBOOK

여행자를 위한
지식 사전

에반 S. 라이스 지음 · 김다은 옮김

SYMPOSIA

여행자를 위한 지식 사전

초판 1쇄 인쇄 2018년 3월 23일
초판 1쇄 발행 2018년 3월 30일

지은이 에반 S.라이스
옮긴이 김다은
펴낸이 서덕일
펴낸곳 심포지아

책임편집 김소현 **편집** 정은선 **디자인** 이유정

출판등록 2014.12.24 (제2014-73호)
주소 경기도 파주시 회동길 366 (10881)
전화 (02)499-1281~2 **팩스** (02)499-1283
전자우편 info@moonyelim.com
홈페이지 www.moonyelim.com

ISBN 979-11-954456-7-7 (03980)
값 15,000원

머리말

스물다섯에 일을 그만두고 케냐로 떠나는 편도 항공권을 예매했다. 열 달이 흘러 집으로 돌아온 나는 길에 매료되어 있었다. 친절한 사람들이 모여 사는 사랑스러운 동네, 아름답고 독특한 야생동물, 맛있는 길거리 음식, 환상적인 조그만 산골 마을과 갖가지 색으로 가득한 부산스러운 장터까지 전 세계에 가득한 수많은 보물을 발견하였다.

자연과 문화 속에서 예상치 못한 보물들을 찾는 동시에 가능할 거라고 생각조차 하지 않았던 삶을 살아가는 사람들을 만나게 되었다. 나이를 막론하고 정해놓은 기간도 없이 본인도 정확히 알지 못하는 이유에 이끌려 놀라운 세상을 경험하는 여행자들. 이들은 나아감에 전혀 거리낌이 없었다. 여유로우면서도 기민했고 자신을 믿으며 목적 없는 여행에 더없이 행복해했다. 무엇보다도 자유로웠다. 점점 더 자유를 부정하는 세상 속에서 이들은 진실하게 온전히 자유로웠다.

완벽한 사람들은 아니었다. 길에서 만나는 모든 사람이 다양하고 심오한 윤리 철학을 충실히 고수하는 수준 높은 시민이기를 기대하겠지만 실제로는 의사와 술꾼, 군인과 히피, 독실한 종교인과 부끄럼 없는 쾌락주의자까지 온갖 사람들이 이러한 삶의 방식에 매혹되어 있었다. 이들의 공통점은 단 하나였다. 사회가 강요하는 삶의 방식을 무분별하게 따르는 세태에 대한 거부. 이들은 20대 초반에 평생직장을 선택해야 한다거나 세상을 돌아볼 기회를 회사 휴가 기간에 한정지어야 한다는 말도 안 되는 소리들을 거부했다. 완벽한 사람들은 아니었지만 그 선택 하나만으로 이들을 존경할 수 있었다.

이들이, 그리고 내가 열정적으로 주창하는 삶의 방식이 모두를 위한 것은 아니다. 여행은 새로운 장소를 경험하고자 하는 소중한 선택이며 주관적인 결정이다. 누군가에게는 일주일 동안의 등반이 될 수 있고 누군가에게는 발길 닿는 곳에서 계절마다 다른 일을 해가며 수해에 걸쳐하는 세계 여행이 될 수 있다. 어떤 형태든 세상을 돌아본다는 점에서 동등하다. 배낭여행자 중에는 다른 이들의 여행을 무시해가며 자신의 여행을 대단한 것으로 포장한다거나 덜 모험적인 사람들을 순응주의자라며 조롱하거나 이러한 비교를 통해 무언가 얻고자 하는 사람도 종종 있다. 잠시 위안이 될지 모르지만 이러한 태도는 잘못된 우월 의식을 바탕으로 한다. 자신의 목표를 기준으로 다른 사람을 판단하는 것은 소모적이며 의미 없는 짓이다. 더욱이 여행의 본질 자체를 해친다. 세상을 둘러보기 위해 어떤 방법을 선택했는지는 중요하지 않다. 중요한 것은 자주성과 지식을 갖고 스스로 그 결정을 내렸다는 점이다.

많은 사람들이 예전의 나처럼 잘못 알고 있는 부분이 있는 것 같아 이 책을 쓰게 되었다. 직장에 만족하지 못하고 스스로 어떤 삶을 원하는지 제대로 알지 못하거나 세상에 대한 단순한 호기심만 있는 사람 중에는 여행이 얼마나 가까이 있는 것인지 전혀 깨닫지 못하는 경우가 많다. 그래서 여행에 대한 환상을 갖고 있으면서도 엄청난 행운아만이 누릴 수 있는 비현실적인 취미쯤으로 생각하며 자기는 할 수 없다고 생각해버린다. 하지만 지금 이 순간에도 각양각색의 수많은 여행자들이 지평선 너머를 궁금해 하며 세상을 돌아다니고 있다. 당신이 선택만 하면 이들과 함께할 수 있다는 사실을 깨닫게 하는 것이 이 책의 목표이다.

길 위에서 여러 해를 보냈지만 나는 여전히 여행에 서툴다. 허튼 데 돈을 쓰고 방향 감각도, 외국어 실력도 형편없는데다 주변 그 누구보다도 괴로운 상황을 자초하는 경우가 잦다. 하지만 여행을 '잘' 하는 것은 이 책에서도, 여행 자체에서도 중요하지 않다. 세상을 돌아보기 위해서는 엄청난 기술이나 준비, 돈, 체력, 용기가 필요할 것이라는 말도 안 되는 오해가 널리 퍼져있다. 나만 보아도 사실은 그렇지 않다는 것을 분명하게 알 수 있다. 시중에 나와 있는 여행서 중 꽤 대범한 태도로 이야기를 하는 이 책조차 마주하고 싶지 않은 상황에 대한 조언과 우려로 가득 차 있다. 하지만 이 책이 없어도, 그 어떤 책을 읽지 않아도 여행은 가능하다. 가장 정확하고 흥미로운 정보는 책이나 웹사이트가 아니라 현지인이나 다른 여행자와의 대화에서 얻을 수 있다. 이 책은 주의사항과 조언, 도움이 될 만한 이야기들을 조금 모아놓은 것뿐이며, 이 책 덕분에 쉽게 빠지기 쉬운 곤경을 피해간다거나 긴 버스 이동 시간을 때울 수 있다면 그걸로 충분하다. 당신에게 진짜 필요한 것은 책 밖에 있다.

세상은 사람들이 생각하는 것보다 훨씬 안전하다. 우리는 이런저런 사소한 걱정 때문에 돈을 쓰고 그런 걱정에 기반을 둔 사업은 늘 성황을 이룬다. 사업이란 본래 잘 알지 못하는 것은 위험할 수밖에 없다는 개념을 전제로 한다. 하지만 안전하지 않을 거라 생각하는 세상보다도 훨씬 위험한 것이 있다. 두려움을 조장하는 사람들에 휘말려 과한 걱정에 사로잡히면 수많은 놀라운 경험들을 거부한 채 스스로를 좁은 방구석에 가둬버리게 된다. 어두운 골목에서 험악한 강도를 만나는 것보다 더 경계해야 하는 모습이지만 주변에서 너무도 흔히 볼 수 있는 모습이다.

사실 내가 정말 하고 싶은 말은 하나뿐이다. '떠나라.' 지금 이 세상은 그 어느 때보다도 안전하게, 쉽게, 저렴하게 여행할 수 있다. 호기심을 갖고 자유롭게 떠나 모험을 즐겨라. 제대로 보기 시작하면 얼마나 볼 것이 많은 세상인지 깨달을 수 있다. 세상 속에서 찾아낸 나만의 보물에 압도당하는 기쁨을 느끼게 될 것이다.

에반 S. 라이스
메릴랜드 주 볼티모어에서

ARCTIC OCEAN
Beaufort Sea
Lincoln Sea
GREENLAND (Denmark)
Baffin Bay
Davis Strait
Denmark Strait
Nunavut Territory
Foxe Basin
CANADA
Rocky Mountains
Hudson Bay
Labrador Sea
Gulf of Alaska
Quebec
UNITED STATES OF AMERICA
NORTH ATLANTIC OCEAN
Gulf of Mexico
TROPIC OF CANCER
BAHAMAS
CUBA
MEXICO
DOMINICAN REP.
HAITI
ST KITTS AND NEVIS
ANTIGUA AND BARBUDA
DOMINICA
ST LUCIA
BARBADOS
ST VINCENT AND THE GRENADINES
GRENADA
TRINIDAD AND TOBAGO
BELIZE
JAMAICA
HONDURAS
GUATEMALA
EL SALVADOR
NICARAGUA
COSTA RICA
PANAMA
Caribbean Sea
CAPE VERDE
GUINEA
NORTH PACIFIC OCEAN
VENEZUELA
GUYANA
FRENCH GUIANA (France)
SURINAME
COLOMBIA
ECUATOR
ECUADOR
PERU
Amazon Basin
BRAZIL
BOLIVIA
PARAGUAY
TROPIC OF CAPRICORN
URUGUAY
ATLAN
CHILE
ARGENTINA
Patagonia
SOUTH PACIFIC OCEAN
Cape Horn

ARCTIC OCEAN
Greenland Sea
Norwegian Sea
Barents Sea
Kara Sea
ICELAND
Scandinavia
NORWAY
SWEDEN
FINLAND
RUSSIAN FEDERATION
Ural Mountains
West Siberian Plain
North Sea
DENMARK
Baltic Sea
ESTONIA
LATVIA
UNITED KINGDOM
IRELAND
POLAND
BELARUS
GERMANY
FRANCE
UKRAINE
ROMANIA
KAZAKHSTAN
MONGOLIA
ITALY
SERBIA
BULGARIA
Black Sea
Caspian Sea
UZBEKISTAN
TURKMENISTAN
PORTUGAL
SPAIN
Strait of Gibraltar
TURKEY
GREECE
CYPRUS
TUNISIA
Mediterranean Sea
SYRIA
LEBANON
ISRAEL
JORDAN
IRAN
IRAQ
PAKISTAN
MOROCCO
ALGERIA
LIBYA
SAUDI ARABIA
QATAR
U.A.E.
EGYPT
WESTERN SAHARA
Sahara
Arabian Peninsula
OMAN
INDIA
MAURITANIA
MALI
NIGER
CHAD
SUDAN
YEMEN
Arabian Sea
Bay of Bengal
THAILAND
ERITREA
NIGERIA
SOMALIA
SRI LANKA
SIERRA LEONE
LIBERIA
TOGO
ETHIOPIA
MALAYSIA
EQUATOR
MALDIVES
Gulf of Guinea
GABON
KENYA
TANZANIA
SEYCHELLES
COMOROS
ANGOLA
ZAMBIA
MADAGASCAR
MAURITIUS
INDIAN OCEAN
NAMIBIA
MOZAMBIQUE
TROPIC OF CAPRICORN
SWAZILAND
SOUTH AFRICA
SOUTHERN OCEAN

ARCTIC OCEAN
Kara Sea
Laptev Sea
East Siberians
Central Siberian Plateau
West Siberian Plain
RUSSIAN FEDERATION
Sea of Okhotsk
Bering Sea
KAZAKHSTAN
MONGOLIA
NORTH KOREA
East Sea
JAPAN
SOUTH KOREA
Yellow Sea
East China Sea
NORTH PACIFIC OCEAN
TROPIC OF CANCER
TAIWAN
Arabian Sea
Bay of Bengal
THAILAND
VIETNAM
CAMBODIA
South China Sea
Philippine Sea
PHILIPPINES
MARSHALL ISLANDS
FEDERATED STATES OF MICRONESIA
SRI LANKA
BRUNEI
MALAYSIA
PALAU
MALDIVES
EQUATOR
INDONESIA
PAPUA NEW GUINEA
NAURU
Java Sea
EAST TIMOR
TUVALU
INDIAN OCEAN
SOLOMON ISLANDS
SAMOA
Coral Sea
VANUATU
FIJI
TONGA
TROPIC OF CAPRICORN
AUSTRALIA
Great Australian Bight
NEW ZEALAND
Tasman Sea
SOUTHERN OCEAN

ARCTIC OCEAN
Lincoln Sea
Beaufort Sea
GREENLAND (Denmark)
Baffin Bay
Davis Strait
Nunavut Territory
Foxe Basin
ALASKA (U.S.A.)
CANADA
Hudson Bay
Labrador Sea
Gulf of Alaska
UNITED STATES OF AMERICA
NORTH ATLANTIC OCEAN
Gulf of Mexico
TROPIC OF CANCER
BAHAMAS
CUBA
MEXICO
DOMINICAN REP.
HAITI
ST KITTS AND NEVIS
ANTIGUA AND BARBUDA
BELIZE
JAMAICA
HONDURAS
DOMINICA
NORTH PACIFIC OCEAN
GUATEMALA
EL SALVADOR
Caribbean Sea
ST LUCIA
BARBADOS
NICARAGUA
GRENADA
ST VINCENT AND THE GRENADINES
TRINIDAD AND TOBAGO
COSTA RICA
PANAMA
VENEZUELA
GUYANA
FRENCH GUYANA (France)
SURINAME
COLOMBIA
EQUATOR
ECUADOR
PERU
Amazon Basin
BRAZIL
BOLIVIA
PARAGUAY
TROPIC OF CAPRICORN
URUGUAY
CHILE
ARGENTINA
SOUTH PACIFIC OCEAN
Cape Horn

정착 생활이 주는 갖가지 물질적 편리함 속에서도 우리는 결핍과 불안을 느낀다. 마을과 도시를 이루고 400세대가 지나도록 방랑 생활을 잊지 않았다. 열린 길은 희미하게 남은 어린 시절의 노래처럼 지금도 우리를 감미롭게 부른다. 우리는 멀고 먼 곳에 대해 낭만을 느낀다. 이러한 끌림은 자연 선택에 의해 정교하게 의도된 생존의 필수 요인이 아닌가 싶다. 긴 여름과 온화한 겨울, 풍족한 수확과 부족하지 않은 사냥감까지 그 어느 것도 영원히 지속되지 않는다. 미래를 예측하는 것은 우리의 능력 밖이다. 참혹한 재앙은 알아채지 못하게 살며시 다가와 우리를 잡아챈다. 당신, 당신 주변의 사람들, 나아가 전 인류가 표현하거나 이해할 수 없는 욕망에 이끌려 움직여야만 했던, 낯선 땅과 새로운 세상을 찾아 떠난 소수의 사람들에게 빚을 진 것인지도 모른다.

- 칼 세이건

《창백한 푸른 점》(1994)

국가 목록

세계의 국가들

'국가'를 규정하는 공식적인 기준이나 세계적으로 인정되는 허가는 없다. 복잡한 역사적 배경이나 정치적 맥락을 고려하지 않고 지리학적 기준으로만 '국가'를 구분하는 국가도 있고 그렇지 않은 국가도 있다. 공국, 연방, 식민지, 속령, 주, 자치령, 자유연합국, 지방 자치제 당국, 특별행정구, 해외 영토, 부족 자치국, 연합국, 승인되지 않은 영토를 비롯해 독립성이 천차만별이며 국제적 국가 정의에 해당되지 않아 정확히 규정할 수 없는 지역들이 수도 없이 많다. 국제적 인지도와 지원 수준이 일정하지 않은 초소형 국민체, 분쟁지역, 미승인국, 독립 공화국, 분리 독립 공동체들도 있다.

현재 국가 올림픽 위원회 회원국 206개, FIFA 회원국 209개, 국가 전화코드 234개, 국제표준화기구 국가코드 249개, 국가 인터넷 도메인 256개를 비롯해 공식적으로 보이는 국가 목록은 많지만 사실상 세계의 국가 수에 대한 통일된 결론은 없다.

최대한 정치적 중립성을 지키고 혼란을 줄이기 위해 여기에서는 UN 회원국 193개와 바티칸을 '국가'로 보기로 한다.

따라서 별도 표기되지 않은 한 이 책에 포함된 통계 및 비교 자료, 참고 목록, 이미지 자료 등은 194개국을 기준으로 한다.

세계의 국가들 주 (14-27쪽)

1 ››› 공식 통화가 여러 개인 경우 가장 널리 쓰이는 통화를 기준으로 한다.

2 ››› 표준시간대는 협정세계시(UTC)를 기준으로 하며 여러 시간대를 쓰는 경우 본토 및 인근(<161km/100mi) 섬의 시간대를 기준으로 한다. 공식 지정 속국 및 외부 영토의 표준시간대는 이어지는 페이지 참조. 표준시간대에 대한 정보는 244쪽 참조.

3 ››› 나우루에는 공식 수도가 없고 야렌 구에 정부 기관이 있다.

4 ››› 버마로 불리기도 한다.

기호

* 행정수도	** 경제수도	*** 사법수도	**** 입법수도
• 정부 소재지	« 전체 또는 일부 지역에서 서머타임(DST) 실시		

국가명	공식 명칭	수도	국가코드
가나	가나공화국	아크라	233
가봉	가봉공화국	리브르빌	241
가이아나	가이아나 협동공화국	조지타운	592
감비아	감비아공화국	반줄	220
과테말라	과테말라공화국	과테말라시티	502
그레나다	그레나다	세인트조지스	1-473
그리스	그리스공화국	아테네	30
기니	기니공화국	코나크리	224
기니비사우	기니비사우공화국	비사우	245
나미비아	나미비아공화국	빈트후크	264
나우루	나우루공화국	야렌 구[3]	674
나이지리아	나이지리아연방공화국	아부자	234
남수단	남수단공화국	주바	211
남아프리카공화국	남아프리카공화국	프리토리아* 블룸폰테인*** 케이프타운****	27
남한	대한민국	서울	82
네덜란드	네덜란드왕국	암스테르담, 헤이그*	31
네팔	네팔연방민주공화국	카트만두	977
노르웨이	노르웨이왕국	오슬로	47
뉴질랜드	뉴질랜드	웰링턴	64
니제르	니제르공화국	니아메	227
니카라과	니카라과공화국	마나과	505
덴마크	덴마크왕국	코펜하겐	45
도미니카	도미니카연방	로조	1-767
도미니카공화국	도미니카공화국	산토도밍고	1-809, 1-829, 1-849
독일	독일연방공화국	베를린	49
동티모르	동티모르민주공화국	딜리	670
라오스	라오인민민주공화국	비엔티안	856
라이베리아	라이베리아공화국	몬로비아	231
라트비아	라트비아공화국	리가	371

통화[1]	통화 기호	표준 시간대[2]	전압	콘센트 종류
가나 세디	GHS ₵	±0:00	230V	D/G
중앙아프리카 CFA 프랑	XAF FCFA	+01:00	220V	C
가이아나 달러	GYD $	-03:00	120V/240V	A/B/D/G
감비아 달라시	GMD D	±0:00	230V	G
과테말라 케찰	GTQ Q	-06:00	120V	A/B
동카리브 달러	XCD $	-04:00	230V	G
유로	EUR €	+02:00«	230V	C/F
기니 프랑	GNF FG	±0:00	220V	C/F/K
서아프리카 CFA 프랑	XOF CFA	±0:00	220V	C
나미비아 달러	NAD $	+02:00«	220V	D/M
오스트레일리아 달러	AUD $	+12:00	240V	I
나이지리아 나이라	NGN ₦	+01:00	230V	D/G
남수단 파운드	SSP £	+03:00	230V	C/D
남아프리카공화국 랜드	ZAR R	+02:00	230V	C/D/M/N
남한 원	KRW ₩	+09:00	220V	C/F
유로	EUR €	+01:00«	230V	C/F
네팔 루피	NPR Rs	+05:45	230V	C/D/M
노르웨이 크로네	NOK kr	+01:00«	230V	C/F
뉴질랜드 달러	NZD $	+12:00,+12:45«	230V	I
서아프리카 CFA 프랑	XOF CFA	+01:00	220V	C/D/E/F
니카라과 코르도바	NIO C$	-06:00	120V	A/B
덴마크 크로네	DKK kr	+01:00«	230V	C/E/F/K
동카리브 달러	XCD $	-04:00	230V	D/G
도미니카 페소	DOP RD$	-04:00	120V	A/B/C
유로	EUR €	+01:00«	230V	C/F
미국 달러	USD $	+09:00	220V	C/E/F/I
라오스 킵	LAK ₭	+07:00	230V	A/B/C/E/F
라이베리아 달러	LRD $	±0:00	120V	A/B
유로	EUR €	+03:00«	230V	C/F

국가명	공식 명칭	수도	국가코드
러시아	러시아연방	모스크바	7
레바논	레바논공화국	베이루트	961
레소토	레소토왕국	마세루	266
루마니아	루마니아	부카레스트	40
룩셈부르크	룩셈부르크대공국	룩셈부르크	352
르완다	르완다공화국	키갈리	250
리비아	리비아 인민사회주의 아랍공화국	트리폴리	218
리투아니아	리투아니아공화국	빌뉴스	370
리히텐슈타인	리히텐슈타인공국	파두츠	423
마다가스카르	마다가스카르공화국	안타나나리보	261
마셜제도	마셜제도공화국	마주로	692
마케도니아	마케도니아공화국	스코페	389
말라위	말라위공화국	릴롱궤	265
말레이시아	말레이시아연방	쿠알라룸푸르	60
말리	말리공화국	바마코	223
멕시코	멕시코합중국	멕시코시티	52
모나코	모나코공국	모나코	377
모로코	모로코왕국	라바트	212
모리셔스	모리셔스공화국	포트루이스	230
모리타니	모리타니 이슬람공화국	누악쇼트	222
모잠비크	모잠비크공화국	마푸토	258
몬테네그로	몬테네그로 공화국	포드고리차	382
몰도바	몰도바공화국	키시너우	373
몰디브	몰디브공화국	말레	960
몰타	몰타공화국	발레타	356
몽골	몽골리아	울란바토르	976
미국	미합중국	워싱턴 D.C.	1
미얀마[4]	미얀마연방공화국	네피도	95

통화	통화 기호	표준 시간대	전압	콘센트 종류
러시아 루블	RUB ₽	+02:00 ~ +12:00	220V	C/F
레바논 파운드	LBP £	+02:00«	230V	C/D/G
레소토 로티	LSL L, M	+02:00	220V	M
루마니아 레우	RON lei	+02:00«	230V	C/F
유로	EUR €	+01:00«	230V	C/F
르완다 프랑	RWF RF	+02:00	230V	C/J
리비아 디나르	LYD LD, ل.د	+02:00	230V	C/L
유로	EUR €	+02:00«	230V	C/F
스위스 프랑	CHF CHF	+01:00«	230V	C/J
마다가스카르 아리아리	MGA Ar	+03:00	220V	C/E
미국 달러	USD $	+10:00	120V	A/B
마케도니아 데나르	MKD ден	+01:00«	230V	C/F
말라위 콰차	MWK MK	+02:00	230V	G
말레이시아 링깃	MYR RM	+08:00	240V	G
서아프리카 CFA 프랑	XOF CFA	±0:00	220V	C/E
멕시코 페소	MXN $	-08:00 ~ -05:00«	127V	A/B
유로	EUR €	+01:00«	230V	C/E/F
모로코 디르함	MAD مهرد	±0:00«	220V	C/E
모리셔스 루피	MUR Rs	+04:00	230V	C/G
모리타니 우기야	MRO UM	±0:00	220V	C
모잠비크 메티칼	MZN MT	+02:00	220V	C/F/M
유로	EUR €	+01:00	230V	C/F
몰도바 레우	MDL MDL	+02:00«	230V	C/F
몰디브 루피아	MVR Rf	+05:00	230V	C/D/G/J/K/L
유로	EUR €	+01:00«	230V	G
몽골 투그릭	MNT ₮	+07:00, +08:00«	230V	C/E
미국 달러	USD $	-05:00 ~ -10:00«	120V	A/B
미얀마 짯	MMK K	+06:30	230V	A/C/D/G/I

국가명	공식 명칭	수도	국가코드
미크로네시아	미크로네시아연방공화국	팔리키르	691
바누아투	바누아투공화국	포트빌라	678
바레인	바레인왕국	마나마	973
바베이도스	바베이도스	브리지타운	1-246
바티칸	바티칸시국	바티칸	379
바하마	바하마연방공화국	나소	1-242
방글라데시	방글라데시 인민공화국	다카	880
베냉	베냉공화국	포르토노보	229
베네수엘라	베네수엘라 볼리바르공화국	카라카스	58
베트남	베트남 사회주의공화국	하노이	84
벨기에	벨기에 왕국	브뤼셀	32
벨라루스	벨라루스공화국	민스크	375
벨리즈	벨리즈	벨모판	501
보스니아헤르체고비나	보스니아헤르체고비나	사라예보	387
보츠와나	보츠와나공화국	가보로네	267
볼리비아	볼리비아 다민족국	라파스* 수크레***	591
부룬디	부룬디공화국	부줌부라	257
부르키나파소	부르키나파소 민주공화국	와가두구	226
부탄	부탄왕국	팀푸	975
북한	조선민주주의인민공화국	평양	850
불가리아	불가리아공화국	소피아	359
브라질	브라질연방공화국	브라질리아	55
브루나이	브루나이 다루살람	반다르스리브가완	673
사모아	사모아독립국	아피아	685
사우디아라비아	사우디아라비아 왕국	리야드	966
산마리노	산마리노공화국	산마리노	378
상투메프린시페	상투메프린시페 민주공화국	상투메	239

통화	통화 기호	표준 시간대	전압	콘센트 종류
미국 달러	USD $	+10:00, +11:00	120V	A/B
바누아투 바투	VUV Vt	+11:00	230V	I
바레인 디나르	BHD .ب.د	+03:00	230V	G
바베이도스 달러	BBD $	-04:00	115V	A/B
유로	EUR €	+01:00«	230V	C/F/L
바하마 달러	BSD $	-05:00«	120V	A/B
방글라데시 타카	BDT Tk	+06:00	220V	A/C/D/G/K
서아프리카 CFA 프랑	XOF CFA	+01:00	220V	C/E
베네수엘라 볼리바르	VEF Bs	-04:00	120V	A/B
베트남 동	VND ₫	+07:00	220V	A/C/D
유로	EUR €	+01:00«	230V	C/E
벨라루스 신 루블	BYN Br	+03:00	220V	C/F
벨리즈 달러	BZD BZ$	-06:00	110V/220V	A/B/G
보스니아헤르체고비나 태환 마르크	BAM KM	+01:00«	230V	C/F
보츠와나 풀라	BWP P	+02:00	230V	D/G
볼리비아 볼리비아노	BOB $b	-04:00	230V	A/C
부룬디 프랑	BIF FBu	+02:00	220V	C/E
서아프리카 CFA 프랑	XOF CFA	±0:00	220V	C/E
부탄 눌트럼	BTN Nu.	+05:30	230V	C/D/G
북한 원	KPW ₩	+09:00	220V	C
불가리아 레프	BGN лв	+02:00«	230V	C/F
브라질 헤알	BRL R$	-05:00 ~ -02:00	127V/220V	C/N
브루나이 달러	BND $	+08:00	240V	G
사모아 탈라	WST WS$	-11:00«	230V	I
사우디아라비아 리얄	SAR ريال	+03:00	230V	G
유로	EUR €	+01:00«	230V	C/F/L
상투메프린시페 도브라	STD Db	±0:00	230V	C/F

국가명	공식 명칭	수도	국가코드
세네갈	세네갈공화국	다카르	221
세르비아	세르비아공화국	베오그라드	381
세이셸	세이셸공화국	빅토리아	248
세인트루시아	세인트루시아	캐스트리스	1-758
세인트빈센트그레나딘	세인트빈센트그레나딘	킹스타운	1-784
세인트키츠네비스	세인트키츠네비스연방	바스테르	1-869
소말리아	소말리아공화국	모가디슈	252
솔로몬제도	솔로몬제도	호니아라	677
수단	수단공화국	카르툼	249
수리남	수리남공화국	파라마리보	597
스리랑카	스리랑카 민주사회주의공화국	콜롬보* 스리자야와르데네푸라코테 ***, ****	94
스와질란드	스와질란드왕국	음바바네* 로밤바****	268
스웨덴	스웨덴왕국	스톡홀름	46
스위스	스위스연방	베른	41
스페인	스페인왕국	마드리드	34
슬로바키아	슬로바키아공화국	브라티슬라바	421
슬로베니아	슬로베니아 공화국	류블랴나	386
시리아	시리아아랍공화국	다마스쿠스	963
시에라리온	시에라리온공화국	프리타운	232
싱가포르	싱가포르공화국	싱가포르	65
아랍에미리트	아랍에미리트연합국	아부다비	971
아르메니아	아르메니아공화국	예레반	374
아르헨티나	아르헨티나공화국	부에노스아이레스	54
아이슬란드	아이슬란드공화국	레이캬비크	354
아이티	아이티 공화국	포르토프랭스	509
아일랜드	아일랜드공화국	더블린	353
아제르바이잔	아제르바이잔공화국	바쿠	994
아프가니스탄	아프가니스탄 이슬람공화국	카불	93

통화	통화 기호	표준 시간대	전압	콘센트 종류
서아프리카 CFA 프랑	XOF CFA	±0:00	230V	C/D/E/K
세르비아 디나르	RSD дин	+01:00«	230V	C/F
세이셸 루피	SCR Rs	+04:00	240V	G
동카리브 달러	XCD $	-04:00	230V	G
동카리브 달러	XCD $	-04:00	110V/230V	A/B/G
동카리브 달러	XCD $	-04:00	230V	D/G
소말리아 실링	SOS S	+03:00	220V	C
솔로몬제도 달러	SBD $	+11:00	230V	G/I
수단 파운드	SDG SDG	+02:00	230V	C/D
수리남 달러	SRD $	-03:30	127V/230V	A/B/C/F
스리랑카 루피	LKR Rs	+05:30	230V	D/G
스와질란드 릴랑게니	SZL SZL	+02:00	230V	M
스웨덴 크로나	SEK kr	+01:00«	230V	C/F
스위스 프랑	CHF CHF	+01:00«	230V	C/J
유로	EUR €	+01:00«	230V	C/F
유로	EUR €	+01:00«	230V	C/E
유로	EUR €	+01:00«	230V	C/F
시리아 파운드	SYP £	+02:00«	220V	C/E/L
시에라리온 레온	SLL Le	±0:00	230V	D/G
싱가포르 달러	SGD $	+08:00	230V	G
아랍에미리트 디르함	AED د.إ	+04:00	230V	G
아르메니아 드람	AMD դ	+04:00	230V	C/F
아르헨티나 페소	ARS $	-03:00	220V	I
아이슬란드 크로나	ISK kr	±0:00	230V	C/F
아이티 구르드	HTG G	-05:00«	110V	A/B
유로	EUR €	±0:00«	230V	G
아제르바이잔 마나트	AZN ман	+04:00«	220V	C/F
아프간 아프가니	AFN ؋	+04:30	220V	C/F

국가명	공식 명칭	수도	국가코드
안도라	안도라공국	안도라라베야	376
알바니아	알바니아공화국	티라나	355
알제리	알제리인민민주공화국	알제	213
앙골라	앙골라공화국	루안다	244
앤티가바부다	앤티가바부다	세인트존스	1-268
에리트레아	에리트레아국	아스마라	291
에스토니아	에스토니아공화국	탈린	372
에콰도르	에콰도르공화국	키토	593
에티오피아	에티오피아연방민주공화국	아디스아바바	251
엘살바도르	엘살바도르공화국	산살바도르	503
영국	그레이트브리튼 북아일랜드 연합 왕국	런던	44
예멘	예멘 공화국	사나	967
오만	오만 이슬람왕국	무스카트	968
오스트레일리아	오스트레일리아연방	캔버라	61
오스트리아	오스트리아공화국	빈	43
온두라스	온두라스공화국	테구시갈파	504
요르단	요르단 하삼왕국	암만	962
우간다	우간다공화국	캄팔라	256
우루과이	우루과이동방공화국	몬테비데오	598
우즈베키스탄	우즈베키스탄공화국	타슈켄트	998
우크라이나	우크라이나	키예프	380
이라크	이라크공화국	바그다드	964
이란	이란 이슬람공화국	테헤란	98
이스라엘	이스라엘국	예루살렘	972
이집트	이집트 아랍공화국	카이로	20
이탈리아	이탈리아공화국	로마	39
인도	인도공화국	뉴델리	91
인도네시아	인도네시아공화국	자카르타	62
일본	일본	도쿄	81
자메이카	자메이카	킹스턴	1-876

통화	통화 기호	표준 시간대	전압	콘센트 종류
유로	EUR €	+01:00«	230V	C/F
알바니아 레크	ALL Lek	+01:00«	230V	C/F
알제리 디나르	DZD دج	+01:00	230V	C/F
앙골라 콴자	AOA Kz	+01:00	220V	C
카리브 달러	XCD $	-04:00	230V	A/B
에리트레아 낙파	ERN ናቕፋ	+03:00	230V	C/L
유로	EUR €	+03:00«	230V	C/F
미국 달러	USD $	-05:00	120V	A/B
에티오피아 비르	ETB Br	+03:00	220V	C/F
미국 달러	USD $	-06:00	120V	A/B
영국 파운드 (스털링)	GBP £	±0:00«	230V	G
예멘 리알	YER ريال	+03:00	230V	A/D/G
오만 리알	OMR ر.ع.	+04:00	240V	G
오스트레일리아 달러	AUD $	+08:00 ~ +10:00	203V	I
유로	EUR €	+01:00«	230V	C/F
온두라스 렘피라	HNL L	-06:00	120V	A/B
요르단 디나르	JOD JOD	+02:00«	230V	C/D/F/G/J
우간다 실링	UGX USh	+03:00	240V	G
우루과이 페소	UYU $U	-03:00«	220V	C/F/L
우즈베키스탄 숨	UZS лв	+06:00	220V	C/F
우크라이나 그리브나	UAH ₴	+03:00«	230V	C/F
이라크 디나르	IQD ع.د	+03:00	230V	C/D/G
이란 리알	IRR ريال	+03:30«	230V	C/F
이스라엘 신 세켈	ILS ₪	+02:00«	230V	C/H
이집트 파운드	EGP £	+02:00	220V	C/F
유로	EUR €	+01:00«	230V	C/F/L
인도 루피	INR ₹	+05:30	230V	C/D/M
인도네시아 루피아	IDR Rp	+07:00 ~ +09:00	230V	C/F
일본 엔	JPY ¥	+09:00	100V	A/B
자메이카 달러	JMD J$	-05:00	110V	A/B

국가명	공식 명칭	수도	국가코드
잠비아	잠비아공화국	루사카	260
적도기니	적도기니공화국	말라보	240
조지아	조지아공화국	트빌리시	995
중국	중화인민공화국	베이징	86
중앙아프리카공화국	중앙아프리카공화국	방기	236
지부티	지부티공화국	지부티	253
짐바브웨	짐바브웨공화국	하라레	263
차드	차드공화국	은자메나	235
체코	체코공화국	프라하	420
칠레	칠레공화국	산티아고	56
카메룬	카메룬공화국	야운데	237
카보베르데	카보베르데공화국	프라이아	238
카자흐스탄	카자흐스탄공화국	아스타나	7
카타르	카타르국	도하	974
캄보디아	캄보디아왕국	프놈펜	855
캐나다	캐나다	오타와	1
케냐	케냐공화국	나이로비	254
코모로	코모로연합	모로니	269
코스타리카	코스타리카공화국	산호세	506
코트디부아르	코트디부아르공화국	야무수크로	225
콜롬비아	콜롬비아공화국	산타페데보고타	57
콩고(공화국)	콩고공화국	브라자빌	242
콩고(민주공화국)	콩고민주공화국	킨샤사	243
쿠바	쿠바공화국	아바나	53
쿠웨이트	쿠웨이트국	쿠웨이트	965
크로아티아	크로아티아공화국	자그레브	385
키르기스스탄	키르기스공화국	비슈케크	996
키리바시	키리바시공화국	타라와	686
키프로스	키프로스공화국	니코시아	357
타지키스탄	타지키스탄공화국	두샨베	992

통화	통화 기호	표준 시간대	전압	콘센트 종류
잠비아 콰차	ZMW ZK	+02:00	230V	C/D/G
중앙아프리카 CFA 프랑	XAF FCFA	+01:00	220V	C/E
조지아 라리	GEL GEL	+04:00	220V	C/F
중국 런민비 (위안)	CNY ¥	+08:00	220V	A/C/I
중앙아프리카 CFA 프랑	XAF FCFA	+01:00	220V	C/E
지부티 프랑	DJF Fdj	+03:00	220V	C/E
미국 달러	USD $	+02:00	240V	D/G
중앙아프리카 CFA 프랑	XAF FCFA	+01:00	220V	C/D/E/F
체코 코루나	CZK Kč	+01:00«	230V	C/E
칠레 페소	CLP $	-05:00	220V	C/L
중앙아프리카 CFA 프랑	XAF FCFA	+01:00	220V	C/E
카보베르데 에스쿠도	CVE Esc	-01:00	230V	C/F
카자흐스탄 텡게	KZT лв	+05:00,+06:00	220V	C/F
카타르 리얄	QAR ريال	+03:00	240V	G
캄보디아 리엘	KHR ៛	+07:00	230V	A/C/G
캐나다 달러	CAD $	-08:00 ~-03:30	120V	A/B
케냐 실링	KES KSh	+03:00	240V	G
코모로 프랑	KMF KMF	+03:00	220V	C/E
코스타리카 콜론	CRC ₡	-06:00	120V	A/B
서아프리카 CFA 프랑	XOF CFA	±0:00	220V	C/E
콜롬비아 페소	COP $	-05:00	110V	A/B
중앙아프리카 CFA 프랑	XAF FCFA	+01:00	230V	C/E
콩고 프랑	CDF FC	+01:00, +02:00	220V	C/D/E
쿠바 페소	CUP ₱	-03:00«	110V/220V	A/B/C/L
쿠웨이트 디나르	KWD دينار	+03:00	240V	G
크로아티아 쿠나	HRK kn	+01:00«	230V	C/F
키르기스스탄 솜	KGS лв	+06:00	220V	C/F
오스트레일리아 달러	AUD $	+12:00 ~+14:00	240V	I
유로	EUR €	+02:00«	230V	G
타지키스탄 소모니	TJS TJS	+06:00	220V	C/F

국가명	공식 명칭	수도	국가코드
탄자니아	탄자니아합중국	도도마	255
태국	타이왕국	방콕	66
터키	터키공화국	앙카라	90
토고	토고공화국	로메	228
통가	통가왕국	누쿠알로파	676
투르크메니스탄	투르크메니스탄 공화국	아슈하바트	993
투발루	투발루	푸나푸티	688
튀니지	튀니지공화국	튀니스	216
트리니다드토바고	트리니다드토바고공화국	포트오브스페인	1-868
파나마	파나마공화국	파나마시티	507
파라과이	파라과이공화국	아순시온	595
파키스탄	파키스탄 이슬람공화국	이슬라마바드	92
파푸아뉴기니	파푸아뉴기니 독립국	포트모르즈비	675
팔라우	팔라우공화국	멜레케오크	680
페루	페루공화국	리마	51
포르투갈	포르투갈공화국	리스본	351
폴란드	폴란드공화국	바르샤바	48
프랑스	프랑스공화국	파리	33
피지	피지공화국	수바	679
핀란드	핀란드공화국	헬싱키	358
필리핀	필리핀공화국	마닐라	63
헝가리	헝가리공화국	부다페스트	36

기타 독립국

다음은 한정적 영토, 실효적 정부, 항구적 인구를 갖춘 독립국이지만 UN 회원국이 아니며 국제적으로 국가로 인정받지 못하는 국가들이다. 상당한 국제적 지원을 받는 국가도 일부 있지만 정치적 상황이나 지역 통제권에 대한 논쟁이 많다. 최소 1개의 UN 회원국이 공식적으로 인정한 국가만 포함하였다.

통화	통화 기호	표준 시간대	전압	콘센트 종류
탄자니아 실링	TZS TSh	+03:00	230V	D/G
태국 바트	THB ฿	+07:00	220V	A/B/C/O
터키 리라	TRY ₺	+02:00«	230V	C/F
서아프리카 CFA 프랑	XOF CFA	±0:00	220V	C
통가 파앙가	TOP T$	+13:00	240V	I
투르크메니스탄 신 마나트	TMT m	+05:00	220V	C/F
오스트레일리아 달러	AUD $	+12:00	230V	I
튀니지 디나르	TND د.ت	+01:00	230V	C/E
트리니다드토바고 달러	TTD TT$	-04:00	115V	A/B
미국 달러	USD $	-05:00	120V	A/B
파라과이 과라니	PYG Gs	-04:00«	220V	C
파키스탄 루피	PKR Rs	+05:00	230V	C/D
파푸아뉴기니 키나	PGK K	+10:00	240V	I
미국 달러	USD $	+09:00	120V	A/B
페루 누에보 솔	PEN S/.	-05:00	220V	A/C
유로	EUR €	±0:00«	230V	C/F
폴란드 즈워티	PLN zł	+01:00«	230V	C/E
유로	EUR €	+01:00«	230V	C/E
피지 달러	FJD $	+12:00	240V	I
유로	EUR €	+02:00«	230V	C/F
필리핀 페소	PHP ₱	+08:00	220V	A/B/C
헝가리 포린트	HUF Ft	+01:00«	230V	C/F

기타 독립국 주 (28-29쪽)

1 ››› 공식 통화가 여러 개인 경우 가장 널리 쓰이는 통화를 기준으로 한다.
2 ››› 표준시간대는 협정세계시(UTC)를 기준으로 한다.

기호

« 전체 또는 일부 지역에서 서머타임(DST) 실시

국가명	공식 명칭	수도 또는 행정중심지	국가코드	UN승인
남오세티야	남오세티야공화국	츠힌발리	995	4
대만	중화민국	타이베이	886	20
북키프로스	북키프로스터키공화국	북니코시아	90	1
사하라 아랍민주공화국	사하라 아랍민주공화국	엘아이운	212	47
압하지야	압하지야공화국	수후미	840	4
코소보	코소보공화국	프리슈티나	383	110
팔레스타인 영토	팔레스타인 영토	동예루살렘	970	136

관련 영토

다음은 특정 국가에 다양한 방식으로 관련되어 있어 완전한 독립 국가로 인정되지 않는 영토들이다. 대부분 비교적 작은 규모의 섬이며 지역마다 자치권의 수준이 다르다. 아예 관련 국가의 통제 아래 있어 사실상 원거리에 있는 국영화 영토처럼 여겨지는 지역도 있고 완벽히 독립되어 자치하며 주변 큰 국가와 기본적인 경제적 관계만 유지하는 지역도 있다.

국가명	공식 명칭	주권, 행정 또는 연합 국가	수도 또는 행정중심지
건지	건지 섬	영국	세인트피터포트
과들루프	과들루프 해외주	프랑스	바스테르
괌	미국령 괌	미국	하갓냐
그린란드	그린란드	덴마크	누크
노퍽 섬	오스트레일리아령 노퍽 섬	오스트레일리아	킹스턴
뉴칼레도니아	프랑스령 뉴칼레도니아 속령	프랑스	누메아
니우에	니우에	뉴질랜드	알로피
레위니옹	레위니옹 섬	프랑스	생드니
마르티니크	마르티니크 섬	프랑스	포르드프랑스

통화[1]	통화 기호	전압	콘센트 종류	표준 시간대[2]
러시아 루블	RUB ₽	220V	C/F	+03:00
신 타이완 달러	TWD NT$	110V	A/B	+08:00
터키 리라	TRY ₺	230V	G	+02:00«
사하라아랍민주공화국 페세타	EHP ₱	230V	C/F	±0:00
러시아 루블	RUB ₽	220V	C/F	+03:00
유로	EUR €	230V	C/F	+01:00«
이스라엘 신 셰켈	ILS ₪	230V	C/H	+02:00«

관련 영토 주 (28-33쪽)

1 ››› 공식 통화가 여러 개인 경우 가장 널리 쓰이는 통화를 기준으로 한다.
2 ››› 표준시간대는 협정세계시(UTC)를 기준으로 한다.
3 ››› 토켈라우의 세 산호섬 아타푸, 누쿠노누, 파카오푸에는 각각 행정중심지가 있다.

기호

« 전체 또는 일부 지역에서 서머타임(DST) 실시

국가코드	통화[1]	통화 기호	전압	콘센트 종류	표준 시간대[2]
44	건지 파운드	GBP £	230V	C/G	±0:00«
590	유로	EUR €	230V	C/E	-04:00
1-671	미국 달러	USD $	110V	A/B	+10:00
299	덴마크 크로네	DKK kr	230V	C/E/F/K	±0:00 ~ +04:00«
672	오스트레일리아 달러	AUD $	230V	I	+11:30
687	중앙태평양 프랑	XPF F	220V	C/F	+11:00
683	뉴질랜드 달러	NZD $	230V	I	-11:00
262	유로	EUR €	230V	C/E	+04:00
596	유로	EUR €	220V	C/D/E	-04:00

국가명	공식 명칭	주권, 행정 또는 연합 국가	수도 또는 행정중심지
마요트	마요트 섬	프랑스	마무추
마카오	중화인민공화국 마카오특별행정구	중국	마카오
맨섬	맨섬	영국	더글러스
몬세라트	몬세라트	영국	플리머스
미국령 군소제도	미국령 군소제도	미국	워싱턴 D.C.
미국령 버진제도	미국령 버진제도	미국	샬럿아말리에
버뮤다	버뮤다	영국	해밀턴
보나이러	보나이러 도서지역	네덜란드	크랄렌데이크
부베섬	부베섬	노르웨이	오슬로
북마리아나제도	북마리아나제도연방	미국	사이판
사바	사바	네덜란드	더보텀
사우스조지아 사우스샌드위치제도	사우스조지아 사우스샌드위치제도	영국	킹에드워드포인트
산호해제도	오스트레일리아령 산호해제도	오스트레일리아	캔버라
생마르탱	생마르탱 해외자치지역	프랑스	마리고
생바르텔레미	생바르텔레미	프랑스	구스타비아
생피에르 미클롱	프랑스령 생피에르미클롱 해외자치지역	프랑스	생피에르
세인트헬레나	세인트헬레나 · 어센션 트리스탄다쿠냐 섬	영국	제임스타운
스발바르	스발바르제도	노르웨이	롱위에아르뷔엔
신트마르턴	신트마르턴	네덜란드	필립스뷔르흐
신트외스타티위스	신트외스타티위스	네덜란드	오랑예스타트
아루바	아루바	네덜란드	오랑예스타트
아메리칸사모아	미국령 사모아	미국	파고파고
아크로리티 데켈리아	아크로리티 데켈리아 영국군 독립 기지	영국	에피스코피 주둔지
애시모어 카르티에제도	오스트레일리아령 애시모어 카르티에제도	오스트레일리아	캔버라

국가코드	통화	통화 기호	전압	콘센트 종류	표준 시간대
262	유로	EUR €	230V	C/E	+03:00
853	마카오 파타카	MOP MOP$	220V	G	+08:00
44	맨섬 파운드	GBP £	230V	C/G	±0:00«
1-664	동카리브 달러	XCD $	230V	A/B	-04:00
	항구적 인구 부재				+12:00 ~ -05:00
1-340	미국 달러	USD $	110V	A/B	-04:00
1-441	버뮤다 달러	BMD $	120V	A/B	-04:00«
599	미국 달러	USD $	127V	A/C	-04:00
	항구적 인구 부재				+1:00
1-670	미국 달러	USD $	120V	A/B	+10:00
599	미국 달러	USD $	110V	A/B	-04:00
	항구적 인구 부재				-02:00
	항구적 인구 부재				+10:00
590	유로	EUR €	220V	C/E	-04:00
590	유로	EUR €	220V	C/E	-04:00
508	유로	EUR €	220V	E	-03:00«
290, 247	세인트헬레나 파운드	SHP £	230V	G	±0:00
47	노르웨이 크로네	NOK kr	220V	C/E/F/V	+01:00«
1-721	네덜란드 안틸레스 길더	ANG ƒ	110V	A/B	-04:00
599	미국 달러	USD $	110V/220V	A/B/C/F	-04:00
297	아루바 플로린	AWG ƒ	120V	A/B/F	-04:00
1-684	미국 달러	USD $	120V	A/B/F/I	-11:00
357	유로	EUR €	230V	G	+02:00«
	항구적 인구 부재				+08:00

국가명	공식 명칭	주권, 행정 또는 연합 국가	수도 또는 행정중심지
앵귈라	앵귈라	영국	더밸리
얀 마옌	얀 마옌	노르웨이	오슬로
영국령 버진아일랜드	영국령 버진아일랜드	영국	로드타운
영국령 인도양 지역	영국령 인도양 지역	영국	런던
월리스푸투나	프랑스령 월리스푸투나제도	프랑스	마타우투
저지	저지 섬	영국	세인트헬리어
지브롤터	지브롤터	영국	지브롤터
케이맨제도	케이맨제도	영국	조지타운
코코스(킬링)제도	오스트레일리아령 코코스(킬링)제도	오스트레일리아	웨스트섬
쿡제도	쿡제도	뉴질랜드	아바루아
퀴라소	퀴라소 국가	네덜란드	빌렘스타트
크리스마스 섬	오스트레일리아령 크리스마스 섬	오스트레일리아	플라잉피시코브
클리퍼턴 섬	클리퍼턴 섬	프랑스	파리
터크스 케이커스제도	터크스 케이커스제도	영국	콕번타운
토켈라우	토켈라우제도	뉴질랜드	행정중심지가 다수[3]
페로제도	페로제도	덴마크	토르스하운
포클랜드제도 (이슬라스 말비나스)	포클랜드제도 (이슬라스 말비나스)	영국	스탠리
푸에르토리코	푸에르토리코연방	미국	산후안
프랑스령 기아나	프랑스령 기아나	프랑스	카옌
프랑스령 남부와 남극지역	프랑스령 남부와 남극지역	프랑스	파리
프랑스령 폴리네시아	프랑스령 폴리네시아	프랑스	파페에테
핏케언제도	핏케언제도	영국	애덤스타운
허드맥도널드제도	오스트레일리아령 허드맥도널드제도	오스트레일리아	캔버라
홍콩	중화인민공화국 홍콩특별행정구	중국	홍콩

국가코드	통화	통화 기호	전압	콘센트 종류	표준 시간대
1-264	동카리브 달러	XCD $	110V	A/B	-04:00
47	노르웨이 크로네	NOK kr	220V	C/E/F/V	+01:00«
1-284	미국 달러	USD $	110V	A/B	-04:00
246	미국 달러	USD $	230V	G	+06:00
681	중앙태평양 프랑	XPF F	220V	C/E	+12:00
44	파운드 스털링	GBP £	230V	C/G	±0:00«
350	지브롤터 파운드	GIP £	230V	C/G	+01:00«
1-345	케이맨제도 달러	KYD $	120V	A/B	-05:00
61	오스트레일리아 달러	AUD $	230V	I	+06:30
682	뉴질랜드 달러	NZD $	240V	I	-10:00
599	네덜란드 안틸레스 길더	ANG ƒ	127V	A/B	-04:00
61	오스트레일리아 달러	AUD $	230V	I	+07:00
항구적 인구 부재					-08:00
1-649	미국 달러	USD $	120V	A/B	-04:00
690	뉴질랜드 달러	NZD $	230V	I	+13:00
298	페로 크로네	DKK kr	230V	C/E/F/K	±0:00«
500	포클랜드제도 파운드	FKP £	240V	G	-03:00
1-787, 1-939	미국 달러	USD $	120V	A/B	-04:00
594	유로	EUR €	220V	C/D/E	-03:00
항구적 인구 부재					+04:00, +05:00
689	중앙태평양 프랑	XPF F	220V	A/B/C/E	-09:00 ~ -10:00
64	뉴질랜드 달러	NZD $	230V	I	-08:00
항구 인구 부재					+05:00
852	홍콩 달러	HKD HK$	220V	G	+08:00

비상용 간식

주머니에 먹을 것 없이 여행하지 마라.
개가 덤벼들면 던져주어야 하니까.

– E. S. 베이츠, 《1600년의 여행》(1912)

선진국에서는 배달 서비스와 24시간 편의점 덕분에 돈만 있으면 언제든 음식을 구할 수 있다. 하지만 그렇지 않은 나라도 많다. 식당과 상점의 운영 시간은 나라마다 천차만별이고 예상치 못한 종교적 또는 문화적 이유로 문을 닫는 경우도 있으며 유독 음식을 구하기 어려운 상황도 발생한다. 그렇기 때문에 쉽게 상하지 않는 음식을 동물들이 알아차리거나 벌레가 꼬이지 않도록 비닐에 싸서 가방 속에 항상 챙겨 다니는 것이 좋다. 모든 상점이 문을 닫은 작고 외딴 마을에 도착한 늦은 밤이면 이 비상용 간식이 얼마나 유용한지 알 수 있다.

밴드의 여행

메탈리카는 2013년 12월 남극 칼리니 기지 공연 이후로 최초로 7개 대륙에서 공연을 펼친 밴드가 되었다. '프리즈 뎀 올Freeze 'Em All'이라는 타이틀로 진행된 이 공연은 불안정한 주변 환경에 음파가 영향을 미칠까 우려하여 스피커를 사용하지 않았다. 대신 120여 명의 관객 모두 무선 헤드폰으로 공연을 즐겼다.

골든 티켓

우리보다 소비자들이 현명하다는 사실은 금세 분명해졌다.

– 로버트 크랜들

1981년 아메리칸항공 경영진은 무제한 항공권인 A에어패스를 25만 달러에 판매하기 시작했다. 1987년에 A에어패스를 구입한 승객 스티브 로스타인은 약 1만 번 비행기를 타고 4천만 마일리지를 쌓았으며 그 비용을 계산하면 2천 1백만 달러에 달했다.

예상치 못한 여행자

태양에서 왔나요, 달에서 왔나요?

현재는 그린란드가 된 배핀 만 근처에 거주하며 자신들이 지구상 유일한 인류라고 생각해오던 이누이트 족이 1818년 통역사 존 작허이즈를 통해 북극 탐험가 존 로스와 윌리엄 패리에게 던진 첫 질문이었다.

섬

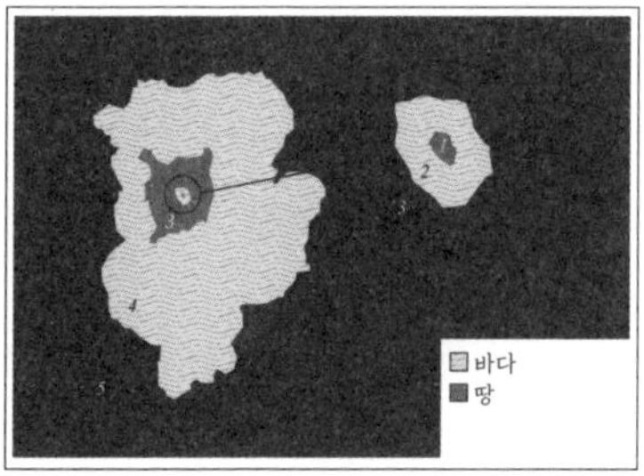

1 불칸 포인트
2 메인 화구호
3 탈 화산섬
4 탈 호수
5 루손 섬

필리핀의 불칸 포인트는

	섬이 있는	호수가 있는	섬이 있는	호수가 있는	섬
	불칸 포인트	메인 화구호	탈 화산섬	탈 호수	루손 섬
위도 14°0′33.6″N 경도 120°59′46.0″E	3,809m^2	1.17km^2	22.8km^2	234.2km^2	104,687km^2
	4,556yd^2	0.45mi^2	8.8mi^2	90.4mi^2	40,420mi^2

최근 위성 기술의 힘으로 북부 캐나다 위도 69°47′34.8″N 경도 108°14′27.6″W에 있는 섬이 있는 호수가 있는 섬이 있는 호수가 있는 섬이 발견되었다. 하지만 워낙 외딴 섬이라 섬도, 섬을 둘러싼 호수도, 이 호수를 둘러싼 섬도, 이 섬을 둘러싼 호수도 이름이 알려져 있지 않다. 이 이름 없는 섬과 호수들은 키트리니크Kitlineq라는 전통 이누이트 이름이 있는 빅토리아 섬에 위치하고 있다. 가장 작은 섬의 면적은 대략 16,000m^2이며 단 한 번도 사람의 발길이 닿지 않았다고 한다.

통신의 혁신

1910년 10월, 여섯 명의 사람과 키도라는 이름의 고양이 한 마리가 비행선을 타고 대서양 횡단 시도를 하였다. 조종사 월터 웰먼이 조종한 비행선 '아메리카'는 사실상 커다란 수소 풍선에 매달린 곤돌라였다. 아메리카는 최초로 무전기를 싣고 비행했다.

애틀랜틱시티에서 이륙 후 익숙하지 않은 비행에 놀란 키도가 극도로 흥분하여 선원들을 할퀴기 시작했다. 당시 기자들이 가득 탄 모터보트가 비행선을 따라오고 있었고 선원들은 놀란 키도를 천 가방에 넣어 아래 있는 보트에 내려주어야겠다고 생각했다.

1등 기관사였던 멜빈 바니먼이 메시지를 전송했고 이것이 최초로 시도한 항공기에서 지상으로의 통신이었다.[1]

"로이, 이 미친 고양이 좀 데려가!"

하지만 선원들의 노력에도 불구하고 파도가 험해 메시지는 제대로 전송되지 못했고 가여운 키도는 아메리카에서 내릴 수 없었다. 선원들의 말에 의하면 키도도 곧 진정하고 '점잖게' 행동했다고 한다.

안타깝게도 웰먼과 키도를 비롯한 선원들은 유럽까지의 비행에 성공하지 못했다. 사흘 간 2,092km(1,300mi)를 비행한 선원들은 버뮤다 근처에 비행선을 버리고 구명정에 옮겨 탔다. 증기선 트렌트가 구조를 위해 바로 출동했고 선원들은 목표를 이루지는 못했지만 비행 기록을 세운 유명인사가 되어 뉴욕으로 돌아왔다. 구조해 준 증기선의 이름을 따 트렌트로 이름이 바뀐 키도는 인기 백화점 김벨스에서 제작한 금장 우리를 선물 받았고 웰먼의 딸 이디스와 함께 여생을 보냈다. 그 이후로 단 한 번도 비행은 하지 않았다.

1 ››› J. D. A. 맥커디가 1910년 8월 뉴욕 롱아일랜드 근처에서 복엽기로 비행하며 시도했던 통신이 최초의 항공기에서 지상으로의 통신이라고 주장하는 역사가들도 있다.

묶어두기

안전하지 않은 지역을 여행할 때는 가방을 내려놓더라도 반드시 팔이나 다리에 가방 끈을 묶어두어야 도난을 예방할 수 있다.

외부인

외국에서 일정 기간을 보내본 여행자라면 자신의 정체성이 달라지는 상황들을 경험해봤을 것이다. 고유한 한 사람이 아닌 그링고나 음중구, 파랑이라 불리며 그 이름에 맞추어 바라보는 시선에서 자유로울 수 없다. 오래전부터 수많은 그링고와 음중구, 파랑이 있어왔고 이와 같은 단어들에는 길고 긴 역사가 담겨 있다. 이러한 단어들을 모아 목록을 만들어보았다. 세상에는 수백 개의 낯선 언어로 이루어진 수많은 단어가 있기 때문에 극히 부분적인 목록이지만 의미 형성 과정은 모두 동일하다. 처음에는 신, 유령, 광대, 취객, 야만인 또는 단순히 머리나 피부색이 이상한 사람 등 현지인이 낯선 사람을 보고 느낀 느낌에 대한 사전적인 묘사에서 파생되기 시작했다. 이후 특정한 묘사 수준에서 나아가 일반적인 특성 전반을 포함하는 단어가 되었다.

경고

다음 목록 중에는 외국에서 온 방문자를 친근하게 맞이하는 단어도 있지만 정치적으로 부적절하거나 인종적인 비방이 담겨 공격적으로 여겨질 수 있는 단어도 있다. 해당 단어를 사용하는 상황과 말하는 사람의 의도에 따라 달라질 수 있는 문제이다. 또한 외국어 단어의 발음을 영어 철자로 적은 것이기 때문에 출처에 따라 표기법에 큰 차이가 있을 수 있다. 대부분 기록되기 이전부터 수세기 동안 사용된 단어이며 고대부터 쓰여 온 단어도 있다. 시간이 흐르고 새로운 지역 사회로 확대되면서 미묘한 의미 차이가 생겨났으며 각 지역에 걸맞은 새로운 함축적 의미를 띠게 되었다. 다음 목록은 단어의 정의나 어원에 대한 체계적인 정보라기보다 현재 사용되고 있는 단어와 그 의미를 대략적으로 살펴보기 위한 보조 자료로 작성되었다.

영어 철자	발음	지역, 언어 또는 민족	사전적 의미	실제 의미
A dohk a	아 도크 아	대만	뾰족한 코	백인
Ajam	아잠	아랍어	언어를 모르는 사람	낯선 사람
Ajnabi	아즈나비	아랍어	낯선 사람 또는 피해야 하는 사람	외국인
Ang Mo	앙모	호키엔어	붉은 머리카락	외국인
Barang	바랑	캄보디아	프랑크족	서양인 또는 외국인
Blan	블란	아이티 프랑스어	하얀	외국인
Bolillo	볼릴로	멕시코	빵	백인 또는 피부색이 창백한 사람
Blue	블루	인도네시아	알비노	백인
Cheechaco	치차코	알래스카	신참	외부인
Dim-dim	딤딤	트로브리앤드제도	매우 다른 사람	백인
Falang	팔랑	라오스	프랑크족	서양인 또는 외국인
Farang	파랑	태국	프랑크족	서양인 또는 외국인
Franji	파란지	에티오피아	프랑크족	서양인 또는 외국인
Ferangi	프랑지	중동	프랑크족	서양인 또는 외국인
Gaijin	가이진	일본	외부 사람	외국인
Gharib	가리브	아랍어	서쪽에서 온	낯선 사람
Gora	고라	힌디어	하얀	백인
Gringo	그링고	스페인어	그리스인 (어원에 대한 논쟁이 있음)	백인 또는 외국인
Gubba	구바	오스트레일리아 토착민	정부 관료	백인
Gweilo	그웨일로	광둥어	유령 같은 사람	외국인
Haole	하올리	하와이	숨이 없는	백인
I-matang	아이 마탕	키리바시	마탕에서 온 사람	외국인
Indlebe zikhayi langa	인들베 지카이 랑가	줄루어	귀가 햇빛에 빛나는 사람	백인
Kabloonak	카블루낙	이누이트어	눈썹 숱이 많은 사람	이누이트 족이 아닌
Kafir	카퍼	아랍어	믿지 않는 사람	외부인
Kaivalagi	카이발란지	피지	외국인의 땅에서 온	백인

영어 철자	발음	지역, 언어 또는 민족	사전적 의미	실제 의미
Laleo	랄리오	코로와이어	악마 유령	외부인
Lǎowài	라오와이	표준 중국어	영원한 외부인	외국인
Mat Salleh	맛 살레	말레이시아	정신 나간 뱃사람	백인
Mundele	먼들	콩코민주공화국	하얀	백인
Murdele	머델	서아프리카	바다에서 온 사람	백인
Mzungu	음중구	동아프리카	목적 없는 방랑자	백인
Nasrani	나스라니	아랍어	기독교인	외국인
Obroni	오브로니	가나	지평선 너머에서 온 사람	외국인
Orang puteh	오랑 푸테	말레이시아	하얀 사람	백인
Oyibo	오이보	나이지리아	피부가 벗겨진	백인
Pākehā	파케하	마오리어	겉모습이 희거나 창백한	외국인
Pālagi	파랑지	사모아	하늘에서 온	외국인
Papa'a	파파아	쿡제도 마오리어	옷을 4겹 입은	외국인
Pariwat	파리왓	문두루쿠어	사냥감	외부인
Poken	포큰	뉴칼레도니아	영어를 하는	백인
Tây	따이	베트남	서양인	외국인
Toubab	터우밥	중앙아프리카 및 서아프리카	의사	백인 또는 여행자
Tuluk	툴룩	에스키모어	잉글랜드 사람	외국인
Umulungu	음룽구	줄루어	마법을 거는 사람	백인
Vazaha	바자하	마다가스카르	마다가스카르의 사람이나 물건이 아닌	외국인
Vulagi	불랑지	피지	하늘의 정령	방문자
Waegukin	외국인	대한민국	외국의 사람	외국인
Wàiguórén	웨이궈런	표준 중국어	타지인	외국인
Wasi'chus	워지처스	라코타 인디언어	지방을 섭취하는 또는 욕심이 많은 사람	백인
Yáng guǐzi	양 구이쯔	표준 중국어	서양 악마	외국인
Yurak siki	유락 시키	케추아어	궁둥이가 하얀	백인

거꾸로 치는 파도 탈출하기

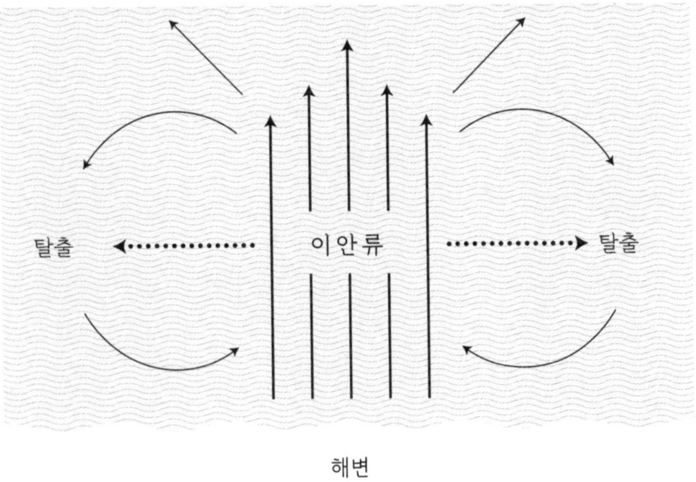

그리스어 같다

많은 학자들은 '그리스어 같다'라는 표현이 중세시대 문헌을 옮겨 쓰던 유럽 수도승들 사이에서 생겨났다고 말한다. 그리스어를 읽을 줄 아는 필경사가 거의 없었기 때문에 필사해야 하는 문헌에서 그리스 단어가 나오면 그 옆에 라틴어로 '그리스어라서 읽을 수 없음'이라고 써두기 시작했다고 한다. 시간이 지나면서 이해할 수 없는 것을 '그리스어'라고 칭하는 일이 빈번해졌고 셰익스피어도 한 희곡에서 이 새로운 표현을 사용하였다.

> 카스카: ...그를 이해하는 이들은 마주 바라보며 미소를 짓고 고개를 끄덕였지만 나에게는 그리스어일 뿐이었다.
>
> – 윌리엄 셰익스피어, 《줄리어스 시저》(1599)

당시 영국에서는 그리스어가 이해할 수 없는 언어의 대명사였듯 다른 나라에도 이와 같은 의미를 갖는 외국어가 있었다. 가장 생경하다고 여겨지는 외국어가 으레 그 자리를 대신했기 때문에 중국어가 그리스어와 같은 의미로 쓰이는 나라가 많다. 두 국가 사이의 역사적 배경이 영향을 미친 경우도 있고 억양이나 발음이 잘 어울리는 단어를 조합해 만들어진 표현도 종종 있다. 표현의 발생 과정은 각기 다르지만 결과적으로는 외국어를 이용하여 난해함을 표현하는 놀라운 언어적 다양성을 살펴볼 수 있다. 다음은 이와 같은 표현이 세계적으로 얼마나 다양할 수 있는지 보여주는 몇 가지 예이다.

언어	번역문
아랍어	"힌디어를 하는 거니?"
불가리아어	"파타고니아어를 하고 있잖아."
체코어	"스페인 마을에 온 것 같군."
덴마크어	"러시아 이야기를 하는 것 같아."
에스페란토[1]	"볼라퓌크어 같아."
핀란드어	"전부 다 히브리어 같아."
프랑스어	"나한테는 자바어 같아."
독일어	"나한테는 스페인어 같아."
그리스어	"중국어처럼 들리는데."
이탈리아어	"나한테는 아람어 같아."
중국어[2]	"새의 언어를 하는 것 같은데."
포르투갈어	"라틴어를 하고 있잖아."
터키어	"나한테 이 주제는 프랑스어 같아"

1 ››› 에스페란토는 의도적으로 만들어진 인공어이다.

2 ››› 중국어는 다른 나라의 표현에 가장 많이 등장하지만 정작 중국의 표현에는 특정 외국어가 등장하지 않는다는 점이 흥미롭다. 표준 중국어에서는 '새의 언어'와 더불어 '천상의 언어' '유령의 글'과 같은 표현을 사용하고 광둥어에서는 흔히 '닭의 창자'라고 표현한다.

이러지는 말자

참을 수 없이 짜증나는 부류 중 하나는
여행을 다녀온 나라에서의 모험담과 진짜인지 허풍인지 모를 위험했던 순간들을
수백 번이고 계속해서 떠들어대는 사람들이다.

– 성 요한 바티스트 드 라 살,
프랑스 사제이자 가톨릭 세례자, 1695

레드리스트

세계자연보전연맹은 전 세계의 자원과 자연 보호를 위한 국제기구이다. 이 기구에서 멸종 위기 동식물의 실태에 관한 종합적인 보고서인 레드리스트를 발간한다. 다음은 각 위험 등급에 대한 간략한 설명과 해당되는 종의 수, 예시이다.

절멸종 (EX)		
남아있는 개체가 없음 855종		아틀라스곰 *에피오르니스 황금두꺼비 까치오리 태즈메이니아늑대 툴라키왈라비
자생지 절멸종 (EW)		
보호 관리되는 개체는 있으나 야생 개체는 없음 68종		바바리사자 나비 구디드 카타리나 펍피쉬 하와이까마귀 *긴칼뿔오릭스 소코로비둘기
심각한 위기종 (CR)		
빠른 시간 내에 극심한 멸종위기에 처하게 됨 5,107종		*아홀로틀 브라질비오리 양쯔강악어 가리알 카카포 바키타
멸종 위기종 (EN)		
가까운 미래에 매우 심한 멸종위기에 처하게 됨 7,602종		보노보 승냥이 *두루미 로스차일드기린 타키 멕시코토끼

취약종 (VU)		
몇 달이나 몇 년 내에 심한 멸종위기에 처하게 됨 11,219종		구름무늬표범 듀공 가우르 *훔볼트펭귄 마운틴얼룩말 타킨
위기 근접종 (NT)		
추후에 멸종 위기에 처할 것으로 보임 5,323종		푸른부리오리 황제기러기 갈기늑대 *일각돌고래 붉은백로 흰코뿔소
관심 필요종 (LC)		
즉각적인 멸종 위기는 없음 39,053종		쿠거 회색늑대 미어캣 두첨상어 올리브개코원숭이 *금강앵무

작가의 여행

모리츠 톰센은 많이 알려지진 않았지만 아주 위대한 미국 작가로 평가된다. 톰센은 부유한 가정에서 성장했지만 2차 대전 참전 후 가족들이 강요하던 백만장자의 삶과 서서히 거리를 두기 시작했다. 돼지 농장을 운영하기도 했지만 사실상 도살되는 돼지를 볼 수도 없었던 톰센은 운영에 실패했고 48세에 평화봉사단에 가입해 에콰도르로 파견되었다. 톰센은 떠나온 곳을 절대 돌아보지 않았다. 대부분 실패했지만 몇 차례 더 농장을 운영해보고 글을 쓰면서 평생을 에콰도르에서 보냈다. 1969년에 펴낸 회고록《가난하게 산다는 것: 평화봉사단 연대기Living Poor: A Peace Corps Chronicle》는 평화봉사단 활동을 가장 정확하게 그려낸 책으로 평가 받는다. 가난한 삶의 현실을 당당하고도 진실하게 표현했다는 점에서 좋은 평가를 받았다. 톰센은 1991년 에콰도르 과야킬에서 숨을 거두었다.

다음은 톰센이 고수했던 여행 지침 중 일부로 여행자라면 한번쯤 따라볼 만한 지침이다.

> 찾을 수 있다면 1달러짜리 식사를 하고, 아직 그런 곳이 있다면 5달러짜리 숙소에 묵는다. 가이드 없이 여행하고 역사 유적지나 옛 성당은 찾아가지 않는다. 택시를 타지 않고 멋진 바에 앉아 칵테일을 마시지도 않는다. 영어가 오가는 곳에 머물지 않는다.
>
> –《가장 슬픈 즐거움: 두 강을 따르는 여행》(1990)

여행병

Fernweh (페른-베) 독일어. 명사.

먼 곳에 대한 그리움. 향수병의 반대 개념. 모르는 곳으로의 여행에 대한 열망. '멀다'는 의미의 독일어 fern과 '비애, 아픔'을 의미하는 독일어 weh에서 온 말.

방랑벽의 독일어라고 볼 수 있는 페른베는 집에 앉아 세계 지도를 들여다보고 있는 여행자라면 누구에게나 익숙한 개념이다. 페른베는 세상으로 뛰쳐나가 완전히 모르는 곳으로 떠나고 싶은 욕망, 발이 근질거리는 여행병을 의미한다. 덴마크 작가 한스 안데르센은 이 여행병을 앓은 것으로 잘 알려져 있는데 1856년에 쓴 편지에서 그 증상을 설명하였다.

> 눈이 녹을 때면 발작이 찾아왔고, 증기선이 마음을 뒤흔들면 고통스러운 불안감을 느꼈다.

언어 능력

표준화된 언어 능력 단계를 통해 교육자나 고용자는 어떤 사람이 특정 언어를 얼마나 잘 알고 있는지 정확히 파악할 수 있다. 이러한 표준화 단계는 특정 언어에 대한 전반적인 지식과 말하기, 듣기, 읽기, 쓰기 능력을 나타낸다.

언어 능력 표준화 방식은 국제적으로는 물론이고 한 나라 내에서도 통일되어 있지 않다. 현재 수십 개의 언어 능력 표준 단계가 있고 언어마다 수많은 언어 능력 시험과 자격증, 등급이 있다.

다음은 국제적으로 가장 많이 쓰이는 언어 능력 표준 단계들을 비교하는 표이며 간략한 설명과 함께 각 단계에 이르기 위해 필요한 교육 시간을 정리하였다.

각 단계의 세부 사항이나 필요 교육 시간, 표준 단계 간의 상관관계 등은 자료마다 차이가 있을 수 있으며 대상 언어에 따라서도 달라질 수 있다.

	설명	교육시간	ACTFL[1]	ILR[2]	CEFR[3]
초급	빈번한 일상 표현을 이해하고 활용함	-	하하/하중/하상	0/0+	A1
	빈번하게 일상 표현과 문장을 이해함	180-200	중하/중중/중상	1	A2
중급	여행 중에 발생 가능한 상황을 대부분 해결할 수 있음	350-4000	중상	1+	B1
	복잡한 글의 중심 내용을 이해할 수 있음	500-600	상하/상중/상상	2/2+	B2
고급	사회적, 학문적, 전문적 목적에 맞추어 해당 언어를 효과적으로 유연하게 활용할 수 있음	700-800	최상	3/3+	C1
	즉흥적으로 매우 유창하고 상세하게 자신의 상태를 표현할 수 있음	1,000-1,200	최상상	4/4+/5	C3

1 ››› 미국외국어교육협회(American Council on the Teaching of Foreign Languages): 미국 학계에서 일반적으로 활용하는 표준 단계.

2 ››› 유관기관 연합 언어원탁회의(Interagency Language Roundtable): 미국 정부에서 고안하고 활용하는 표준 단계.

3 ››› 유럽언어공통기준(Common European Framework of Reference for Languages): 유럽 언어에서 일반적으로 활용되는 표준 단계.

인식하는 것이 곧 현실이다

두려워하는 자에게는 언제나 위험이 있다.

– 조지 버나드 쇼, 아일랜드 극작가

국가 이름 발음 가이드

국가 이름		발음
Bhutan	부탄	*boo-TAN*
Chile	칠레	*CHEE-leh*
Côte d'Ivoire	코트디부아르	*COAT-dee-vwar*
Djibouti	지부티	*jih-BOOT-ee*
Eritrea	에리트레아	*air-jh-TREE-uh*
Gabon	가봉	*ga-BAHN*
Guinea-Bissau	기니비사우	*GIN-ee bih-SOU*
Kyrgyzstan	키르기스스탄	*keer-gih-STAN*
Laos	라오스	*Lous*
Lesotho	레소토	*luh-SOE-toe*
Liechtenstein	리히텐슈타인	*LIHKT-en-shtine*
Maldives	몰디브	*MALL-deevz*
Mauritania	모리타니아	*mawr-uh-TAY-nee-uh*
Mauritius	모리셔스	*mawr-RIH-shuhs*
Nauru	나우루	*nah-OO-roo*
Niger	니제르	*NY-jur*
Papua New Guinea	파푸아뉴기니	*PA-pyoo-uh noo GIH-nee*
Qatar	카타르	*KAH-tur*
Saint Kitts and Nevis	네비스	*NEE-vis*
Saint Lucia	루시아	*LOO-shuh*
Saõ Tomé and Príncipe	상투메프린시페	*sau-too-MAY/PREEN-see-pee*
Sri Lanka	스리랑카	*sree-LAHNG-kuh*
Seychelles	세이셸	*say-SHELL*
Tajikistan	타지키스탄	*tah-jih-kih-STAN*
Tanzania	탄자니아	*tan-zuh-NEE-uh*
Timor-Leste	티모르 레스테	*TEE-moor LESS-tay*

미친 여행자의 병

dromomania (드로-모-매-니아) 그리스어. 명사.

여행을 하고 떠돌아다니고 싶은 통제할 수 없는 갑작스러운 충동. '달리기'를 의미하는 그리스어 dromos와 '정신 이상'을 의미하는 그리스어 mania에서 온 말.

19세기 후반 프랑스 의사들은 배회증 또는 미친 여행자의 병이라 불리는 드로모매니아를 정신 장애로 진단하였다. 환자들은 새로운 여행 경험을 위해서 주변에 최소한의 언질도 주지 않고 직장과 가족, 집을 버리는 행동을 통제하지 못했다. 다행스럽게도 지금은 미국의 학회를 비롯한 어떤 기구에서도 드로모매니아를 정신 장애로 분류하지 않는다.

넓디넓은 땅

그린란드에 있는 북동 그린란드 국립공원보다 면적이 작은 국가 수가 164개국이다. 그린란드어로 '칼라아릿 누나니 누나 에키시시마티태크'로 불리는 이 공원의 면적은 971,999km²(375,291mi²)이다. 1980년대 중반 40명이었던 인구가 계속 줄어 현재는 사람이 살지 않는다.

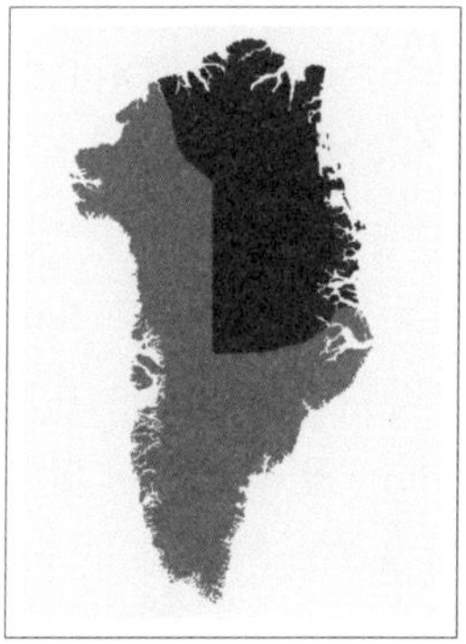

■ 북동 그린란드 국립공원

많이 나가는 요금

기본 운임 × (승객 몸무게 + 수하물 무게) = 항공권 가격

전 세계에서 유일하게 무게 기준으로 요금을 책정하는 사모아항공의 요금 산출 공식이다. 사모아항공은 비만 인구 비율이 상당히 높은 편인 사모아 독립국과 미국령 사모아 내의 10개 도시에 출항하는 소규모 항공사이다.

왕실에 대한 생각과 오해

외국인의 입장에서 한 국가의 왕실과 국민 사이의 관계를 이해하기는 쉽지 않다. 대부분의 여행자는 왕실이 존재하지 않는 국가 출신이고 왕실을 의미 없는 구시대적 유물이라고 생각하는 경우가 많다.

하지만 많은 국가의 국민들이 진심으로 자국의 왕실을 사랑한다는 사실을 알아두어야 한다. 국민들은 왕실을 찬양하고 그들의 안녕을 기도하고 그들의 사진을 곳곳에 걸어둔다. 왕실을 절대 신뢰하고 신성한 존재로 보는 사람들도 있다.

이런 식의 충성이 법적으로 강제되거나 야만스럽게 강요되는 국가가 있는 것도 사실이다. 하지만 왕실에 대한 국민들의 애정은 놀라울 정도로 진심인 경우가 대부분이다. 이런 국가에서는 왕실에 대한 열광적인 헌신이 일반적이기 때문에 외국인이 무례한 태도를 취한다면 몹시 불쾌하게 받아들일 수 있다.

따라서 항상 이러한 사실을 기억해두고 해당 국가의 왕실 또는 정부와 관련된 행동을 할 때에는 특히 더 조심하는 것이 좋다. 여행자가 왕실의 얼굴이 있는 광고판에 낙서를 했다가 호된 징역형을 받았다는 이야기를 들은 적이 있다. 가벼운 농담이라고 생각하고 페이스북이나 블로그에 올린 글이 '왕실에 대한 모욕'이라는 이유로 고발을 당하는 경우도 있다. 전혀 악의 없는 행동이었다고 해도 엄청난 대가를 치르게 될 수 있다.

예를 들어 국가 통화에 왕가의 얼굴이 그려진 경우 그 통화 자체도 존경심을 갖고 대해야 한다고 생각하는 국민들이 많다. 이러한 사실을 모르는 여행자들은 구겨지거나 바닥에 떨어지거나 혹은 밟힌 통화를 보고 기분이 상한 현지인을 마주하고 당황할 수 있다. 요약하자면 많은 여행자들은 모든 문화권에서 왕실에 대한 태도가 자신처럼 무관심할 것이라 생각하지만 이러한 잘못된 추측과 오해가 큰 문제를 발생시킬 수 있다.

비싼 물건은 집에 두고 떠나세요

오랜 여행을 떠날 때 비싼 샌들과 선글라스는 들고 가지 않는 것이 좋다. 여행자들이 가장 많이 잃어버리거나 도난당하는 물건인 동시에 어디에서나 저렴하게 구매할 수 있는 물건이다. 비싼 샌들이나 선글라스를 들고 가면 바다에 뛰어들어 수영을 할 때마다 신경을 쓰일 것이다. 비싼 물건은 집에 두고 떠나야 걱정거리가 하나 줄어든다.

언어 능력자

한 언어를		단일언어자		단언어사용자	
한 언어와 다른 언어를 부분적으로	구사하는 사람을	1.5언어자	또는	–	라고 부른다.
두 언어를		이중언어자		이언어사용자	
다양한 언어를		다중언어자		다언어사용자	

키위

키위는 뉴질랜드 고유종인 날지 못하는 조그만 새이다. 1.4kg에서 4.1kg 사이의 무게이며 비슷한 몸집인 새 중에서 가장 커다란 알을 낳는다는 점이 특이하다. 반 야행성이며 평생을 한 쌍이 함께한다.

19세기 후반 뉴질랜드 군대는 휘장에 키위 이미지를 넣었고 1차 세계대전 동안 키위는 뉴질랜드 군사들을 부르는 별명이 되었다. 키위 구두약이 세계적인 인기를 끌면서 키위는 국가적인 자부심의 상징이 되었고 이제는 뉴질랜드 사람을 키위라 부르기도 한다.

엄청난 환율

250,000,000,000,000 짐바브웨 달러 = 1 미국 달러

2015년 짐바브웨 준비은행이 합법적으로 통화를 폐화하기 위한 절차로 아직 짐바브웨 달러 준비금을 보유하고 있던 국민들에게 제시한 '환율'이다. 근시안적인 경제 정책으로 인해 극심한 인플레이션이 발생했고 통화는 사실상 가치를 잃었다. 짐바브웨는 2009년부터 미국 달러와 남아프리카공화국 랜드를 도입해 사용하기 시작했다.

번역이 되지 않는 단어

yoko meshi (요-코 메-쉬) 일본어. 명사.

외국어를 할 때 겪게 되는 스트레스. '가로'를 의미하는 일본어 yoko와 '밥'을 의미하는 일본어 meshi에서 온 말.

당황한 표정의 현지인 앞에서 겨우 아는 몇 가지 쉬운 단어로 문장을 엮어보려고 애쓰며 말을 더듬어본 적이 있다면 요코 메쉬의 느낌을 아는 것이다. 이 일본어 문구를 있는 그대로 해석하면 '옆으로 먹는 밥'이라는 의미이다. 전통적으로 일본어는 세로로 글을 쓰는데 대부분의 외국어는 가로로 글을 쓴다는 사실에서 파생된 익살스러운 표현이다.

여왕의 여권

모든 영국 여권은 여왕의 이름으로 발행되기 때문에 엘리자베스 2세 여왕은 외국을 방문할 때 여권이 필요치 않다. 하지만 왕실의 다른 가족들을 여권을 소지해야 한다.

여행 지속의 근거

거의 대부분의 국가에서 비자를 신청할 때 '여행 지속의 근거'를 요구한다. 여행자들이 많이 찾아오는 것은 좋은 일이지만 정부는 이 여행

자들이 일정 기간이 지나면 다른 곳으로 다시 떠날 것이라는 확인을 받고 싶어 한다. 많은 나라에서 각 여행자들이 소지해야 하는 최소한의 여행 자금을 지정해두는 것도 같은 이유이다. 여행자에게 다른 곳으로 떠날 자금이 없다면 결과적으로 국가가 상당한 손해를 보게 되기 때문이다. 최악의 경우 불법체류자로 남을 수도 있다. 따라서 국가 입장에서는 여행자가 입국을 해서 마음껏 소비하고 난 후에 별 문제 없이 다른 나라로 출국하기를 바란다.

하지만 국가적으로는 당연한 이 논리가 자유여행자들의 자유분방한 여행 철학과는 충돌된다. 자유여행자에게 무계획이란 십계명 중에서도 가장 중요한 1계명이기 때문에 계획을 요구하는 비자 신청서는 신성모독과 같다. 한 달이 될지 몇 달이 될지도 모르는데 언제, 어떻게, 어디로 떠날지 미리 결정하는 것은 생각할 수도 없는 일이다. 어떻게 될지 누가 알겠는가? 계획 없이 다닌다는 게 여행에서 가장 중요한 포인트다.

이처럼 한정적인 여행 지속의 근거를 요구하는 규정이 세계적으로 일반적이긴 하지만 다행히 그리 중요하게 여겨지는 요구 조건은 아니다. 출입국 심사관은 불법 반입물이나 비자 신청비용, 여권 만료일, 예방접종 여부 등을 더 중요하게 살펴본다. 출국 티켓을 요구하는 경우가 없는 것은 아니지만 매우 드물다는 의미이다.

그럼에도 불구하고 출국 티켓을 요구 받았다면 그럴 만한 특정한 이유가 있을 것이다. 늘 미리 준비해두고 자신감 있는 태도를 보여야 한다. 심사관은 언제까지 해당 국가에 머물고 언제 다른 국가로 출국할지 물을 것이다. 계획이 확실히 세워지지 않았더라도 빠르고 자신감 있는 태도로 최대한 자세하게 모든 질문에 답해야 한다.

"22일 후에 나미비아로 갑니다."
"2주 후에 방콕으로 떠납니다."
"3주 뒤 19일에 페루로 갈 겁니다."

실제 티켓이 있다고 말하는 것이 아니라 잠재적인 계획이 있다는 것만 보여주는 대답이다. 필요한 것 이상으로 거짓말을 할 필요는 없다.

진실만을 말하겠다는 선서를 한 것도 아니고 티켓이 있냐는 질문을 받은 것도 아니다. 대답만 확실하게 하면 대부분 티켓을 확인하려고 하지 않는다. 의심스러워 보이는 계획이 아니라면 지나가라고 손짓할 것이다.

하지만 문제가 커질 수도 있다. 유독 출입국 심사를 엄격하게 하는 국가도 있어서 입국하는 모든 여행자에게 여행 지속의 근거를 요구할 수 있다. 신참이거나 인생이 지루하거나 못됐거나 심지어는 뇌물을 원하는 심사관이 걸릴 수도 있다. 어쨌거나 공식적으로 요구되는 절차이므로 우리가 어찌할 수 없는 일이다. 실수로 계획이 없다고 인정했든 수상하다고 생각한 심사관이 티켓을 요구했든 일이 꼬이더라도 초조해할 필요는 없다. 희망이 없는 것은 아니다.

심사관이 있지도 않은 티켓을 요구하며 단호하게 나온다면 매우 미안해하며 차분하게 저자세를 취해야 한다. 대단한 볼거리가 많다고 들은 이 위대한 나라에 친절하신 심사관께서 허락해주시는 것 이상으로 머물 의도는 전혀 없음을 강조하고 단순한 여행자라는 사실을 설명하는 것이다. 잠정적인 계획일지라도 지도를 꺼내 국경을 가리키며 몇 주 내로 언제 어떻게 출국을 할지 계획을 말해야 한다. 여행 일정표나 중요해 보이는 서류를 늘 들고 다니며 불법 체류자가 되지 않을 것임을 보여주어야 한다.

이렇게 한다면 대부분의 국경을 넘어갈 수 있다. 여행 지속의 근거를 요구하는 문제에 있어서라면 사실 국경 지역을 통과하는 일이 항공사를 상대하는 것보다 쉬운 편이다. 입국 요구 조건을 항공사에서 더 따진다는 사실이 이상할 수 있지만 그럴 만한 이유가 있다. 승객이 도착 국가에서 입국 거부를 당하면 항공사의 책임이 된다. 미국에서 출발해 뉴질랜드에 도착한 승객이 여행 지속의 근거가 부족해 입국 거부를 당하면 미국으로 돌아가는 항공료를 항공사가 부담해야 한다. 그렇기 때문에 항공사 입장에서는 승객의 도착 국가 입국 가능 여부가 몹시 중요하다. 입국 조건이 확실하게 갖추어지지 않았다고 판단되면 항공사에서 해당 승객의 탑승을 거부할 수 있다.

모든 방법이 실패했거나 문제없이 입국하고 싶다면

유독 깐깐한 출입국 심사관이나 규정을 충실히 지키는 항공사 직원을 만났거나 애초에 처음부터 이러한 문제에 휘말리고 싶지 않다면 다음 두 방법 중 하나를 선택할 수 있다.

저렴한 티켓 구입	환불 가능한 티켓 구입
버스, 기차, 배, 열기구 등 저렴한 출국 티켓을 구입해 허가된 기간 내에 출국할 것이란 사실을 증명한다. 이러한 티켓은 보통 국경에서 구입이 가능하지만 사전에 예약이 필요할 수도 있다.	완전 환불이 가능한 고가의 항공권이나 기차 탑승권은 많다. 여행 지속의 근거로는 확실하나 세부사항을 잘 확인해야 한다. 실제 환불을 받을 때 문제가 될 수 있는 조건이나 날짜 제한, 추가 요금이 있을 수 있다.

지갑 2개 사용하기

가진 게 없는 여행자는 도둑 앞에서 당당하다.

– 유베날, 로마 시인, 125년경

일상용 지갑

용도: 항상 들고 다니는 지갑
재질: 밀짚 또는 값싼 캔버스 천
내용물: 하루 동안 필요한 현지 통화 약간과 승차권 등. 현금이 떨어질 경우를 대비한 출금카드와 술집 출입을 위한 신분증이 들어갈 수 있는 크기여야 한다.

여행용 지갑

용도: 호텔이나 호스텔 금고에 넣어두고 이동할 때만 들고 다니는 지갑
재질: 가죽이나 비싼 천
내용물: 여행 자금, 신분증, 여권, 출금카드, 신용카드, 보험증서를 비롯한 중요한 티켓과 문서들. 지퍼로 여닫을 수 있고 보안용 자물쇠를 달 수 있으면 좋다. 편리함이나 디자인보다 안전이 중요하다.

거절의 기술

여행자가 가장 많이 쓰는 단어는 'No'일 것이다. 온갖 장신구에서부터 매춘까지 현지인들이 끊임없이 다가와 호객 행위를 하는 나라의 거리를 걷다 보면 활력 넘치는 상인들을 거절하다 하루가 다 가는 것만 같다. 끈질긴 상인들에 더해 사기꾼과 어린아이들, 거지에 단순히 호기심이 많은 사람까지 우리가 원하는 것 이상으로 우리와 함께 시간을 보내고 싶어 하는 사람들이 넘쳐난다. 냉정하게 들리겠지만 우리는 이들 대부분을 최대한 효율적으로 거절해야만 한다. 다행히 익숙하지 않은 외국에서 유용하게 활용할 수 있는 거절의 기술이 있다. 적절한 'No'는 아무리 정신 없는 장소에서도 귀찮은 일 없이 온전히 여행을 즐길 수 있도록 해주는 여행자의 강력한 무기와 같다.

거절이 제대로 효과를 내려면 단호하면서도 정중해야 한다. 거절이 너무 희미하면 귀한 시간과 돈을 낭비하게 되고 거절이 너무 매서우면 누군가의 기분을 상하게 한다. 적절한 어조와 단어로 이루어진 거절은 기분 상하는 일 없이 상인들을 돌려보낼 수 있다.

거절의 기술을 습득하기 위한 여러 가지 팁을 소개한다.

인지하기

당신을 향해 곧장 다가오는 사람을 보고도 못 본 척해서는 안 된다. 못 본 척을 하면 상인은 호객 행위를 하려고 더 가까이 다가올 뿐이다. 말을 꺼내기도 전에 바로 화를 내며 거절해서도 안 된다. 당신에게 다가오고 있음을 인지하고 거절할 준비를 하고 있으면 된다.

'No'라고 말하기

상냥하게 웃으며 몸을 살짝 숙이고 두 팔을 들어 손바닥을 펼쳐 보이면서 현지어로 '아닙니다, 괜찮습니다'라고 말한다. 오만하게 행동해서도 안 되지만 물건을 구매할 여지가 있어 보여선 안 된다. 미안해하면서도 정확한 태도를 취해야 하며 여지를 줄 수 있는 긴장한 태도는 물론 거들먹거리며 화를 내는 태도는 옳지 않다.

상냥한 태도를 취하기

대화의 분위기를 가볍게 이어가야 한다. 불법적인 물건을 권해서 기분이 상하거나 똑같은 대화를 반복하며 짜증이 날 수도 있지만 여유롭게 미소를 지어 보이며 이런 일은 익숙하다는 식의 인상을 주어야 한다. 우리가 수적으로 열세하며 상인들이 많이 모여 있는 장소에서 범죄가 흔히 일어난다는 사실을 잊지 말아야 한다. 화를 낸다고 해서 해결되는 일은 없다.

멈춰 서지 않기

멈춰 서서 대화를 했다는 사실만으로도 호객 행위에 관심이 있는 것으로 보인다. 그렇게 되면 다른 상인도 다가와 말을 건넬 차례를 기다리게 된다. 어떻게든 반응을 이끌어 내어 여행자의 발걸음을 멈추게 만드는 흔한 전략에는 질문 소리치기('어디에서 왔어요?'), 웃음 유발하기('사랑해요!'), 거짓으로 터무니없이 싼 가격 부르기('1달러에 시계 4개!') 등이 있다. 단순히 외국인과 만나보고 싶은 것처럼 악수를 청하거나 자기소개를 하는 고전적인 전략도 있다. 이 모든 전략에는 정중하지만 단호한 거절로 반응해야 한다.

미안해하지 않기

위에서 말한 대로 적절하게 반응했다면 상대방의 기분을 상하게 했다는 착각에 빠질 필요가 없다. 여행자의 관심을 끌기 위한 최후의 전략은 당신이 물건을 거들떠보지도 않았다거나 악수에 응하지 않았다며 화난 척을 하는 것이다. 현지인의 기분을 상하게 했다는 두려움 혹은 가족들을 먹여 살리기 위해 애쓰는 불쌍한 상인을 거절했다는 죄책감을 이용하는 전략이다. 이런 속임수에 속아 넘어가선 안 된다. 세상 어디를 가도 무언가를 팔기 위해서는 수차례 거절을 경험하게 된다. 겉으로는 기분 상한 척을 하겠지만 하루에도 수백 번씩 거절을 당하는 거리의 상인들은 당신이 구매에 관심을 보이지 않았다고 해서 낙담하지 않는다. 죄책감에 사죄의 의미로 물건을 구매하게 하려는 전략일 뿐이다. 하지만 단호하면서도 정중하게 거절했다면 사죄할 필요가 전혀 없다.

자신이 원하는 삶을 살기

즐겁다. 즐거움을 죄악이라 생각하지 않기로 다짐했다.
나는 사물을 탐구하며 즐거움을 느낀다. 돌멩이 하나도 바닥을 들여다보지 않고
던져버린 적 없었다. 달의 반대편을 절대 볼 수 없다는 사실에 끝없이 낙담할 뿐이다.

– 존 스타인벡, 미국 작가, 《에덴의 동쪽》(1952)

여행이 자유로운 나라 랭킹

사전 신청 비자 없이 여행이 가능한 국가의 수:

153	독일
152	스웨덴
151	핀란드, 프랑스, 스위스, 스페인, 대한민국, 영국
150	벨기에, 덴마크, 이탈리아, 일본, 네덜란드, 노르웨이, 싱가포르, 미국
149	오스트리아, 룩셈부르크, 포르투갈
~	
30	소말리아
29	시리아
28	이라크
27	파키스탄
23	아프가니스탄

고산병

밝혀지지 않은 위협

산의 이안류라 불리는 고산병은 많은 사람들이 제대로 인지하지 못하고 별것 아닌 문제로 치부해왔지만 알아채지 못하는 사이 서서히 다가오는 치명적인 위협이다.

사람의 몸은 산소가 부족한 높은 고도에서 이상 반응을 일으키며 다양한 중증 문제들이 나타날 수 있다. 하지만 의학 전문가들도 이러한

근본적인 원인 외에 고도 때문에 이상 반응을 일으킨 신체에서 실제 어떤 일이 벌어지는지 제대로 알고 있지 못하다.

부족한 산소

지구 어디에서나 공기의 20.9%는 산소이며 고도가 높다고 해서 공기 자체가 다른 것이 아니라 낮은 고도보다 넓게 퍼져있는 것뿐이다. 기압이 낮다는 것은 공기가 분산되어 있다는 의미이며 따라서 호흡하는 산소 분자가 더 적어진다.

고산병에 약한 사람

고산병의 미스터리 중 하나는 증상이 나타나는 공통적인 순서나 이유가 없다는 점이다. 고령의 사람들이 고산병에 강하다는 몇몇 연구 결과가 있지만 그것은 단지 경험이 많고 고도에 대한 감각이 있기 때문이다. 같은 논리로 16세에서 25세의 남성이 고산병에 가장 취약하다는 자료도 있는데 이 또한 우수한 신체 능력을 믿고 고산병의 영향을 받지 않을 거라 생각해 함부로 등반하기 때문이다. 사실상 고산병의 발생 위험을 알 수 있는 지표는 고도뿐이다. 얼마나 높이, 얼마나 빠르게 등반했는지, 일정 고도에서 얼마나 오래 머물렀는지가 중요하다.

예방이 중요하다

- 책임감 있게 등반하기: 지금까지 알려진 고산병 예방법 중 가장 중요한 것은 무리하지 말고 점진적으로 등반하라는 것이다. 다수의 전문가들은 낮 동안에 높은 고도로 등반한 후 그보다 낮은 고도로 내려와 수면을 취하며 신체를 회복하는 '높게 오르고 낮게 자기' 방법을 추천한다.
- 물 많이 마시기: 충분한 수분 섭취 없이 몸이 고도에 적응하게 두는 것은 고산병으로 가는 지름길이다. 물은 많이 마셔야 한다.
- 억제제 금지: 지나친 알코올이나 수면제 섭취는 금물이다. 이러한 호흡 억제제는 신체가 주변 기후에 적응하는 과정을 더디게 한다.

- 약의 도움: 식물을 이용한 민간요법부터 처방약까지 고산병 발생을 방지한다는 약의 종류는 다양하다. 하지만 반드시 의사와 상의 후 신중하게 복용해야 한다. 어떤 약은 고산병 증상을 일시적으로 덮어두기만 해서 실제로는 위험한 상황에도 스스로 건강한 상태라고 믿게 만들기도 한다. 많은 전문가들이 아세타졸아마이드(다이아목스)가 고산병 예방에 효과도 있으면서도 안전한 약이라고 말하지만 반드시 복용 전에 의사와 상의해야 한다.
- 치료: 고산병 치료의 핵심은 정확한 상태 진단이다. 3,048m 이상 등반하게 되면 반 이상이 급성고산병 증상을 보이지만 48시간 내에 점차 완화된다. 하지만 고산뇌수종과 고산폐수종은 심각한 응급 상황이며 신속히 치료해야 한다. 보충용 산소장치나 고압산소챔버처럼 증상을 완화시켜줄 수 있는 기술[1]이 개발되었지만 바로 하산하는 것만큼 확실한 치료법은 없다.

고산병의 세 종류

상태	설명	증상	치료
급성고산병	높은 고도에서 흔히 발생되는 이상 증상	두통, 가벼운 메스꺼움, 어지러움, 숨이 가쁨, 무기력함	하산, 증상에 특화된 약물 복용(두통에 이부프로펜 복용 등)
고산뇌수종[2]	뇌에 물이 참	심한 두통, 구토, 정신착란, 망막출혈, 걷기가 어렵고 불안정함, 졸림	하산, 산소 보충, 덱사메타손,[4] 고압산소챔버에 들어가기
고산폐수종[3]	폐에 물이 참	움직이지 않아도 숨이 가쁨, 호흡이 얕아짐, 기침할 때 울리는 소리가 남, 희거나 분홍빛 침을 뱉음, 입술, 귀, 손가락이 푸르거나 잿빛이 됨	하산, 산소보충, 니페디핀,[4] 고압산소챔버에 들어가기[1]

1 ››› 가모 백이라고도 불리는 고압산소챔버는 내부 기압을 저지대와 유사하게 만들어놓은 이동식 기압 주머니이다. 6.8kg 정도의 무게로 발로 펌프를 눌러 공기를 채울 수 있으며 내부 기압을 위치한 고도보다 2,000m 낮은 고도의 기압으로 높일 수 있다.

2 ››› 보통 등반 시작 하루에서 사흘 후 증상이 나타난다.

3 ››› 보통 등반 시작 이틀에서 나흘 후 증상이 나타난다.

4 ››› 반드시 의사와 상의 후 복용해야 하는 약효가 강한 처방약이다. 근본적인 원인이 아니라 고산증의 증상만을 치료하는 약이므로 반드시 일시적인 치료법으로만 사용해야 한다.

알아둘 만한 고도

알아둘 만한 고도	미터	피트
에베레스트 정상	8,848	29,029
K2 정상	8,611	28,251
데스존: 생명 유지를 위한 산소량이 불충분한 고도	8,000	26,247
39% 산소 공급이 가능한 해발고도	7,600	24,934
물이 74도에서 끓는 고도	7,200	23,622
아콩카과 정상	6,691	21,952
46% 산소 공급이 가능한 고도	6,400	20,997
인간 거주지가 없는 고도	6,000	19,685
칼라만자로 정상	5,895	19,341
극한 고도로 여겨지는 고도	5,200	17,060
대부분의 등반가가 적응하는 데 1주일 걸리는 고도	5,000	16,404
57% 산소 공급이 가능한 해발고도	4,400	14,436
잉카 트레일이 닿는 가장 높은 고도	4,200	13,780
볼리비아의 고원 도시 라파스의 고도	3,650	11,975
66% 산소 공급이 가능한 해발고도	3,200	10,499
0.5-1% 확률로 고산뇌수종이 발생하는 고도	3,000	9,843
고산병 증상이 나타나기 시작하는 고도	2,400	7,874

술고래의 고산병

두통이나 메스꺼움, 무기력 등 일반적으로 나타나는 고산병의 증상은 숙취와 유사하다. 반면 고산뇌수종의 경우에는 정신착란을 보이거나 구토를 하고 제대로 걷거나 말하지 못하기 때문에 만취 상태와 유사해 보인다. 따라서 동료가 숙취와 유사한 상태를 보인다면 그것도 좋지 않은 신호이지만 갑자기 만취한 것처럼 행동한다면 당장 치료해야 하는 위급한 상황이라고 판단하면 된다.

고산병 기본 원칙

데이비드 슬림 박사 검수

1. 몸 상태가 좋지 않다면 일단은 고산병이라고 생각해야 한다.
2. 고산병 증상이 있다면 등반을 멈추어야 한다.
3. 증상이 악화된다면 즉시 하산해야 한다.

도움 안 되는 민간요법

야생동물로 인한 부상과 관련된 근거 없는 민간요법은 접어두고 제대로 된 대처법을 알아본다.

민간요법:
해파리에 물린 상처에 오줌을 눈다.

적절한 대처법

1. 수영을 하다가 상자해파리처럼 위험한 해파리에 물렸다면 상처 부위가 상당히 넓거나 심각한 알레르기 반응이 일어날 수 있으니 즉시 응급 처치를 해야 한다.
2. 소금물로 상처 부위를 씻어내며 핀셋 등 도구를 이용하거나 장갑을 낀 손으로 남아있는 촉수를 제거한다.
3. 식초로 상처 부위를 30초간 씻어낸다. 식초가 없는 경우 베이킹소다 또는 따뜻한 소금물을 이용한다.
4. 상처 부위를 뜨거운 깨끗한 물에 20분간 담근다. 얼음찜질도 효과적이다.
5. 가렵지 않도록 히드로코르티손 크림을 바른다. 부어오르거나 다른 문제가 생기지 않도록 항히스타민제를 복용한다.

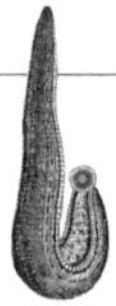

민간요법:
거머리를 태운다.

적절한 대처법

1. 손에 물기를 제거한다. 거머리는 계속해서 피부에 달라붙으려 하고 물기가 있으면 달라붙기 더 쉽다.
2. 납작하고 단단한 물건이나 손톱을 거머리 몸통에서 더 작고 얇은 쪽에 빠르게 밀어 넣는다. 거머리가 피를 빨아들이는 빨판이 있는 머리쪽이다.
3. 반대쪽까지 밀어 넣는다.
4. 다시 달라붙기 전에 빠르게 떼어내고 붙어있는 거머리가 더 없는지 살펴본다. 대부분의 거머리는 숙주가 알아채지 못하도록 일종의 마취제를 분비하므로 피부에 감각이 없을 수 있기 때문이다.
5. 상처 부위를 즉시 씻어내고 지혈을 위해 덮어두어야 한다. 거머리의 입에서 분비되는 항응고 효소 때문에 지혈이 어려울 수 있다. 상처 부위를 긁지 않아야 한다.

민간요법:
뱀에 물렸을 때는 입으로 독을 빼낸다.

적절한 대처법

1. 뱀의 색깔과 무늬를 기억해두어야 한다. 뱀의 종류를 알아야 적합한 해독제를 쓸 수 있기 때문에 중요하다.
2. 즉시 구조 요청을 한다. 독성이 없는 뱀도 있지만 독의 유무를 파악한 후에 구조 요청을 하면 너무 늦는다.
3. 부어오를 수 있으므로 상처 부위의 옷이나 장신구를 제거한다.
4. 상처 부위를 조심스럽게 닦아내고 약 2.5cm 두께 붕대를 감는다. 손가락 하나가 들어갈 수 있을 정도로 여유를 두고 감는다. 붕대를 너무 빡빡하게 감으면 영구적인 손상이 발생할 수 있다. 지혈대는 사용하면 안 된다.
5. 차분한 상태를 유지하고 수분을 보충해야 하며 상처 부위가 심장보다 아래쪽에 위치하도록 한다.

고집쟁이 국가들

미터법을 도입하지 않은 국가

라이베리아 미얀마 미국

화씨로 온도를 측정하는 국가

바하마 캐나다[1] 미국 벨리즈 팔라우

월/일/연도 순서로 날짜를 표기하는 국가

벨리즈 미크로네시아 미국

1 ››› 섭씨도 함께 씀.

DEET 사용법

DEET란?

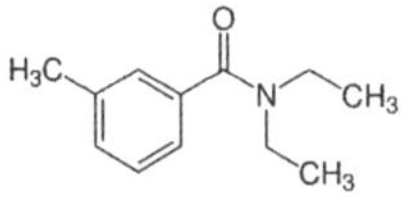

주로 DEET로 줄여 쓰는 다이에틸톨루아마이드 Diethyltouluamide는 1946년 미군이 개발한 화합물이다. 제2차 세계 대전 당시 밀림 전투에서 너무 큰 어려움을 겪은 미군은 벌레를 퇴치할 효과적인 방법이 필요하다는 사실을 깨달았다. 농약으로 활용도가 클 것이라 예상했던 이 노란 빛의 오일은 실험에서 긍정적인 효과를 보였고 1957년부터 널리 이용되기 시작했다. 현재는 4%에서 100%까지의 농도로 많은 방충제의 유효 성분으로 쓰이고 있다.

어떻게 작용하나?

과학자들도 DEET가 다양한 종류의 벌레 퇴치에 효과를 나타내는 정확한 이유를 알지 못한다. 두 가지 학설이 있는데 그중 하나는 DEET

가 벌레의 수용기에 영향을 미쳐 사람의 냄새를 맡지 못하게 만든다는 설명이다. 또는 수용기에는 아무 영향을 미치지 못하지만 벌레들이 DEET 특유의 냄새를 싫어해서 DEET를 바른 사람 근처에 가지 않는다는 설명도 있다. 작용 원리는 알 수 없지만 DEET는 현재 가장 효과적인 방충제로 사용되며 확실한 효과를 나타내고 있다.

안전한가?

DEET의 안전성은 오랫동안 논쟁의 대상이 되어 왔다. 발작이나 태아에 미치는 영향에 대한 무시무시한 실험 결과도 있었다. 하지만 매년 미국인의 30%가 안전하게 DEET를 사용하고 있다. DEET의 안전성 문제는 여행자들에게 매우 중요한 문제이다. 세계에는 방충제 사용이 무엇보다도 중요한 지역들이 있고 그런 지역에서는 인체에 유해할 수 있는 방충제를 쓰거나 질병을 옮기는 모기에 물리거나 둘 중 하나를 선택해야만 하기 때문이다.

DEET의 안정성에 대한 결론은 사실상 적절하고 정확한 사용법에 있다. DEET가 건강상의 문제를 발생시키고 심하면 죽음에 이르게 한 극소수의 사례가 있었지만 그런 경우는 제조사에서 각별히 경고하는 방식으로 DEET를 사용했기 때문에 발생했다. 다시 말해 DEET를 유아에게 사용하거나 섭취했기 때문이었는데, 이는 유해성이 밝혀진 매우 위험한 행동이다. 미국의 주요 보건 기구들은 성인이 적절한 방법으로 사용한다면 DEET는 안전하다고 보고 있다. 실제로 수십억의 사람들이 부작용 없이 DEET를 사용하고 있다.

DEET 사용법 및 농도 관련 주의사항

> DEET의 농도는 효과의 정도를 나타내는 것이 아니라 효과가 유지되는 예상 시간을 나타낸다. 10% 농도와 40% 농도의 효과 자체는 동일하며 40% 농도의 DEET가 더 오래 지속된다.

> 따라서 방충 효과가 필요한 시간에 따라 농도를 선택하면 된다. 5%

에서 10% 농도는 한두 시간 정도 효과가 지속되고 30%에서 50% 농도는 하루 종일 효과가 지속된다. 효과의 지속시간은 주변 환경이나 땀 배출 등 다양한 외부 요인에 따라 달라질 수 있다.

- 질병관리본부는 방충제보다 자외선 차단제를 더 자주 사용해야 하므로 자외선 차단제와 DEET를 함께 사용하지는 말라고 권고한다.
- 농도가 50% 이상이면 사실상 효과 지속 시간이 더 늘어나지 않는다는 연구 결과가 많다. 30%에서 50% 농도면 하루 종일 충분한 효과가 지속된다. 따라서 50% 이상 농도의 DEET 제품은 권장되지 않는다.
- 이카리딘(또는 피카리딘)이나 퍼메트린(옷을 착용한 상태에서만 사용 가능한 방충제) 등 다양한 DEET 대체제가 인기를 얻고 있다.
- 어떤 제품의 어떤 농도를 선택하든 항상 사용법을 숙지하고 따라야 한다.

가장 긴 비행과 가장 짧은 비행

현재 전 세계에서 돈을 내고 이용할 수 있으며 경유 없이 정기 운행되는 가장 긴 비행과 가장 짧은 비행 스케줄은 다음과 같다.

가장 짧은 비행

스코틀랜드 오크니제도 웨스트레이 → 스코틀랜드 오크니제도 파파웨스트레이

2분[1] · 2.7km(1.7mi) · 로건에어 항공사

가장 긴 비행[2]

뉴질랜드 오클랜드 ——→ 아랍에미리트연합국 두바이

17시간 25분 · 14,203km(8,825mi) · 에미레이트 항공사

1 ››› 기상 상황만 완벽하다면 47초에 비행을 마칠 수 있다.

2 ››› 항공 업계에서는 16,995km(10,560mi)의 런던발 시드니행 경로가 전설로 남아있다. 승객을 태우지 않은 상태에서 기술적으로는 가능한 비행이지만 아직 어떤 항공사에서도 상업적으로 현실화할 방법을 찾지 못했다. 항공기 제작 업체인 보잉에서 발표한 계획대로 2020년에 새로운 보잉 777이 출시되면 이 비행도 상업적으로 가능해진다.

표기 체계

표기 체계	구분	읽는 방향	HELLO, NICE TO MEET YOU (가장 대표적인 언어)
라틴 문자	알파벳	→	Hola, mucho gusto (스페인어)
중국 문자	표어문자	→	你好, 很高兴认识你 (중국어)
아랍 문자	압자드	←	مرحبا تشرفنا (아랍어)
데바나가리 문자	아부기다	→	नमस्कार, आपसे मलिकर अच्छा लगा (힌두어)
키릴 문자	알파벳	→	Привет!Радтебявидет (러시아어)
벵골 문자	아부기다	→	হ্যালো তোমার সাথে সাক্ষাতে ভাল লাগছে (벵골어)
가나 문자	음절문자	→	あなたに会えてこんにちは素敵な (일본어)
구르무키 문자	아부기다	→	ਹੈਲੋ ਤੁਹਾਨੂੰ ਮਿਲਣ ਲਈ ਚੰਗੇ (펀자브어)
한글	알파벳	→	안녕하세요, 만나서 반갑습니다 (한국어)
텔루구 문자	아부기다	→	నమస్తే మిమ్మల్ని కలవడం సంతోషం (텔루구어)
타밀 문자	아부기다	→	ஹலோ உங்களை சந்திப்பதில் மகிழ்ச்சி (타밀어)
말라얄람 문자	아부기다	→	നിങ്ങളെ കണ്ടതിൽ സന്തോഷം ഹലോ (말라얄람어)
버마 문자	아부기다	→	မင်္ဂလာပါတွေ့ရတာဝမ်းသာပါတယ် (버마어)
타이 문자	아부기다	→	สวัสดียินดีที่ได้รู้จัก (태국어)

> 알파벳: 글자마다 음가가 있고 자음과 모음이 있음.

> 음절문자: 각 글자가 음가가 아닌 음절을 나타냄.

> 아부기다: 알파 음절문자로도 불리며 하나의 글자가 자음과 모음 둘 다 나타냄.

> 압자드: 자음만 있는 표기 체계로 모음은 따로 표기하지 않고 문맥이나 언어 구조에 따라 판단함.

> 표어문자: 각 글자가 하나의 단어, 구 또는 개념을 나타냄.

평판을 생각해서라도

영어를 잘하지 못하는 사람을 비웃어선 안 된다.
그들은 다른 언어도 할 줄 안다는 뜻이니.

– H. 잭슨 브라운 주니어, 미국 작가, 《Life's Little Instruction》(1991)

북극점과 남극점

북극

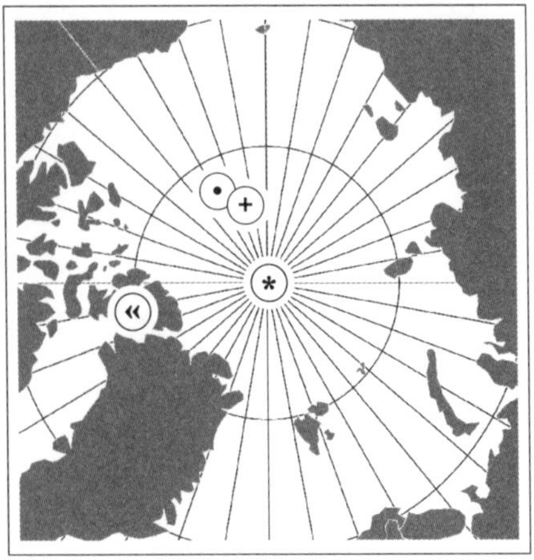

지형:	평균 기온:	대표적인 서식 동물:
떠다니는 해빙	최고 0℃ 최저 -40℃	북극곰

*	**지리적 북극점**	
	위도 90° 0′ 0″N	지구의 가장 북쪽이자 세계의 맨 위
•	**자기적 북극점**	
	위도 86° 24′ 0″N 경도 166° 18′ 0″W[1]	지구 자기장이 수직으로 아래를 향하는 위치로 나침반이 가리키는 위치
«	**지자기적 북극점**	
	위도 80° 22′ 12″N 경도 72° 37′ 12″W[1]	지구 주위를 둘러싼 자기장의 북극으로 북극광 현상을 가장 잘 볼 수 있는 위치
+	**도달불능 북극점**	
	위도 85° 48′ 0″N 경도 176° 9′ 0″W	북극 해양 중 모든 해안선에서 가장 멀리 떨어진 위치

남극

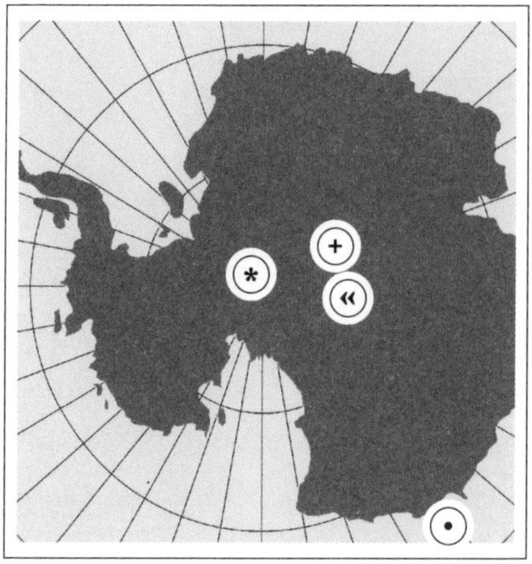

지형:	평균 기온:	대표적인 서식 동물:
빙하로 덮인 사막	최고 -28℃ 최저 -60℃	펭귄

*	**지리적 남극점**	
	위도 90° 0′ 0″S	지구의 가장 남쪽이자 세계의 맨 아래
•	**자기적 남극점**	
	위도 64° 16′ 48″S 경도 136° 35′ 24″E[1]	지구 자기장이 수직으로 위를 향하는 위치
«	**지자기적 남극점**	
	위도 79° 44′ 24″S 경도 108° 13′ 12″E[1]	지구 주위를 둘러싼 자기장의 남극으로 남극광 현상을 가장 잘 볼 수 있는 위치
+	**도달불능 남극점**	
	위도 82° 53′ 14″S 경도 55° 4′ 30″E	남극 대륙 중 남극해에서 가장 멀리 떨어진 위치

1 ››› 고정된 위치가 아니라 매년 56km(35mi)씩 위로 이동함.

다이빙에 대하여

스쿠버

수중에서 산소를 들이쉴 수 있게 만든 장비

SCUBA, Self Contained Underwater Breathing Apparatus

요즘 여행에서 가장 인기 있는 활동 중 하나인 스쿠버다이빙을 하려면 적합한 안전 교육을 받았다는 것을 보여주는 인증서가 필요하다. 대표적인 레크리에이션 다이빙 교육 및 인증 기구에는 PADI(전문 다이빙 지도자 협회, Professional Association of Diving Instructors), SSI(국제 다이빙 교육 단체, Scuba Schools International), NAUI(잠수 지도사 협회, National Association of Underwater Instructors), SDI(국제 스쿠버다이빙 단체, Scuba Diving International)가 있다.

교육을 이수하고 나면 본인의 사진과 이수한 교육의 수준이 적혀있으며 보통 C-카드라고 불리는 인증 카드가 발급된다. 이 카드는 소유자의 다이빙 경험을 증명하며 장비를 빌리거나 다이빙 여행에 참여할 때 사용된다.

다이빙숍에서는 자신들이 속해있는 기구와 상관없이 주요 다이빙 교육 기구에서 발급한 인증서라면 모두 받아준다. PADI의 교육 과정과 인증을 진행하는 다이빙숍에서도 SSI 인증서로 장비를 빌리거나 다이빙 체험을 할 수 있다. 하지만 상급 수준의 인증인 경우 기구마다 기준이 상이하기 때문에 다이빙숍에서 안전을 보장할 수 없다고 판단하면 대여 또는 체험을 거부할 수 있다.

일반적으로 다이빙 인증서에는 유효기간이 없지만 수년 동안 다이빙을 하지 않았다면 다시 교육 자료를 보거나 기본적인 기술부터 해볼 것을 요구하는 다이빙숍이 있을 수 있다.

여행자들에게 가장 잘 알려진 교육 기구인 PADI의 인증 체계를 자세히 살펴보았다. [좀 더 자세한 정보는 PADI 공식 한국어 홈페이지 www.padi.co.kr 에서 확인할 수 있다. - 옮긴이]

PADI 스쿠버 다이버	오픈 워터 다이버 인증의 하위 단계로 실내 이론 교육과 3차례의 수영장 다이빙, 2차례의 오픈 워터 다이빙으로 이루어진 짧은 과정이다. 이수에 2-3일 소요되며 정식 인증으로 여겨지지 않고 이수 후에도 지도자의 감독 하에서만 다이빙을 할 수 있다.

↓

오픈 워터 다이버	정식 인증의 첫 단계인 오픈 워터 다이버 과정은 이수에 4-5일 소요되며 실내 이론 교육과 5차례의 수영장 다이빙, 4차례의 오픈 워터 다이빙으로 이루어져 있다. 이 과정을 모두 이수하면 전문가의 지도 없이도 18m까지 다이빙을 할 수 있다. 보다 수준 높은 인증 과정이나 다음의 전문 기술들을 이수하는 데 소요되는 교육 시간은 다이빙숍에 따라 크게 다를 수 있다.

여러 전문기술:

알티튜드 다이버	드라이 슈트 다이버	픽 퍼포먼스 보얀시
어웨어-피쉬 아이덴티피케이션	에머전시 옥시즌 프로바이더	리브리더 다이버
보트 다이버	엔리치드 에어 다이버	사이드마운트 다이버
디지털 언더워터 포토그래퍼	이큅먼트 스페셜리스트	언더워터 내추럴리스트
다이버 프로펄션 비클 다이버	멀티레벨 다이버	언더워터 네비게이터
드리프트 다이버	나이트 다이버	원더워터 비디오그래퍼

↓

어드벤처 다이버	딥 다이버	렉 다이버

↓

어드밴스드 오픈 워터 다이버	캐번 다이버	아이스 다이버	서치 앤 리커버리 다이버

↓

레스큐 다이버

↓

마스터 스쿠버다이버

독특한 국기

독특한 모양[1]

네팔

스위스

바티칸

독특한 양면[2]

파라과이

1 ››› 다른 국기들은 높이 너비 비율은 다르지만 모두 직사각형이다.
2 ››› 파라과이 국기가 앞뒤가 다른 유일한 국가인 반면 앞뒤에 정확히 같은 모양이 인쇄되어야 하는 국기도 있다. 대부분의 국기는 앞면에 인쇄한 국기 모양이 뒷면에 비쳐 보이게 만들지만 사우디아라비아의 국기는 문구의 종교적 중요성 때문에 문장이 뒷면에 비쳐 거꾸로 읽히지 않도록 양면을 모두 인쇄하여 만든다.

가지고 들어오시면 안 돼요

동남아시아에서 나는 커다랗고 뾰족뾰족한 과일 두리안은 냄새가 워낙 독특해서 가지고 들어오지 말라는 이런 표시가 식당이나 호텔에 많이 붙어 있다.

오셔닉 항공사는 피하세요

항공사 입장에서 비행기 사고와 관련 지어 회사 이름이 언급되는 상황을 꺼리는 것도 당연하지만 방송이 시작된 이래로 TV 프로그램과 영화에서는 비행기 충돌을 사실적으로 그려왔다. 그러다보니 어떤 항공사의 이미지에도 영향을 미치지 않으면서 마구 납치되고 폭발하고 충돌하는 가짜 항공사 이름을 만들어내야만 했다. 그 많은 가짜 항공사 중에서도 유독 인기가 많아 결과적으로는 가장 비극적인 항공사가 된 이름이 있다.

오셔닉 항공의 첫 비행은 돌고래 영화 〈플리퍼Flipper〉 시리즈 중 1965년 에피소드였다. 그다음으로 〈수면불시착The Ditching〉의 한 에피소드에서 오셔닉 항공기 17이 마이애미 남쪽 바다로 추락했다. 오셔닉 항공사의 끈질긴 불운은 이렇게 시작되었다. 저주에 걸린 오셔닉 항공사의 비극적인 사고 중 최근에 일어난 일부를 정리해보았다.

항공기 편명	연도	영화, TV쇼, 비디오게임 제목	사고
343	1996	파이널 디씨전	테러리스트가 비행기를 납치
115	1996	패닉 인더 스카이즈!	낙뢰 사고로 승무원 대부분이 사망
456	1997	닥터슬론	부기장이 살해당하고 승무원들이 정신을 잃음
105	2000	재그	테러리스트가 비행기를 납치
762	2000	터뷸런스 4	기내에 치명적인 독가스 폭탄이 설치
815	2004	로스트	미스터리한 섬에 추락
1012	2011	이스케이프 데드 아일랜드	좀비 섬에 추락

등록 취소

이제까지 유네스코 세계문화유산[1]에 등록되었다가 취소된 사례는 2건뿐이다.

아라비아 오릭스 보호구역

오만 중부 사막

등록 승인: 1994 | 등록 취소: 2007

사유: 보호구역 근방에 석유가 매장되어 있다는 것이 확인된 후 오만 정부에서 이 구역을 90%까지 축소시키기로 결정함.

드레스덴 엘베 계곡

독일 드레스덴

등록 승인: 2004 | 등록 취소: 2009

사유: 자연 경관을 심각하게 해친다는 반대에도 불구하고 계곡을 가로지르는 문제의 발트슐뢰스헨 다리를 건설함.

1 ››› 세계문화유산에 대한 정보는 72쪽 참조.

특별한 번호

마거릿 대처의 외무장관을 지내기도 했던 아베라본 선거구 출신 영국 정치가 제프리 하우의 영국 여권번호는 007이었다. 1980년대 후반 정부가 여권을 갱신하며 이 번호를 수상이었던 대처에게 주려고 했지만 대처가 거절하였다. 평소 조용한 성품이었던 하우가 제임스 본드로 유명해진 007이 자신을 위한 번호라고 분명하게 말해 주변인들이 놀라기도 했다고 한다.

세계문화유산

국제연합 교육 과학 문화 기구(유네스코, UNESCO)에서는 소중한 세계의 자연유산 및 문화유산을 발굴 및 보호하고자 다음과 같은 목록들을 만들고 있다. 유네스코 회원국에서 돌아가며 맡는 위원회에서 추가 등록을 결정하며 세계문화유산에 등록되면 재정적 지원, 보존을 위한 전문적 조언, 제네바 조약에 근거한 법적 보호 등을 받을 수 있다.

세계유산

인류 보편적인 중요성, 미적 가치, 역사적 가치를 지닌 자연유산 및 문화유산

1,052점

문화유산 814점 · 자연유산 203점 · 복합유산 35점

주요국가

이탈리아 51점 · 중국 50점 · 스페인 45점

예시

그랜드 캐니언 국립공원, 미국

암보히망가 왕실 언덕, 마다가스카르

프람바난 힌두 사원군, 인도네시아

코타마코, 바타마리바 지역, 토고

위험에 처한 세계유산

전쟁, 오염, 부주의한 관광지 관리, 환경에 대한 무관심 등
다양한 위험에 처한 세계유산

55점

문화유산 37점 · 자연유산 18점 · 복합유산 0점

주요국가

시리아 6점 · 콩고민주공화국 5점 · 리비아 5점

예시

오카피 야생생물 보호구, 콩고민주공화국

아치나나나 열대우림, 마다가스카르

보스라 고대 도시, 시리아

아스키아 무덤, 말리

인류무형문화유산

인류의 다양성을 보여주는 소중한 전통 문화유산

336건

주요국가

중국 30건 · 일본 22건 · 대한민국 18건

예시

즈미야네 자수, 보스니아헤르체고비나

조지아인의 폴리포니 가창, 조지아

티노스 섬의 대리석 공예, 그리스

버로마 지역의 연기 사우나 전통, 에스토니아

긴급보호인류무형문화유산

문화유산의 지속을 위해서 긴급한 보호가 필요한 유산

47건

주요국가

중국 7건 · 몽골 6건 · 우간다 5건

예시

몽골의 서예, 몽골

비밀 결사 코레뒤가우, 말리에서 연행되는 지혜의 의례, 말리

나칼리, 이란의 구역 극예술, 이란

창족의 신년 축제, 중국

글로벌한 식생활

외국 마트의 '미국' 코너에서 찾아볼 수 있는 음식들이다.

마시멜로	바비큐 소스	케이크 믹스	초콜릿 시럽	아이들 아침 시리얼
핫초콜릿	통조림 수프	탄산음료	피넛버터	쿠키 및 사탕과 초콜릿류
팬케이크믹스	메이플 시럽	프레첼	소고기 육포	인스턴트 마카로니앤치즈

아직 살릴 수 있어요

전자 기기가 물에 젖었을 때는 다음 지시를 따르면 된다.

전원 끄기

기기의 전원을 끄고 연결된 전선을 모두 뽑고 분리 가능한 배터리를 제거한다. 당장 전원을 켜고 기기가 제대로 작동하는지 확인하고 싶겠지만 참아야 한다. 사실 기기에 손상을 입히는 근본적인 원인은 물기 자체가 아니다. 보통은 젖은 기기 내부의 전류로 인해 발생되는 단락 shot-circuiting 현상 때문에 손상이 심각해진다. 사용자가 너무 급히 전원을 켜서 자신도 모르게 내부 회로를 망가뜨리게 되어 살릴 수도 있었을 기기를 고장 내는 경우가 흔하다.

기기 분리하기

메모리카드와 SIM카드, 케이스, 커버, 전선까지 모두 다 분리한다. 각 부품이 손상되지 않도록 보호하기 위해서이지만 건조에도 도움이 된다.

물기 제거하기

수건이나 천으로 기기를 두드리듯 닦아내며 물기를 제거한다. 기기를 가볍게 흔들어 내부의 물기가 빠져나오게 한다.

세척하기

건조를 시작하기 전에 혹시라도 기기를 손상시킬 수 있는 물질을 세척하는 것이 중요하다. 소금물 등 불순물을 남기는 액체일 경우 추후에 부식이 발생할 수 있기 때문이다.

기기가 깨끗한 물에 빠졌을 경우	기기가 다른 액체에 빠졌을 경우
소독용 알코올이나 증류수로 가볍게 세척한다. 소독용 알코올이나 증류수가 없을 경우에는 아예 세척하지 않고 그대로 둔다.	소독용 알코올이나 증류수로 가볍게 세척한다. 소독용 알코올이나 증류수가 없을 경우에는 깨끗한 물로 가볍게 세척한다.

건조하기

분리된 상태의 기기를 환기가 잘 되는 위치에 둔다. 모든 부분의 물기가 잘 건조되도록 한 번씩 기기를 뒤집어준다. 다음의 방법들이 건조 속도를 올려줄 수는 있지만 제일 중요한 것은 인내심이다. 기기 건조를 위해 열을 사용할 때에는 반드시 낮은 온도의 열을 지속적이며 간접적으로 가해야 한다.

> 쌀: 쌀을 가득 채운 밀폐용기에 넣어두면 쌀이 수분을 흡수한다.
> 기기: 진공청소기나 선풍기로 수분을 제거할 수 있다.
> 배출 열: 냉장고나 자동차, 텔레비전에서 배출되는 열을 건조에 이용할 수 있다.

기다리기

기다려야 하는 시간은 기기의 종류나 건조 방법에 따라 다를 수 있으며 큰 카메라의 경우에는 완전히 건조하는 데 일주일까지 걸리기도 한다. 성급하게 굴면 제대로 기능할 수 있는 기기를 망가뜨리게 된다는 사실을 기억해야 한다. 최소 24시간 내에 기기를 재조립하거나 전원을 켜서는 안 되며 기다릴 수 있는 한 최대한 기다려야 한다.

예상 수중 생존 시간

몸을 격하게 움직이면 체온이 손실되고 예상 수중 생존 시간이 줄어든다는 사실을 기억해야 한다.

℃	℉	탈진	생존
〉27	〉80	무기한	무기한
21-27	70-80	3-12시간	3시간-무기한
16-21	60-70	2-7시간	2-40시간
10-16	50-60	1-2시간	1-6시간
4-10	40-50	30-60분	1-3시간
0-4	32-40	15-30분	30-90분
〈0	〈32	〈15분	〈15-45분

럭셔리한 비행

1939년 임페리얼항공과 콴타스항공은 11일이 소요되고 30차례 환승하며 당시 200파운드, 현재 수준으로는 17,499달러에 달하는 가격의 런던-시드니 경로를 운행했다.

이 항공권을 구입한 사람들은 최고로 럭셔리한 비행을 누렸다. 엠파이어 클래스 비행정은 27m짜리 금속 수상 비행기로 시속 322km(200mi) 비행이 가능했으며 최대 24명의 승객을 태울 수 있었다. 라운지 바와 흡연 객실이 마련되었으며 승객들은 중앙 홀이 내려다보이는 객실에서 엄청난 경치를 감상하며 굴 요리와 고급 치즈를 맛볼 수 있었다. 3m가 훌쩍 넘는 층고의 이 객실에는 리클라이너 의자와 음료 서비스가 제공되었고 아주 커다란 창문이 있었다. 기내에서 미니

골프가 가능했으며 항구에 정박하는 동안 시간을 보낼 수 있게 낚시용 구멍까지 설치되어 있었다.

방향의 문제

'코리올리의 힘 Coriolis force'이라고도 불리는 전향력은 회전좌표계에서 운동하는 물체와 관련되어 있다. 대규모의 운동일 때 쉽게 관찰되는데 허리케인이 북반구에서는 시계 방향, 남반구에서는 시계 반대 방향으로 도는 현상이 바로 전향력 때문이다.

아직 이론으로만 인정되고 있는 전향력은 크기가 작은 물체에는 훨씬 적은 영향을 미친다. 싱크대나 변기의 물이 빠지는 방향이 북반구인지 남반구인지에 따라 달라지며 그 또한 전향력 때문이라고 믿는 사람들이 많다. 하지만 근거 없는 믿음일 뿐 작은 규모의 운동인 싱크대나 변기 물이 빠지는 방향은 전향력보다도 그 전에 작용한 운동이나 물이 담긴 용기의 형태에 따라 결정된다.

적도 국가의 길거리 사기꾼 중에는 이러한 근거 없는 믿음을 이용해 북반구 쪽에서는 세면대의 물이 시계 방향으로 빠지고 한 발짝 넘어간 남반구에서는 물이 시계 반대 방향으로 빠진다며 나름의 실험을 보여주는 이들이 있다. 하지만 과학인 척하는 단순한 속임수에 불과하다. 유심히 보면 원하는 방향을 만들기 위해 애초에 물을 다른 쪽에서 붓는다는 것을 알아챌 수 있다.

불가사의한 세계

고대 그리스 학자들이 '테마타 themata' 또는 '꼭 보아야 하는 것'으로 묘사했던 세계의 불가사의는 천년 동안 여행자들이 꿈꾸는 여행지가 되어왔다.

수 세기가 지나고도 불가사의는 세상에서 가장 놀라운 광경을 보고자 하는 많은 탐험가들에게 여행 지침과 같은 역할을 하고 있다. 그리스 문화에서 숫자 7이 갖는 중요성 때문에 7대 불가사의가 되었다고 대부분의 문헌에서 공통적으로 설명하고 있으며 7은 완벽의 상징이자 핵심 천체의 개수를 의미하는 수가 되었다.[1]

사실 불가사의가 전 세계에서 만장일치로 동의하는 7가지 위대한 자연물과 인공물이라면 확실하고 간단하겠지만 전혀 그렇지 않다. 그나마 '고대 7대 불가사의'가 가장 이견 없이 확실하지만 초기 그리스 문명이 접한 불가사의에 한정되어 있다는 한계가 있다. 그 이후로 계속해서 여러 공공 및 민간단체에서 다양한 이유로 많은 7대 불가사의를 만들어왔다. 새로운 불가사의가 만들어질 때마다 포함되지 않은 쪽의 엄청난 반대에 부딪혔으며 여전히 많은 논란을 낳고 있다.

고대 7대 불가사의	
다양한 고대의 여행 지침 및 역사 기록에 근거[2]	
로도스 섬의 거상*	이집트 기자의 피라미드
바빌론의 공중정원*[3]	올림피아의 제우스상*
알렉산드리아의 등대*	에페소스의 아르테미스 신전*
할리카르나소스의 마우솔레움*	

중세 7대 불가사의	
여러 문헌에 근거[4]	
콤 엘 쇼카파의 카타콤베	피사의 사탑
콜로세움	난징 영곡탑
만리장성	스톤헨지
아야소피아 성당	

현대 7대 불가사의	
1994년 미국 토목학회 선정	
CN 타워	골든게이트교
채널 터널	이타이푸 댐
델타/자위더르 간척 사업	파나마 운하
엠파이어스테이트빌딩	

자연경관 7대 불가사의

1997년 CNN 선정

- 북극광과 남극광
- 그랜드캐니언
- 그레이트 배리어 리프
- 리우데자네이루의 항구
- 에베레스트 산
- 파리쿠틴 화산
- 빅토리아 폭포

7대 신 불가사의

미국 일간지 〈USA 투데이〉, TV 프로그램 〈굿모닝 아메리카〉와 공동으로 6명의 심사위원이 선정

- 세렝게티와 마사이마라의 동물 대이동
- 인터넷
- 유카탄반도의 마야 유적지
- 예루살렘 구시가
- 파파하노무쿠아키아 해양국립기념물
- 극지방 만년설
- 포탈라궁

신 7대 불가사의

1억 명 이상이 참여한 2007년 논란의 국제 여론조사에서 선정

- 치첸이차
- 마추픽추
- 리우데자네이루 예수상
- 페트라
- 콜로세움
- 만리장성
- 타지마할

신 7대 자연 불가사의

1억 명 이상이 참여한 2011년 논란의 국제 여론조사에서 선정

- 하롱베이
- 이과수 폭포
- 제주도
- 코모도 섬
- 푸에르토프린세사 지하강
- 테이블 마운틴
- 아마존 우림

---

* 현재는 사라짐.

1 ››› 태양과 달과 다섯 행성.

2 ››› 이슈타르의 문을 포함하는 문헌도 있다.

3 ››› 증거가 부족해 공중정원의 본래 위치에 대한 논란이 많으며 애초에 존재하지 않았다고 믿는 역사가도 있다.

4 ››› 카이로 시타델, 클뤼니 수도원, 엘리 성당, 타지마할을 포함하는 문헌도 있다.

1828년 윌리엄 호스와 찰스 펠로스는 30병이 넘는 와인과 독주를 짊어지고 몽블랑 정상에 올랐다. 러시아 우주 비행사들은 황야에 불시착해 곰의 공격을 받게 될 것을 대비해 2연발식 산탄총을 챙겼다. 1897년 이탈리아의 왕자 루이지 아메데오가 짐꾼들을 시켜 4개의 철제 침대를 비롯한 수많은 사치품을 챙겨 세인트엘리아스 산에 올랐고[1] 몇 년 후 토머스 스티븐스는 양말과 갈아입을 옷 한 벌, 우비, 리볼버 한 자루만 들고 전 세계를 자전거로 여행했다. 모든 여행자가 다 다르고 세상에 똑같은 여행이 없듯 꼭 챙겨야 하는 짐 목록 따위는 없다.

책이 읊어주는 짐 목록을 챙기는 것은 가이드북의 여행 일정을 그대로 따르는 것만큼 바보 같은 일이다. 하지만 알아두면 유용할 몇 가지 팁이 있다.

너무 걱정할 필요는 없다

여행 전부터 가방 속 짐을 생각하며 걱정을 키우는 여행자들이 많다. 하지만 외딴 오지에서 아주 오래도록 살다 올 것이 아니라면 천년 전부터 그곳을 터전으로 삼고 평안히 살아온 사람들도 있다는 사실을 기억해야 한다.

막상 무엇을 걱정했는지 기억도 하지 못할 것이고 무슨 문제든 현지에서 대체할 수 있을 것이다. 의약품이나 고성능 전자 기기라면 한 번 더 생각해봐야겠지만 거의 대부분의 물건은 외국에서도 살 수 있다.

너무 많이 챙길 필요는 없다

가방이 가벼워야 한다는 말은 쉽지만 실제로 행동에 옮기기는 쉽지 않다. 짐을 너무 많이 챙겼다는 생각이 들긴 하지만 무엇을 빼야 할지 선택할 수 없는 경우가 많다.

그런 상황이라면 이렇게 생각해보자. 가방에 챙긴 대부분의 물건은 계속 가방 속에 처박혀있을 것이다. 집으로 물건을 돌려보내려면 적지 않은 돈이 들고[2] 물물교환이 가능할 수도 있겠지만[3] 소중한 물건을 함부로 바꾸는 건 내키는 일이 아니다. 좋아하는 그 티셔츠를 챙겨 넣을지 말지 고민 중이라면 자주 꺼내 입지 않더라도 세상 어디를 가든 그 티셔츠를 이고 다녀야 한다는 사실을 생각해봐야 한다. 티셔츠가 차지하는 자리 때문에 이국의 시장에서 발견한 정말 마음에 드는 기념품을 사지 못할 수도 있고 그 무게 때문에 항공사 규정에 걸릴 수도 있다. 옷이 상하거나 도난 당할 것도 걱정해야 한다. 짐을 풀고 싸기를 반복하며 주름이 가고 여행 중에 입고 다니며 옷감이 상하기도 할 것이다. 이처럼 추가적으로 챙긴 모든 물건에 드는 비용과 노력은 가벼운 수준이 아니며 잘 사용하지 않는 물건은 금세 짐이 되어버리고 만다. 그러니 중요한 이유가 있는 물건이 아니라면 안전하게 집에 두는 것이 제일 낫다.

챙길 만한 물건들

이 의외의 물건들은 여행의 특성을 막론하고 유용하고 다양하게 쓰일 수 있다.

> 귀마개 > 케이블타이 > 여러 자루의 펜과 마커 > 방수가방

> 저렴한 방수시계: 고가의 스마트폰을 늘 들고 다니면 편리함보다 불안함이 크다. 스마트폰은 필요한 때에만 들고 다니자.

> 작은 노트: 기록도 하고 여행 중에 늘어나는 중요한 표, 서류, 양식, 지도 등을 보관할 수 있다.

---

1 ››› 짐꾼이 침대를 지고 산 중턱까지 오르고 나서야 왕자는 바닥에서 자는 것이 더 편하다고 말했다.

2 ››› 국제 배송에 대한 정보는 199쪽 참조.

3 ››› 교환과 흥정에 대한 정보는 231쪽 참조.

나만의 길을 간다

여행자는 자신이 보기로 한 것만 보며 걸어 나간다.
여행서를 쓰는 사람들은 대단하지만 무시하기로 하자.

– 존 뮤어,
스코틀랜드 출신 미국 자연주의자, 작가, 환경철학가,
《알래스카 여행기》(1915)

좋은 규칙

너의 삶을 스스로 결정해라, 다른 이가 널 좌지우지하게 두지 마라.

– 호보 윤리강령 첫 번째
여행자 연합 #63
1889년 미주리 주 세인트루이스에서 열린 국제 호보 컨벤션에서 결정

호보의 단계

호보: HOBO, 떠돌아 다니며 일을 하는 사람

트램프: TRAMP, 일을 꼭 해야 할 때만 하는 사람

범: BUM, 모든 일을 거부하는 사람

사진 찍을 때

웃으세요

사진을 찍으며 미소를 지을 때 하는 말은 나라마다 다르다.

"________ 해보세요"

불가리아	zele (양배추)	이란	بیس (사과)
중국	茄子 (가지)	미국	cheese (치즈)
프랑스	ouisitit (마모셋)	스웨덴	aplesin (오렌지)
인도네시아	buncis (콩)	태국	แป๊ปซี่ (펩시)

사진 촬영의 3가지 요소

설정	설명	설정값에 따른 차이	
조리개	렌즈가 열려있는 정도	*f/1.4*	*f/22*
셔터 속도	렌즈가 열려있는 시간	*1/1000*	*1/2*
감도(ISO)	빛에 대한 민감도	*ISO 50*	*ISO 6400*

플래시를 믿지 마세요

보통 판매되는 카메라에 내장된 플래시가 제 역할을 할 수 있는 범위는 최대 5m(15ft)정도이다. 밝은 사진을 얻기 위해 다른 설정을 활용할 수도 있지만 멀리 있는 어두운 피사체를 촬영하며 플래시에만 의존하면 좋은 사진을 얻기 어렵다.

막 찍어보기

피상적인 이미지를 만들어 낼 수 있는 손쉬움이 창작에는 재앙이 되곤 한다.

– 안셀 애덤스, 〈퍼스널 크레도〉(1944)

많은 여행자들이 집에 돌아가고 나서야 조금씩 다르지만 결국 똑같은 사진을 여러 장 찍었을 뿐이라는 사실을 깨닫게 된다. 다른 건 배경뿐 함박웃음과 포즈는 똑같다. 산꼭대기나 깨끗한 푸른 바다 앞에서 취하게 되는 일반적인 포즈에 문제가 있다는 것은 아니지만 최고의 여행 사진은 조금은 이상한 순간에 절묘하게 찍히곤 한다. 함께 여행하는 이에게 자연스러운 모습을 찍어달라고 부탁하고 그에게도 똑같이 해주자. 여유가 있을 때면 카메라를 이리저리 다루어보며 카메라의 기능을 모두 파악해보자. 평소와는 다르게 카메라를 활용하여 익숙한 포즈로도 색다른 사진을 찍어보자.

사진 에티켓

현지인의 사진을 찍을 때는 조심해야 한다. 내가 사는 곳에 누군가 찾아와 묻지도 않고 내 사진을 찍는다고 생각하면 이해할 수 있듯이 대부분 그런 상황은 불쾌하게 느껴진다. 먼저 허락을 구하고, 사진을 찍는 대가가 필요한 경우도 종종 있으니 약간의 돈을 준비해 다니자.

사진을 찍을 때 조심해야 할 대상은 현지인뿐만이 아니다. 사진을 찍는 것이 부적절하거나 불법인 대상은 나라마다 다양하다. 진지한 경고로 끝날 수도 있지만 사진을 찍었다고 그 자리에서 바로 구금될 수도 있다. 촬영에 대한 규정은 나라와 지역마다 매우 다르지만 일반적으로 다음 장소에서 사진을 찍을 때는 주의해야 한다.

- 국경 지역, 보안검색대, 법이 집행되는 상황
- 군사 기지와 군 장비, 대사관, 종교적인 장소
- 항공기, 은행 내부

편안한 마음으로

우리는 먼 곳에서 보낸 즐거운 시간을 기억할 수 있는 사진과 영상들을 소중히 여긴다. 하지만 촬영에 지나치게 집착해 촬영이 여행 자체에 상당한 영향을 미치는 사람도 있다. 촬영을 위한 여행이 되어버리고 소셜 미디어에 올릴 만한 사진을 얼마나 많이 찍었느냐가 여행의 가치를 좌지우지하게 되어버린다.

여행을 하며 사진을 찍을 순 있지만 사진을 위한 여행이 되어서는 안 된다. 어떻게든 촬영해 남기려 노력하다 보면 여행을 있는 그대로 즐기지 못하고 진정한 순간들을 놓치게 된다. 잘 구성된 멋진 사진을 찍는 것은 좋지만 실제 상황과 배경에 손을 대가며 찍은 사진은 멋지더라도 결국은 가짜인 사진이다. 여행에서 어떠한 성과를 내야 한다는 생각을 버리자. 그러면 모두 찍어 남겨두어야 한다는 불안감도 사라진다. 사실 여행에서 제일 좋았던 순간은 촬영될 수 없는 순간들이다.

카메라 저장 팁 하나

분실을 대비하여

이 물건을 습득하셨다면 여기로 돌려주세요 이름 이메일 주소 (국가코드) + 지역번호 + 전화번호 $$ 보상금 $$

새 카메라[1]나 메모리카드의 첫 번째 사진으로는 연락처 정보를 저장

해두자. 우연히 물건을 습득한 착한 사마리아인이 이 정보를 보고 주인을 찾아줄 수도 있다.

3단계 저장 시스템

카메라 기술의 발전과 전 세계적인 인터넷 보급, 계속해서 낮아지고 있는 메모리카드 가격 덕분에 대부분의 여행자들이 다음과 같은 실용적이며 경제적인 3단계 백업 시스템을 갖출 수 있게 되었다.

메모리카드

2004년 샌디스크는 세계 최초의 1기가바이트 SD카드를 권장 소비자 가격 500달러에 내놓았다. 현재는 32기가바이트 SD카드를 10달러에 판매하고 있으며 이는 기가바이트 당 가격이 약 93.93% 감소한 수준이다.

메모리카드가 워낙 저렴해져 이제는 지우고 재사용하는 것보다 새로 사는 편이 낫다고 말할 수 있다. 사진 1장을 저장하는 데 드는 비용이 약 0.0020달러[2] 정도이니 어떻게 찍힌 사진이든 저장에 드는 비용을 줄이기 위해 사진을 지우는 건 의미 없는 일이 되었다.

여행지에서는 메모리카드 가격이 유독 비싸거나 아예 구매가 어렵거나, 저장 기능을 완전히 신뢰할 수 없을 수 있다는 사실을 기억해야 한다. 미리 믿을 만한 가게에서 여러 개를 구입해 두고 용량이 다 찬 카드는 방수가 되는 작은 가방에 넣어 카메라나 다른 전자 기기와 닿지 않게 안전하게 보관해야 한다.

하드드라이브

메모리카드와 마찬가지로 하드드라이브 가격도 매년 저렴해지고 있다. 노트북이나 태블릿 PC에 내장된 드라이브든 외장 하드드라이브든 틈날 때마다 메모리카드에 저장해둔 사진을 하드드라이브로 옮겨두는 것은 매우 좋은 습관이다. 모험적인 여행을 하는 사람일수록 습기와 충격에 강한 드라이브를 고르는 것이 좋다.

클라우드

저장 시스템의 최신 형태인 클라우드는 인터넷을 이용해 사진을 업로드 하기 때문에 기기에 어떤 일이 생겨도 사진을 보존할 수 있다. 가장 큰 문제는 인터넷 연결이 불가능한 지역들이 있다는 점이다. 고해상도로 촬영한 수많은 사진을 업로드 할 수 있을 만큼 빠른 속도의 인터넷을 저렴하게 자주 이용할 수 있을 것이라 잘못 생각하는 여행자들이 많다. 사실은 그렇지 않으므로 앞의 두 방법을 이용해 사진을 잘 저장해두는 것이 중요하다.

1 ››› 메모리카드의 저장 용량이 상당히 큰 반면 카메라 자체에도 비교적 작은 용량의 내부 저장 공간이 있다. 메모리카드를 빼두었을 때를 대비하여 내부 저장 공간에도 연락처 정보를 남겨두어야 한다.

2 ››› 사진 당 20메가픽셀, 풀사이즈 사진 1장에 6메가바이트, 32기가바이트 SD카드에 10달러, 메모리카드 용량 중 5%는 사용불가로 계산했을 때 나오는 값이다.
(32,000-5%)/6=~5,066장 10달러/5,066장=사진 당 0.0020달러

숄더 시즌

숄더 시즌은 성수기와 비성수기 사이의 기간으로 여행 경비는 적게 들지만 날씨가 쾌적해 긴 여행을 계획할 수 있는 기간이다. 항공권과 숙소, 관광에 드는 비용도 매우 저렴하고 관광객도 많지 않다. 현지의 기후나 휴일, 행사 일정 등에 따라 나라마다 시기는 조금씩 다르지만 대부분 봄 또는 가을이다. 다음 그래프에서 볼 수 있듯 그래프 모양이 어깨에 해당되는 기간이라 숄더 시즌이라 불린다.

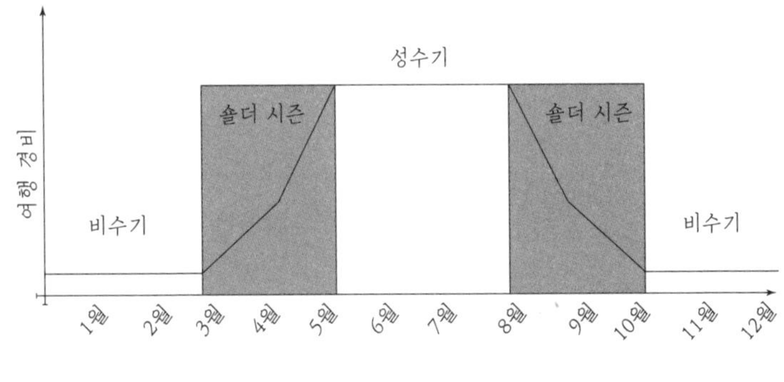

여행자 가격

전 세계적으로 선별적 가격이 일반적인 관례라는 사실을 알아야 한다. 구매자에 따라 가격이 달라지는 국가는 많으며 이를 고귀한 세계 평등 개념을 무시하는 부적절한 처사라고 생각하는 여행자가 아무리 많다 하더라도 여행자 가격은 늘 존재했고 앞으로도 그럴 것이다. 공식적으로는 외국인에게 더 비싼 입장료를 부과하는 유적지가 있을 수 있고, 비공식적으로는 현지인에게 더 저렴하게 음식을 파는 시장 상인이 있을 수 있다. 누구나 여행 중에 한번은 선별적 가격을 경험하게 되고 심지어는 경험하고도 모를 수도 있다.

여행자 가격 시스템을 정당화할 설명은 부족하지만 국제 소득 격차나 복잡하게 얽힌 문화 전통 요인 등 납득할 수 있는 여러 이유가 있다. 하지만 여행자에게 중요한 것은 특정 지역에서 다른 가격을 부과하는 이유를 이해하는 것보다 그 지역에서는 불가피한 상황이라는 사실을 받아들이고 여행자 가격과 바가지 가격을 구분하는 것이다. 여행자 가격은 어쩔 수 없는 것이지만 바가지 가격은 선택할 수 있다. 국적 때문에 더 비싼 값을 지불하고 싶지 않다면 구입하지 않는 편을 택하면 된다. 할 수 있는 한 흥정[1]을 하는 것은 좋지만 현지인에게는 더 저렴하게 판매한다는 이유로 상인에게 화를 내서는 안 된다. 우리는 잠시 머무는 손님일 뿐 그들이 자신의 일을 꾸려가는 방식에 관여할 수는 없다.

1 ››› 흥정에 대한 정보는 231쪽 참조.

유토피아는 없다

1516년 영국 작가 토머스 무어는 시대를 막론하고 오래도록 동경의 대상이 되어 온 가상 국가를 만들어냈다. 무어가 그린 유토피아는 남아메리카 가까이에 있는 섬나라로 사유 재산의 개념이 없고 종교의 자유가 보장되는 나라이다. 식량을 공유하고 문을 잠그지 않으며 아이들만 장신구를 착용하고 나이가 차면 자연스럽게 장신구를 내려놓는다. 일하지 않는 사람이 없고 가난이 없으며 국민들은 정해진 6시간 근로를 끝마치면 새로운 무언가를 배우기 위해 노력한다.

무어의 《유토피아》는 고조되었던 아메리카 대륙에 대한 관심까지 더해져 유럽에서 엄청난 인기를 끌었다. 하지만 무어의 책이 큰 반향을 일으켜 지금도 유토피아라는 말이 쓰이는 반면 많은 독자들은 중대한 사실을 놓치고 있다. 《유토피아》의 철학적 교훈은 제목 자체에 담겨있다. 그리스어에 어원을 두고 있는 제목의 사전적 의미는 '어디에도 없다'이다. 학자들은 무어가 바다를 건너가도 완벽한 사회란 없으며 기존 문명의 부도덕성에서 자유로운 천국은 없다는 이야기를 대항해 시대의 사람들에게 하고자 했던 것이라 설명한다. 인간이 만들어가는 이상 그런 천국은 존재하지 않는다는 말을 하고자 했던 것이 아닐까 싶다.

비자 발급

비자는 외국에서의 여행이나 근무, 학업, 거주를 승인해주는 문서이다. 모든 외국인의 비자 발급을 요구하는 나라도 있고 특정 국적의 외국인에게만 비자를 요구하는 나라도 있다.[1]

다양한 형태

비자의 형태는 여권에 찍히는 작은 도장부터 여권에 붙이는 다채로운 색상의 커다란 스티커, 여권 페이지와 함께 스테이플러로 찍는 여러 장의 종이, 별도로 발급되는 문서, 전자 기록의 형태까지 다양하다.

다양한 신청 방법

비자 신청 방법은 나라마다 상당히 다르다. 어떤 나라에서는 국경에 도착해 여권을 보여주기만 하면 자동으로 무료 비자를 발급해준다. 반면 수백 달러의 비용이 들고 소개장을 비롯한 많은 서류를 준비하느라 발급에 수개월이 걸리는 나라도 있다. 교통수단이나 숙소를 예약하기 전에 최신 비자 규정을 반드시 확인해야 한다.

비자 런

비자 런 또는 보더 런은 새 비자를 받거나 현 비자를 연장하기 위한 목적으로 다른 국가로 잠시 여행하는 것을 의미한다. 국경에서 돌려보내지지 않도록 반드시 최신 규정을 확인하고 진행해야 한다.

가는 말이 고와야

상대 국가가 자국에 대한 비자 정책을 바꾸었을 때 즉각 반응해 상대 국가 여행자에 대한 비자 정책을 바꾸는 것을 '상호' 비자 정책이라 부른다.

예를 들어 미국이 볼리비아 여행자의 비자 발급 비용을 160달러로 올리자 즉각 볼리비아 정부에서도 미국 여행자의 비자 발급 비용을 동일하게 올렸다. 상호 비자 정책으로 비자 발급에 걸리는 시간을 늘리거나 발급 심사의 수준을 높이기도 하는데 결과적으로 특정 국적의 여행자의 입국을 어렵게 만들기 위함이다.

전문가들은 이러한 반응이 근시안적이며 감정적인 정책이고 저소득 계층에 역효과를 미친다고 설명한다. 위에서 예를 든 볼리비아의 상호 정책은 볼리비아와 미국 양국의 관광 수입 비중이 동일하다는 가정 하에는 적절할 수 있지만 실제로는 전혀 그렇지 않다. 관광 수입에 대한 의존도는 볼리비아가 미국보다 훨씬 높다. 예산을 중요시하는 여행자가 비자 발급 비용 때문에 볼리비아 여행을 포기하게 되면 볼리비아의 식당, 호텔, 가게 주인들은 미국의 관광업 종사자들보다 큰 타격을 받게 된다.

물론 발급 비용이 올라 추가적인 수입이 생기겠지만, 이 돈은 부도덕한 정부 관리들의 주머니로 들어갈 가능성이 많을 뿐 지역 주민들에게 이익이 되는 시스템이 아니다. 이렇듯 국가의 자부심을 위해서든 순전히 복수를 하기 위해서든 비자 발급 비용을 무턱대고 올리면 수백만 명의 국민은 아무 이익도 보지 못하고 국경을 관리하는 관료들만 주머니를 채우게 된다.

발급 거부 사유

모든 국가에는 입국 조건을 결정할 수 있는 주권이 있고 그 조건의 공정성이나 적합성을 규정하는 국제적인 합의도 없다. 각 국가의 입국 조건은 그 나라의 문화 규범에 따라 다르며 거부 사유를 증명할 필요도 없다. 여행자의 입국을 거부하는 사유는 정말이지 다양하지만 그중 일부를 나열해보았다.

숙소	여행자가 보호 받으며 머물 곳이 있는지 확인하기 위해 숙소에 대한 증빙을 요구하기도 한다.
나이	특정 나이가 되지 않은 여행자가 혼자 여행하는 것을 금지하는 나라도 있고 나이에 따라 필요한 비자 종류가 다른 나라도 있다.
외모	여행자가 의심스럽거나 가난하거나 아파 보이는 등 거부할 이유가 있는 외모라고 판단되면 입국을 거부할 수 있다.
뇌물	국경 관료에게 주는 뇌물이 일반적이고 당연한 필수 단계인 나라도 있다. 뇌물 여부가 입국 승인 여부를 결정짓기도 한다.[2]
범죄 기록	나라마다 모든 범죄 기록에 대한 규정이 있다. 캐나다에서는 음주 운전 기록이 있는 경우 비자를 거부하는 일이 잦다.
문화 규범	자신들의 문화 규범을 충실히 따라주기를 원하는 나라에서는 그러지 않을 것으로 보이는 사람의 입국을 거부할 수 있다. 그 예로 무슬림 국가에서 노출이 심한 옷을 입은 여행자를 쉽게 입국시켜 줄 리 없다.
재정 상태	파산 상태의 여행자는 국가 책임이 될 가능성이 높고 국가에서는 그 비용 부담을 원치 않는다. 충분한 여행 비용을 갖고 있지 않다고 판단되면 입국을 거부할 수 있다.
성별	사우디아라비아를 비롯한 일부 국가에서는 여성 혼자 여행하는 것을 허용하지 않는다.
건강 상태	여행 비자보다는 거주 비자에 해당되는 사유이다. 건강 상태로 인한 비자 발급 거부는 예상보다 흔하게 발생하며 비만이 가장 일반적인 거부 사유이다.
지지서 또는 초청장	지지서 또는 초청장이 필수인 나라가 있고, 필수가 아닌 나라에서도 입국 허가에 도움이 된다.

결혼 여부	일부 보수적인 무슬림 국가에서는 결혼하지 않은 커플이 함께 여행하거나 호텔에 숙박하는 것을 문제 삼을 수 있다.
정치적 성향	주 정부의 정치 노선에 대해 공개적으로 반대 의견을 피력하는 여행자라면 바로 입국이 거부될 수 있다.
여행 기록	많은 아랍 국가에서는 여권에 이스라엘 방문 스탬프가 있는 여행자의 입국을 거부한다.[3]
위반 기록	과거에 허가 기간보다 오래 체류하는 등 비자 규정을 어긴 기록이 있다면 새 비자 발급이 쉽지 않다.
직업	일반적이지 않고 익숙하지 않은 직업일 경우 여행 목적이 의심스러울 수 있고 소득 수준에 대한 질문을 받을 수 있다. 또한 소득이 얼마든 자영업자라는 대답은 하지 않는 것이 좋다. 최대한 전문적으로 보일 수 있는 대답을 꾸며내는 편이 낫다.
여행 지속의 근거	여행 지속의 근거 부족은 가장 흔한 비자 발급 거부 사유이다.[4]
공개 성명	엿들은 대화나 소셜 미디어에 올린 글까지 모든 방식이 포함될 수 있다.
인종	명백하게 인종 차별을 하는 나라들이 있다. 터무니없는 일이지만 인종이 비자 발급에 영향을 미친다.
종교	문화 전 방면에 종교가 깊이 관여되어 있는 문화권이 있으며 순전히 종교적인 이유로 입국이 거부될 수 있다.
보안	여행자가 크게 다치거나 살해를 당하게 되면 심각한 정치적 문제가 될 수 있다. 정부에서는 안전에 심각한 위협이 있다고 생각되는 여행자의 입국을 거부할 수 있다.
성 지향성	아직 많은 나라에서 동성애는 불법이거나 문화적으로 용인되지 않는다.
의심	입국 허가 여부를 결정하는 곳은 재판소가 아니고 거부 이유를 증명할 필요도 없다는 사실을 기억해야 한다. 국경 관료가 보기에 스파이나 마약 밀수업자, 문제를 일으킬 사람 같으면 입국을 거부할 수 있다.
백신 접종	필수 백신을 접종 받지 않았다면 입국 거부로 직결된다.

준비

오늘날의 여행은 주도면밀하게 미리 준비하지 않아도 된다는 점에서 좋아졌지만 아직도 준비가 필요한 부분들이 여럿 있다. 비자도 그 가운데 하나이다.

비자 요구조건을 꼼꼼히 챙겨두지 않으면 떠나기도 전에 여행이 마무리될 수 있다. 백신 접종, 숙소와 교통수단 예약을 비롯해 비자 발급을 위해 필요한 많은 것들을 준비하려면 미리 계획을 세워야 한다. 아무 걱정 없이 바람 따라 구름 따라 여행하는 마음가짐은 세상을 돌아보는 바람직한 태도이지만 비자에 관해서만은 진지하고 꼼꼼한 태도를 가져야 한다.

펜이 필요해요

아주 간단하지만 유용한 팁이다. 보통의 국경 지대는 비자 신청서 작성에 필요한 펜이 부족하기로 악명이 높다. 늘 펜을 들고 다니는 것이 좋고 검은색과 파란색 펜이 둘 다 있으면 보다 빠르게 일을 처리할 수 있다.

잘 골라가기

국경사무소라고 해서 다 동일하게 운영되지는 않는다. 국가 정책으로 인해 발급 비용이 더 비싼 곳도 있고 비교적 쉽고 빠르게 입국 허가가 난다고 입소문이 나는 곳도 있다. 앞의 비자 발급 거부 사유를 보면 알 수 있듯 누구를 입국시킬지 결정하는 일은 거의 국경 관료의 마음에 달려있다. 어떤 규정이든 담당 관료가 마음먹기에 따라 아주 엄격하게 적용될 수 있다는 사실을 기억해야 한다.

요청을 하면 별말 없이 여권에 도장을 찍지 않고 넘어가주는 사람이 있는가 하면 분명한 이유도 없이 몇 시간 동안 붙잡고 질문을 하는 사람도 있다. 더 말할 것도 없이 친절하고 호의적인 사람도 있고 뇌물을 두둑이 받아야만 제 할 일을 하는 사람도 있다. 조심스럽게 부탁하면 1개월 단수비자 비용으로 3개월 복수비자를 발급해주는 사람도 있고 신청서에 문장 하나 잘못 썼다며 입국을 거부하는 사람도 있다.

비자 발급 심사는 변화도 자주 있고 전적으로 사람이 하는 일이기 때문에 잘 알아보고 가면 큰 도움이 될 수 있다. 최근에 국경을 넘은 다른 여행자들에게 최근의 동향과 팁을 구해보자.

비용 준비하기

비자 발급 비용과 입국세, 출국세는 현금으로 지불해야 한다는 사실을 잊지 말자. 당연히 뇌물도 포함된다. 현지 통화로 지불할 수 있도록 국경에서 환전을 해야 한다.

서류 잘 챙겨두기

출국할 때 출국세를 내거나 '여행자 카드'를 반납하도록 하는 나라들이 있다. 출국할 때 필요할 수 있으니 입국 시 준비했던 모든 서류와 영수증을 끝까지 잘 보관해야 한다.

1 ››› 국가별 비자 없이 여행 가능한 국가 수에 대한 정보는 56쪽 참조.
2 ››› 뇌물에 대한 정보는 266쪽 참조.
3 ››› 여권 스탬프를 원치 않을 경우 받지 않을 수 있는 방법에 대한 정보는 188쪽 참조.
4 ››› 여행 지속의 근거에 대한 정보는 50쪽 참조.

충전해야 할 때

공항이나 호텔, 렌터카 회사의 분실물센터에 가보면 정신 없는 여행자들이 두고 간 충전기가 보통 수십 개씩 있다. 고객에게만 제공하는 경우도 있긴 하지만 대부분은 필요로 하는 여행자에게 분실된 충전기를 기꺼이 내어준다.

새로운 음식에 도전하기

사람들은 '후천적으로 습득해야 하는 맛'이라고 했지만 그들이 언급하지 않은 맛까지 모두 습득하는 과정을 거쳐야 가능한 일이었다.

– 알렉 르 쉬외르, 영국 작가,
티베트의 야크 수유차에 대한 이야기에서
《세계의 지붕 위에 지어진 호텔: 티베트에서의 5년》(1988)

환상이었을까요

나는 걷고 또 걸었네,
눈앞에서 끊임없이 어슴푸레
빛나는 노래의 도시,
아름다운 꿈의 땅 안에서.

그러나 그 금빛 대기의
문으로 들어서자,
사라졌네, 나는 의아했고 기다렸지
그 모습이 다시 나타나기를.

– 헨리 워즈워스 롱펠로, 〈파타 모르가나〉[1](1873)에서 발췌

신기루는 빛이 굴절하면서 왜곡된 이미지를 만들어내는 자연 현상이다. 관찰자에게 혼란을 준다는 점에서는 동일하지만 환각과는 구분되는데, 그 자리에 존재하는 것은 아니지만 실제 존재하는 상태로 관찰되기 때문이다. 다음은 일반적인 두 종류의 신기루에 대한 설명과 예시이다.

위 신기루: 실제 물체의 위쪽에 보이는 왜곡 이미지

북극 툰드라 지역 탐험가들은 멀리에서 아주 높은 건물 모양을 보고 큰 마을이 있을 거라 생각하곤 한다. 하지만 훨씬 작은 건축물이 위로 뒤집혀 보인 신기루이다.

아래 신기루: 실제 물체의 아래쪽에 보이는 왜곡 이미지

사막에서 길을 잃은 여행자는 멀리서 푸른 바닥을 보고 생명을 구해줄 오아시스가 나타났다고 믿게 된다. 사실은 푸른 하늘이 아래쪽에 뒤집혀 보인 신기루이다.

1 ››› 실제로 롱펠로의 시는 파타 모르가나 신기루가 아니라 아래 신기루에 대한 내용이다. 아서왕의 전설에 등장하는 마법사 모르간 르 페이의 이름을 딴 파타 모르가나 신기루는 급격하게 변화하는 위 신기루를 말한다. 파타 모르가나 신기루로 많은 선상 신화들을 과학적으로 설명할 수 있는데 수평선 근처에 있는 배가 공기 중으로 뜨는 등 여러 이상한 시각 효과들도 신기루의 일종이다.

교통 체증

지금껏 가장 길었던 교통 체증은 2010년 8월 14일부터 25일까지 중국의 110번 국도에서 발생했던 교통 체증이다. 인근에서 진행 중이던 베이징과 티베트를 잇는 고속도로 공사 때문에 심화되기도 했던 이 11일 간의 체증은 100km(62mi) 넘게 이어졌고 수천 명의 운전자가 하루에 1.6km(1mi)도 채 움직이지 못했다. 이 체증 덕분에 길가 상인들은 인스턴트 라면을 평소 가격의 3배, 물은 10배, 담배는 20배나 받고 판매할 수 있었다.

가성비

놀랍게도 외국인으로서 거주하기에 가장 돈이 많이 드는 도시는 앙골라의 루안다이다. 앙골라는 27년 동안의 긴 내전으로 인해 필수적인 사회 기반 시설도 갖추지 못했고 지금도 국민 대부분이 1달러도 되지 않는 돈으로 하루를 살아간다. 하지만 2002년 내전이 종료되고 천연 자원 중에서도 석유 사업 쪽으로 외국에서 투자가 쏟아졌다. 이러한 경제 상황이 외국인들이 주로 소비하는 상품의 가격대[1]에 반영되어 있다.

종합 순위	도시	가구가 포함되지 않은 침실 2개짜리 아파트 월세	패스트푸드
1	루안다	$6,800	$17.14
2	홍콩	$6,576	$4.75
12	런던	$4,899	$6.72
16	뉴욕	$5,400	$7.93

머서의 2015년 생계비 조사 랭킹 자료를 근거로 함.

1 ››› 일반 국민의 생활이 아니라 전형적인 외국인 거주자의 생활을 반영해주는 가격대라는 점을 유의해야 한다. 제시된 가격은 고급 거주 지역의 아파트 월세이고 체인 식당에서 판매되는 대표적인 서양 음식의 가격대이다.

원어

언어학자들이 전 세계 모든 언어에 기본적으로 생성되어 있다고 설명하는 단어가 있다. 문화에 따라 철자나 정확한 발음은 조금씩 다르지만 모든 언어에서 동일한 의미로 사용되고 있다고 볼 수 있다.

Huh? . Ha? . ã? . E? . Aé? . Eh?

최근 연구에 따르면 Huh는 현재 사용되는 모든 언어를 통틀어 가장 일반적인 단어이다. 발음이 쉽고 짧으며 억양이 올라가는 의문 표현으로 혼란이나 설명이 더 필요함을 의미하는 Huh와 유사한 단어가 거의 모든 언어에 존재한다.

Mama . Madér . Ama . Majka . Maman . Mutter

많은 전문가들은 신생아가 낼 수 있는 가장 단순한 소리 중 하나가 '음 mmm'이기 때문에 여러 문화권에서 이 단어의 유사성이 나타나며 자연스럽게 엄마라는 의미가 되었다고 설명한다.

Papa . Pai . Abba . Pare . Baba . Padre

엄마와 마찬가지로 아빠를 의미하는 단어 또한 신생아가 발음하기에 쉽기 때문에 유사하게 나타나는 것으로 설명된다.

외래어

사실상 이 단어들은 한 언어권에 뿌리를 두고 있지만 전 세계로 퍼져나가 이제는 누구나 알게 된 단어들이다. 모든 문화권을 대상으로 이 단어들을 얼마나 알고 있는지 공식적으로 조사한 결과는 없지만 전문가들이 공통적으로 꼽는 어디서나 통하는 단어들이다.

Okay . Coca-Cola . Taxi . No . Coffee . Hello

모험의 노래

나 다시 바다로 가야 하네, 고독한 바다와 하늘로
바라는 것은 커다란 배 한 척과 길을 잡아줄 별 하나
타륜의 힘과 바람의 노래와 흰 돛의 떨림
바다의 얼굴에 내려앉은 잿빛 안개와 동이 터 오는 잿빛 새벽뿐

나 다시 바다로 가야 하네, 밀려오는 파도의 부름으로
야생의 부름이자 거부할 수 없는 또렷한 부름
바라는 것은 흰 구름이 너울대는 바람이 많은 날
몰아치는 물보라와 이는 포말과 갈매기의 울음소리뿐

나 다시 바다로 가야 하네, 떠도는 집시의 삶으로
바람이 날선 칼날 같은 갈매기의 길로, 고래의 길로
바라는 것은 함께 떠도는 유쾌한 이의 즐거운 이야기
오래 타륜을 잡은 후의 고요한 잠과 달콤한 꿈뿐

– 존 메이스필드, 영국 작가,
〈바다 열병〉《해수의 노래》(1902)

자리끼

물의 가치는 물이 없을 때 비로소 알 수 있다...

– 데이비드 리빙스턴, 아프리카 탐험가

잠자리에 들 때 항상 물 한 병을 챙겨두자. 수돗물은 보통 안전하지 않고 24시간 편의점은 쉽게 누릴 수 있는 혜택이 아니다. 타지의 잠자리에서 목이 말라 밤중에 깨어나 침도 삼키기 힘들 만큼 입이 건조하지만 물이 똑똑 떨어지는 수도꼭지를 보면서도 치명적인 세균 감염의 가능성을 생각해본 여행자라면 얼마나 중요한 팁인지 알 것이다.

여행 클럽

여행 클럽은 수백 년 동안 다양한 형태로 존재했다. 그 오랜 시간 동안 여행자들이 여행담과 중요한 정보를 공유하는 소통의 통로가 되었고 규정과 모범 사례를 정리하는 데 일조했으며 모든 형태의 여행과 탐험을 촉진하고 발전적인 형태의 여행 경쟁에 함께했다.

뿐만 아니라 클럽의 결성 배경은 당대 여행자들의 시대정신을 보여준다. 기본적으로 모두 '여행'을 위한 클럽이긴 하지만 동시에 시대의 산물이기도 했다.

유명한 여행 클럽 일부를 결성되었던 당대의 주된 여행 목적과 함께 간략히 정리해보았다.

세계 지도 제작

모험을 갈망하는 모든 이에게 유용한 지리 정보의 정확성은 공동의 목적이 되어야 한다는 생각을 기반으로 만들어진 클럽들이 있다. 실제 클럽의 공식 신조이기도 했듯 초창기 회원들은 어떤 장소의 지도를 만드는 일은 최초 발견 다음으로 멋진 일이라는 믿음을 갖고 여행을 했다.

왕립지리학회

"지리학의 발전과 학습"

결성: 1830, 런던 | **회원 수: ~16,500명**

가입 방법: 일반 회원권은 누구나 구입 가능하며 연회비는 최고 200달러

왕립지리학회Royal Geographical Society는 세계에서 가장 이름 있는 여행 클럽으로 탐험의 역사에서 중요한 역할을 해왔다. 재정적 지원뿐 아니라 여행 준비와 홍보를 맡아 리처드 버턴과 로버트 팰컨 스콧을 비롯한 많은 탐험가들의 여행에 중대한 기여를 했다. 오늘날 왕립지리학회는 광범위한 컬렉션을 유지하고 전시회를 개최하며 연구 결과와 저널 발간을 통해 여행을 장려하고 다양한 수상 및 보조금 제도로 차세대 탐험가를 지원하는 등 제 역할을 이어나가고 있다.

미국지리학협회

"자극하라, 눈뜨게 하라, 깨닫게 하라"

결성: 1888, 워싱턴 D.C. | **회원 수: 680만 명**

가입 방법: 회원권은 협회 간행물 구독권과 연계되어 있으며
구독 회원권은 1년에 19달러

미국지리학협회National Geographic Society는 탐험의 증진뿐 아니라 탐험하는 장소에 대한 관심과 보호에 초점을 두고 있다. 여행 사진과 영상 매체의 혁신이 된 미국지리학협회는 전 세대의 미국 대중에게 다양한 먼 나라들을 최초로 소개해주었다. 고고학이나 생물학과 같은 주제의 대중화에 기여하였으며 보호 활동과 과학 탐사에도 재정 지원을 하고 있다. 오늘날까지 이러한 활동을 지속하고 있으며 간행물과 영상물, TV 프로그램 등을 다수 제작하고 있다.

극한지대 정복

사람들이 거주하는 지역의 지도가 얼추 완성이 된 후 세계 각지의 용감한 여행가들은 지구의 극한 지대에 집중하기 시작했다. 몹시 추운 극지방이든 가장 높은 산의 정상이든 가장 깊은 바다의 바닥이든 아직 탐험되지 않은 곳이라면 어디든 갔다. 접근하기 어려운 지역을 탐험하는 것이 다음 클럽들의 결성 배경이었다.

탐험가 클럽

"지구의 땅과 바다와 지구 밖의 우주 탐험에 전념"

결성: 1904, 뉴욕 | **회원 수: ~3,000명**

가입 방법: 광범위한 여행 배경지식과 탐험을 하려는 특별한 이유를 보여주는
지원서 제출, 기존 회원 2명의 보증이 필요

북극과 남극, 에베레스트 정상, 마리아나 해구 바닥, 달의 표면을 최초로 탐사한 이들이 탐험가 클럽Explorers Club 회원이라는 것으로 이 유명한 클럽에 대한 설명은 다 했다고 볼 수 있다. 지속적인 강연과 지원, 수상 제도 등을 통해 자랑스러운 전통을 이어가고 있다. 전 세계 30개

지부에서 과거의 탐험 이야기와 미래의 탐험 계획을 계속해서 공유하는 회원들의 노력으로 이들의 위대한 모험 정신은 여전히 살아있다.

모험가 클럽

"익숙한 길을 떠나 모험을 하는 이들에게 따뜻하고 편안한 쉼터를 제공"

결성: 1912, 뉴욕과 시카고 | **회원 수: 알 수 없음**

가입 방법: 여행 경험과 관심에 대한 지원서 제출 후
일반 회원들과 임원 회의의 승인을 거쳐야 함

모험가 클럽Adventurers Club은 카키색 사파리 옷을 입고 로디지아Rhodesia나 시암Siam처럼 옛 국명이 쓰인 지도와 진 토닉을 손에 든 고전적인 영미의 탐험가에 대한 향수를 느끼게 한다. 이런 전통을 반영해 모험가 클럽의 클럽하우스에는 코뿔소 엄니가 걸려있기도 하고 클럽 박물관에는 잔인한 전리품이 전시되어 있기도 하다. 모험가 클럽은 다양한 방법으로 고전적인 정체성을 유지해오고 있다. 여러 유명한 회원들이 있었지만 북극 탐험가 로알드 아문센과 에베레스트 정상 등반자 에드먼드 힐러리, 그리고 가장 대표적인 시어도어 루즈벨트 대통령이 중요한 역할을 했다. 로스앤젤레스와 호놀룰루 지부의 회원들은 빙벽 등반이나 우주 탐험, 오지에 장기간 머무르는 등의 활동을 통해 전통을 이어나가고 있다.

다 가보는 거야

지리학자들이 알려지지 않았던 세계 곳곳의 지도를 완성하고 모험가들이 지구 마지막 극한 지대까지 정복하고 난 후 새로운 특징의 여행 클럽이 생겨났다.[1]

이제는 '최초'라고 부를 수 있는 일이 별로 남지 않았고 기술의 발달로 그 어느 때보다 많은 사람들이 쉽게 여행할 수 있게 되면서 새로운 목표는 세계 모든 곳을 여행하는 것이 되었다.

100개국 여행자 클럽

"세계 여행: 이해를 통한 평화를 이루게 하는 열쇠"

결성: 1954, 로스앤젤레스 | **회원 수: ~2,100명**

가입 방법: 세계 여행에 대해 자세히 기술한 지원서 제출,
클럽에서 지정한 325개의 공식 지역 중 100개 이상을 여행해야만 가입 가능

100개국 여행자 클럽Travelers' Century Club은 캘리포니아 제트족의 사교 클럽에서 시작되어 자주 여행하는 여행자들에게 가장 인기 있는 클럽이 되었다. 미국과 캐나다, 독일, 영국 전역에 20개 지부가 있는 이 클럽에서는 세계 여행자들이 아주 멀리 떨어져 있는 지역에 가는 방법 등 팁을 공유한다. 또한 클럽의 공식 지역 목록은 여행자들끼리 여행을 많이 한 사람을 가릴 때 비교 기준으로 많이 쓰인다.

여행을 가장 많이 한 사람

"어디로 가는 길이든..."

결성: 2005, 온라인 | **회원 수: 12,204명**

가입 방법: 간단한 온라인 가입 양식만 작성하면 누구나 가능,
여행 지역을 인증 받으려면 증거를 올려야 함

기네스북 세계 기록에서 입증 가능한 증거가 부족하다는 이유로 여행을 가장 많이 한 사람의 기록을 더는 판단하지 않기로 결정하고 5년 후 경쟁을 원하는 여행자들의 바람을 담아 '여행을 가장 많이 한 사람Most Traveled People'이 만들어졌다. 100개국 여행자 클럽과 마찬가지로 여행 지역을 국가가 아니라 열정적인 여행자들이 가고자 하는 871개 지역으로 구분하여 목록을 만들었다. 현재 여행을 가장 많이 한 사람은 일리노이 주의 도널드 M. 패리시 주니어이며 871개 지역 중 25곳을 빼고 모두 가보았다.

1 ››› 이러한 여행 클럽은 늘 비난의 대상이 된다. 단순히 여행지 목록을 채우기 위해 하는 여행은 옳지 않다고 생각하는 여행자가 많다.

쉽지 않은 팁 문화

팁을 얼마나 주어야 하는지 많은 여행자들이 질문하지만 간단히 대답하기는 쉽지 않다. 팁 문화는 나라와 지역마다 다르고 빠르게 변화하며 제공된 서비스의 종류와 수준 등 다양한 요인의 영향을 받을 뿐 아니라 서비스료로 명시된 금액이 크면 팁을 더 내기도 부담스럽다. 다른 여행자들을 보고 누구에게, 얼마나, 어떤 통화로 팁을 주는지 살펴보자.

한 국가 내에서도 적절한 팁 액수는 천차만별이지만 팁을 주기로 결정했다면 적절히 활용할 수 있는 세계적인 프로토콜이 있다.

> 동료나 상사가 보지 않는 곳에서 자연스럽게 현금으로 건넨다.
> 잔돈을 요구하지 않는다.
> 특히 호텔 직원일 경우 봉투에 넣어 건네면 좋다.
> 지폐를 접어 손에 쥐고 악수를 하면서 건네주는 것도 좋은 방법이다. 팁을 줄 때에는 최대한 조심스럽게 행동해야 한다.
> 돈을 더 받을 수 없다며 거절하는 경우에는 가볍게 한 번 더 권하되[1] 계속 거절하면 포기하고 대신 서비스에 대한 감사를 표현한다.

1 ››› 문화권에 따라 처음에는 겸손하게 거절하는 것이 관례인 곳도 있다.

생태계를 파괴하는 기념품

세관 직원의 가장 주요한 임무가 마약 밀수업자를 찾아내거나 보안을 유지하는 일이라 생각하지 쉽지만 사실은 국경을 넘어오는 침습성 종을 막는 일이다. 천적이 없는 서식지에 빠른 속도로 번식하는 외래종만큼 생태계에 큰 위협이 되는 일은 없다. 역사를 돌이켜봐도 여행자들이 차에 태워 훨씬 살기 좋은 새로운 환경에 데려다 놓은 동물들이 원래 살아가고 있던 동물들에게 처참한 결과를 가져온 경우가 많았다.

고향에 돌아가 친구에게 보여주고 싶은 작고 독특한 곤충이든 애완견처럼 잘 따르는 야생개든 적법한 절차를 거치지 않고는 동물을 데리고 국경을 넘어서는 절대 안 된다.[1]

라투스 라투스
곰쥐

100년경
세계 곳곳

곰쥐는 역사 최초의 침습성 종으로 가장 파괴적인 종이라 말해도 지나치지 않다. 본래 인도와 파키스탄에 서식했지만 무슨 일이 발생할지 알지 못했던 여행자들이 천년 동안 곰쥐를 세계 곳곳에 옮겨다 놓았고 이제는 전 세계 어디에서나 쉽게 볼 수 있다. 곰쥐 때문에 셀 수 없이 많은 동식물 개체수가 대폭 감소했고 완전히 멸종되기도 했으며 곰쥐가 질병을 옮겨 인간 사회에 발생한 비극은 더 말할 것도 없다. 사람들이 세상 구석구석을 여행하면 곰쥐도 따라갔고 그 자리에 죽음과 파괴를 초래했다.

오릭토라구스 쿠니쿠러스
굴토끼

1859년
오스트레일리아 빅토리아

이주자 토머스 오스틴은 영국에서 24마리의 회색 토끼를 오스트레일리아에 데리고 들어갔다. 고작 토끼 몇 마리이니 별 피해를 일으키지 않을 것이고, 고향의 느낌도 내고 사냥도 할 생각이었다. 1920년 토끼 개체 수는 폭발적으로 증가해 100억 마리가 되었고 수많은 오스트레일리아 토종 식물들을 파괴하고 여러 악영향을 미쳤다.

아카티나 퓨리카
아프리카달팽이

1966년
미국 플로리다

한 어린 소년이 하와이 여행에서 아프리카달팽이 3마리를 몰래 숨겨 집에 돌아갔고 그의 할머니가 달팽이들을 마이애미 집의 정원에

풀어두었다. 7년 만에 일대가 1만 8천 마리의 달팽이로 뒤덮였고 지역 자산과 환경에 엄청난 손해를 초래했다.

1 ››› 반려동물과 여행하는 방법에 대한 정보는 184쪽 참조.

여행 경보 다시 보기

여행은 다른 나라에 대한 다른 사람들의 말이
모두 틀렸다는 사실을 알기 위해 떠나는 것이다.

– 올더스 헉슬리,
영국 작가이자 철학가

외국에 나가있는 대부분의 여행자는 모든 수단을 동원해 자국민을 지키고자 하는 정부의 보호를 받는 행운을 누릴 수 있다. 정부에서는 외국에 나간 여행자를 지원하기 위해 대사관을 두고 여러 위험 요인이 있는 여행 경로를 지키며 국민이 위험에 처하면 상당한 비용이 드는 구제 조치를 취하는 등 보통 여행자들이 생각하는 것보다 훨씬 더 유용하고 소중한 역할을 해주고 있다. 그렇기 때문에 정부가 마치 뉴스를 너무 많이 보고 불안해하는 부모 같이 느껴질 때도 있다.

정부는 여행 경보 지정을 통해 여행하기에 안전하지 않을 수 있는 지역들을 경고한다. 대부분의 경보는 실제로 위험한 수준의 위협이 있을 때 지정된다. 국내 상황 불안이나 질병, 날씨, 특정 국가에 대한 반감 등 이유가 무엇이든 특정 국가의 국민에게 몹시 위험할 수 있는 지역이 있다는 사실은 분명하다. 정부는 여행 경보를 통해 여행자에게 각 나라의 실시간 상황에 대한 정보를 제공하고자 노력한다.[1]

많은 나라에서는 여행자 등록 프로그램도 운영하고 있다. 세부적인 여행 일정에 근거해 더욱 상세한 안전 정보와 경보 제공이 가능하고 대사관과의 연락이 손쉬우며 위급 상황이 발생했을 때 여행자의 위치를 파악하는 데 도움이 된다.

하지만 정부에서 지정하는 여행 경보를 이해할 때 여행자가 유의해야 하는 점이 세 가지 있다. 첫째, 정부는 언제나 안전과 조심을 지나치게 강조한다는 점이다. 어떤 종류든 사고와 위협, 추측이 있으면 정부는 여행 경보를 지정할 수 있지만 때로는 언어에 과장이 있을 수 있다. 둘째, 여행 경보에서는 한 국가 전체가 엄청난 위기 상황에 빠진 것처럼 말하지만 사실은 잠재적인 위협이거나 실제 위험한 상황이라 해도 작은 지역에 국한된 경우일 때가 종종 있다. 셋째, 모든 정부는 언제나 복잡한 정치적 관계 속에 놓여 있다. 순전히 외국 정부의 조치에 대한 반감을 정치적으로 표현하기 위해 여행 경보를 지정하는 경우도 있다. 다시 말해 특정 국가 내에서의 안전과는 무관하며 그 국가의 여당에서 진행한 어떤 일이 다른 나라의 여당을 불쾌하게 했다는 의미일 뿐이다.

여행자는 여행 경보 이면에 있는 현실과 배경 상황을 이해하고 경보를 받아들여야 한다. 해당 지역의 안전성을 판단할 때에는 여행 경보를 있는 그대로 받아들이지 말고 직접 알아본 정보도 포함하여 고려해야 한다.

다음은 4개국의 여행 경보 시스템을 간략하게 요약 비교한 표이며 대부분의 정부에서 이와 유사한 시스템을 활용하고 있다.

	오스트레일리아[2]	캐나다[2]	영국[2]	미국[2,3]
↑ 조심	1단계: 일반적인 수준의 안전 예방	일반적인 수준의 안전 예방	여행 제한 없음	발신 경보 없음
	2단계: 상당한 수준의 주의 필요	상당한 수준의 주의 필요	발신 경보 없음	여행 경보: 논란이 많아 폭동으로 이어질 수 있는 선거 등 잠재적인 위험이 있는 특정 사건에 대한 단기 경보
	3단계: 여행 필요성 재고	필수적이지 않은 여행 자제	필수적인 여행 외의 여행 자제 권고	여행 경고: 장기적인 위험이 있는 국가로의 여행 자제를 권고하는 기한 없는 중대한 경고
심각 ↓	4단계: 여행 금지	여행 전면 금지	여행 전면 자제 권고	

1 ››› 여행자는 여행자 경보를 근거로 여행자 보험이 영향을 받을 수 있고 때로는 무효화될 수도 있음을 인지해야 한다.

2 ››› 여행자 경보는 국가 전체가 아닌 특정 지역에 국한될 수 있다.

3 ››› 미국 정부는 미국인을 목표로 하는 국제 테러리스트 위협 상황에서 단기 국제 여행 경보와 무기한 국제 여행 경고를 지정할 수 있다.

현지인들은 다양한 방법으로 여행자를 놀리곤 하는데 그 지역에만 있는 무시무시하고 미스터리한 짐승에 대한 도시 괴담을 들려주는 것도 오래된 수법 중 하나이다. 늘 운이 없는 여행자만 골라 공격하는 이 짐승들에 대한 이야기로 여행자 무리를 놀리거나 이들이 그 지역을 얼마나 신뢰하는지 알아볼 수 있었다. 정말 끔찍한 전설에서 탄생한 짐승도 있지만 오늘날에는 여행자를 겁에 질리게 해 여행을 자제시키려는 목적보다는 지역 사람끼리 주고받는 가벼운 농담이자 기념품을 판매하기 위한 수단으로 이용되고 있다.

여행자들을 겁에 질리게 하는 짐승 가운데 잘 알려진 예를 몇 가지 살펴보자.

낙하곰

오스트레일리아

아주 포악한 육식동물로 알려진 낙하곰drop bear은 엄청나게 큰 코알라처럼 생겼고 흡혈귀 같은 이빨을 지니고 있다. 오스트레일리아 남동쪽 숲에 살며 나무 위에 숨어 있다가 예상치 못한 순간에 여행자의 머리 위로 낙하한다. 낙하곰은 여행자를 겁주는 도시 괴담 중 가장 잘 알려져 있는데 오스트레일리아 사람들이 워낙 열심히 이야기하고 다닌 탓에 오스트레일리아 박물관 웹사이트에서도 이 이야기가 실려있다.

야생하기스

스코틀랜드

야생하기스wild haggis는 귀가 뾰족 나와 있고 몸집이 원통형이며 털이 있는 작은 동물로 묘사된다. 전설에 따르면 야생하기스는 오른쪽 다리가 짧은 종과 왼쪽 다리가 짧은 종으로 구

분되는데 한쪽 다리가 짧은 덕분에 한 방향으로만 달린다면 스코틀랜드 고지의 산들을 아주 빠르게 돌아 올라갈 수 있다고 한다.

야생하기스 괴담은 여행자를 겁주는 목적이 아니라 여행자가 얼마나 순진한지 알아보기 위해 이야기되곤 했다. 스코틀랜드 전통 음식인 하기스의 재료가 무엇인지 아는 여행자가 거의 없기 때문에[1] 자연스레 늘 같은 질문을 받은 스코틀랜드인들이 이 괴담을 이야기하면서 아주 오래도록 이어져왔다.

재카로프

미국

독일의 볼퍼팅어와 스웨덴의 스크베이더와 마찬가지로 재카로프jackalope 도 토끼와 관련된 여러 괴담 생물 중 하나이다. 토끼와 영양의 합성어인 이름처럼 두 동물이 섞인 모양이며 미국 북서부 중에서도 와이오밍과 다코타 남부에 나타난다고 한다. 재카로프는 위스키를 무척 좋아하고 천둥번개가 칠 때에만 짝짓기를 하며 사람의 말을 따라할 수 있고 자신의 숲에 여행자가 침입하면 뿔로 공격한다. 다양한 질병을 고칠 수 있다며 판매되는 재카로프 우유를 사는 여행자도 있다.

1 ››› 스코틀랜드 전통음식 하기스는 양의 심장과 간, 폐 등의 내장과 오트밀, 양파, 양념을 섞어 양의 위에 넣어 삶아내는 음식이다.

거스름돈 대신 사탕

경제 상황이 불안정한 나라에서는 통화가 충분히 유통되도록 유지하는 일이 쉽지 않다. 수요와 공급이 큰 폭으로 요동치면 시중에 유통되는 통화가 부족한 상황이 발생하는데 잔돈일수록 더욱 그렇다.

상황이 이렇게 되면 작은 동네 가게든 커다란 체인점이든 거슬러 줄 잔돈이 없는 경우가 생기곤 한다. 손님들이 적은 액수의 지폐로 지불하면 활용하기 편하기 때문에 꼼수로 잔돈이 없다고 말하기도 하지만 실제로 경제 상황이 그런 경우가 잦다. 여기서 아주 흥미로운 현상이 나타나는데 부족한 잔돈을 다양한 제품으로 메꾸는 것이다. 사탕이나 비닐봉지, 성냥, 탄산음료, 껌, 면도날처럼 아주 평범한 일상 제품들이 실제 통화를 대신해 사용된다.

조금 이상해보이겠지만 짐바브웨와 같은 개발도상국에서는 늘 일어나는 일이다. 그러니 잔돈 대신 사탕을 한 줌 받아도 바가지를 썼다고 생각할 필요는 없다. 색다른 잔돈에 즐거워하며 여행을 이어가면 된다.

색다른 관광 상품

관광 상품	설명	주요 관광지
농업	농장 방문 또는 농장에서 일하기	이탈리아 투스카니
로맨스	배우자나 의미 있는 사람을 만나기 위한 여행	우크라이나
무덤	유명한 사람들의 무덤	프랑스 파리
비극	비극과 관련된 장소	우크라이나 체르노빌
빈민가	빈곤한 지역	브라질 빈민 지역
섹스	매춘이 합법이거나 문화적으로 용인되는 장소	태국 파타야
원자력	초기 원자력 실험을 했던 장소	미국 네바다
유령	유령이 자주 출몰하는 유명한 장소	영국 요크
의료 서비스	보다 저렴하고 수준 높은 의료 서비스를 받기 위한 여행	인도
인형	인형을 들고 다니며 유명한 장소 앞에서 인형 사진을 찍기 위해 돈을 지불함	일본
촬영지	유명한 영화를 촬영한 장소	뉴질랜드
토네이도	토네이도와 폭풍의 뒤를 따라감	미국 캔자스
포도주	유명한 포도밭과 포도주 생산지	미국 나파 밸리

3의 법칙

물론 건강 상태에 따라 크게 다르지만 일반적인 생존 가능 기간은 다음과 같다.

3분	산소 없이 생존 가능
3시간	극도로 나쁜 기상 상태에서 피난처 없이 생존 가능
3일	물 없이 생존 가능
3주	음식 없이 생존 가능

별 다섯 개

1824년 작가 마리아나 스타크는《대륙의 여행자를 위한 안내서》를 발간하였다. 프랑스와 이탈리아를 탐험했던 초기 빅토리아 시대 여행자를 위한 여행 조언에 더해 독자들이 좋은 경관을 찾는 데 도움이 되도록 느낌표를 이용해 순위를 매겼다. 스타크는 유명한 예술 작품에 느낌표 하나를 주기도 했다.

...주피터의 토르소, 페이디아스가 만든 이름 있는 올림피아의 제우스 상을 대리석으로 모방해놓은 듯하다!

드물긴 했지만 진심으로 아름다운 광경에는 느낌표 다섯 개를 주기도 했다.

시스티나 성당에는 세상에서 가장 아름다운 프레스코화가 모여 있는데 미켈란젤로 부오나로티의 〈최후의 심판〉이 제단 바로 뒤에 있고 천장에도 거장 미켈란젤로의 거대한 작품인 〈천지창조〉가 여러 예언자와 함께 그려져 있다!!!!!

스타크의 안내서가 획기적인 순위로 이름을 높이게 되면서 별이며 다이아몬드며 여러 가지 방법으로 순위를 매겨 최고를 꼽는 목록들이 생겨났다. 하지만 정식 기구가 부여한 순위만이 믿을 만하다는 사실을 기억해야 한다.

예를 들어 멋들어진 로비 가운데에 별 예닐곱 개를 자랑스럽게 걸어놓은 호텔들이 많다. 하지만 꼼꼼히 살펴보면 호텔 자체에서 매긴 순위이거나 호텔과 이해관계가 있는 기관에서 부여한 경우가 많다. 상세하게 정해진 기준에 따라 공정한 제3자가 매긴 순위이거나 확실한 방법으로 대중들이 만들어가는 순위 시스템이 아니라면 사실상 아무 의미 없는 별이라고 할 수 있다.[1]

1 ››› 프랑크푸르트의 리버티너 린덴베르크 호텔은 건물 밖에 이런 글귀를 써두었다.

NEVER TRUST THESE
F ★★★★★ G
HOTEL CLASSIFICATIONS

미접촉 부족

미접촉 부족은 현대 문명과 유의미한 어떤 접촉도 하지 않고 살아가는 집단을 모두 아우르는 광범위한 말이다. 외부 세상에 대해 거의 알지 못하는 고립된 부족부터 자신들과 현대 사회의 생활 방식 차이를 분명히 인지하고 있는 큰 규모의 집단까지 다양한 상태를 포함한다. 그러나 미접촉 부족이 자신들의 터전을 세상 속에서 어떻게 인지하고 있든 생각보다 많은 부족이 현대 사회로부터의 분리를 자발적으로 선택해왔다.

과거 외부인과의 접촉에서 부정적인 경험을 해서인지 단지 선조들이 살아온 방식을 고수하고 싶어서인지는 알 수 없다. 분명한 것은 대다수의 부족이 현대 사회와 접촉하거나 교류할 충분한 기회가 있었음에도 적극적으로 거부했다는 것이다.

미접촉 부족과의 교류에 있어 윤리 문제는 몹시 복잡하고 논란이 많은 주제이다. 강제 접촉으로 인해 문화적, 신체적, 사회적으로 예상치 못한 파괴적인 결과가 초래될 수 있다. 순전히 생물학적인 관점에서만 봐도 이들은 현대 질병에 대해 자연면역이 되어 있지 않기 때문에 교류 과정에서 전달된 아주 약간의 세균만으로 부족 전체가 사라질 수도 있다.

그러나 한편에서는 기술 발전의 혜택을 보지 못하고 살아가는 사람들에게 의료 기술이나 자연재해로 인한 피해 구제 등 도움을 주는 것이 윤리적 의무라고 주장하기도 한다.

마을 투어나 정글 트레킹 등 미접촉 부족과 직접 접촉해보고 싶어 하는 여행자들의 바람을 반영한 여행 프로그램은 수도 없이 많다. 사실을 알게 되면 굉장히 실망스럽겠지만 오늘날 일반적인 관광에서 진짜 미접촉 부족을 만난다는 것은 아주 이례적인 일이다.

물론 특정 인종을 난생 처음 본다거나 휴대폰을 본 적도 없는 부족민이 있을 수도 있지만 위에서 설명한 의미의 진짜 미접촉 부족은 아니다. 이른바 원주민'이라는 이들이 관광객이 돌아가면 곧장 전통 의상을 벗고 티셔츠로 갈아입는 경우도 간혹 있다고는 하지만 그런 의미는 아니고 관광객에게 보여주기 위해 의도적으로 좀 더 원초적인 생활 방식을 보여주거나 바깥 세상에 대한 무지를 과장하는 경우가 있다는 뜻이다.

세계화의 전반적인 영향과 더불어 채광, 벌채, 마약 밀매 등으로 인해 세상의 미접촉 부족은 빠른 속도로 사라지고 있다. 정확한 부족민의 수는 집계할 수 없지만 보통 수십 명으로 구성된 부족이 100개 정도 존재하는 것으로 본다. 다음은 현재 남아있는 미접촉 부족 중 일부에 대한 간략한 설명이다.

센티넬 부족[1]

인도, 벵골만

50-500명

72km²(28mi²) 크기의 노스 센티넬 섬에 살아가는 이 부족에 대해 알려진 사실은 이들이 외부인의 접촉을 아주 분명하게 원치 않는다는 것뿐이다. 1290년에 마르코 폴로는 이 부족을 "가장 잔혹하고 야만적인 종족... 아주 잔인하고, 손에 넣은 외부인은 족족 잡아먹었다"고 설명했는데 시간이 오래 흘렀음에도 외부인에 대한 난폭한 태도에는 변화가 없는 것으로 보인다.

센티넬 부족과 접촉해보려는 시도는 언제나 화살 세례로 이어지곤 했는데 2006년에는 섬에 너무 가까이 다가간 두 어부가 죽임을 당하기도 했다. 이처럼 폭력적인 결말로 이어지지 않은 것은 딱 한 번인데 1960년대 후반 인류학자들이 우호적인 관계를 맺어보려는 시도로 해변에 다양한 음식과 가축을 비롯한 선물을 두고 왔다. 센티넬 부족은 선물을 발견하자마자 코코넛을 먹어치웠고, 돼지는 먹지 않고 죽인 후 묻었으며, 아이들을 위한 인형도 땅에 묻어버리고, 선물을 담았던 바구니 중 초록색은 그대로 두고 빨간색 바구니를 모두 챙겨 즐겁게 숲으로 돌아갔다.

론도니아의 이름 없는 부족

브라질, 론도니아

100-1,000명

주파우 혹은 우루-와우-와우로 불리는 이 부족은 정글에 살며 독화살로 테이퍼tapir를 사냥하고, 그들이 신성시하여 숭배하는 마코앵무새macaw의 모습을 본떠 얼굴에 검정 문신을 한다. 현대 사회와 완전히 차단되어 있지만 외부와 간헐적인 교류가 있긴 했는데 대부분 휴전을 조율하거나 영토 축소에 대한 항의를 위해서였다. 인류학자나 정부 관리와의 짧은 교류 과정에서 브라질 정글 깊은 곳에 최소 2개 이상의 다른 부족이 있다는 사실을 알려주었다.

항공기 탐사로 이들의 존재는 확인되었지만 수렵 채집 생활을 하고 애니미즘[2] 세계관을 가지고 있다고 추측된다는 것 말고는 알려진 사실이 없다. 오랜 세월 동안 성공적으로 격리 상태를 유지해왔지만 머지않아 상태에 변화가 있을 것으로 보인다.

질병과 마약 밀매, 계속되는 채광과 벌채로 인해 남아메리카 전역의 원주민 수가 대폭 감소했고 도움을 요청하기 위해 원치 않는 접촉을 해야만 하는 상황이 되었다. 이들의 터전을 손에 넣으려는 외부인들에 의해 명백한 대학살이 벌어지고 있다는 증거가 충분한데도 브라질 정부는 뚜렷한 행동을 보이고 있지 않다. 새로운 천연자원이 발견될 때마다 비극은 심화되고 있으며 앞으로 점점 더 많은 부족이 사라질 것으로 보인다.

뉴기니의 이름 없는 부족

뉴기니 섬 전역

알려지지 않음

뉴기니 섬은 지형이 몹시 험난하고 복잡하며 천 개가 넘는 언어가 공존하는 곳이다. 뉴기니 섬의 미접촉 부족은 여러 고립 요인으로 인해 외부 세상과 차단된 생활을 이어올 수 있었고 현재 40개 이상의 개별 부족이 존재한다고 추측된다. 농경 생활과 수렵 채집 생활이 혼합되어 있는 것으로 보이며 물물교환을 하거나 전쟁을 벌이는 등 부족 간의 교류가 있다고 알려져 있다.

뉴기니 섬 원주민 부족들의 폭력성은 잘 알려져 있는데 특히 1961년 마이클 록펠러 실종 사건으로 더욱 유명해졌다. 엄청난 부와 권력을 지닌 미국 재벌가의 아들이었던 록펠러는 아스맛 부족을 연구하며 원주민 예술 작품을 수집하던 중에 실종되었다. 실제 밝혀진 것은 아무것도 없었지만 뉴기니 섬 일부 부족에 식인 풍습이 남아있었기에 그가 잡혀 먹힌 것이라는 풍문이 있었다.

여러 뉴기니 섬 부족들과 다양한 수준의 교류가 있어왔다. 1978년에 처음 교류한 코로와이 부족은 자신들이 전통 의상을 입지 않게 되면 산의 신이 분노해 아주 큰 지진으로 세상을 파괴할 것이라며 외부인과의 접촉을 두려워했다. 지금도 미접촉 부족들이 이러한 믿음을 갖고 있는지는 알 수 없지만 유난히 험난하고 복잡한 자연 지형 때문에 지금도 아주 깊숙한 곳에 고립된 지역들이 있고 외부인에 대해 어떤 태도를 취해야 할지 생각조차 해본 적 없는 부족도 있다.

1 ››› 미접촉 부족이기 때문에 이들이 스스로를 지칭하는 이름은 알 수 없다. 이 이름은 외부인들이 독단적으로 명명한 것이다.

2 ››› 애니미즘은 동물과 식물을 비롯한 모든 자연 요소가 개별적인 영혼 또는 정령을 지니고 있으므로 존중되어야 하며 경우에 따라서는 숭배되어야 한다고 믿는 세계관이다.

아주 조그만 나라들의 크기 비교

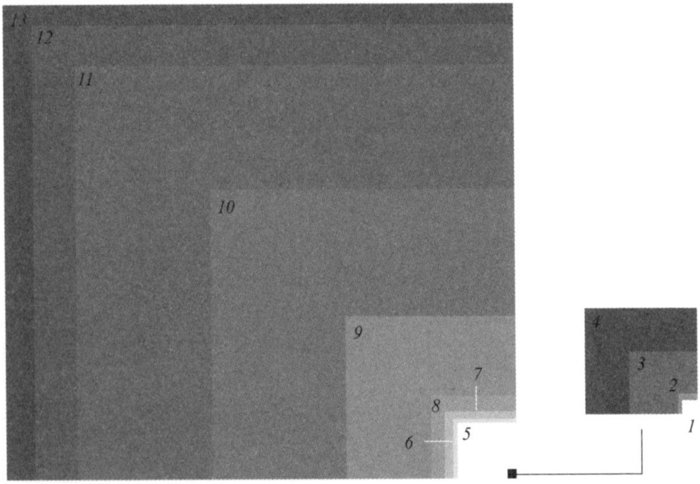

	지역	km^2	mi^2
1	바티칸	0.44	0.17
2	오거스타 내셔널 골프장	0.57	0.22
3	모나코	2.02	0.78
4	뉴욕 센트럴파크	3.42	1.32
5	나우루	20.98	8.10
6	펜실베이니아주립대학교 유니버시티파크 캠퍼스	22.73	8.78
7	타발루	25.90	10.00
8	샤를 드골 공항	32.37	12.50
9	산마리노	62.16	24.00
10	디즈니월드	111.37	43.00
11	리히텐슈타인	160.57	62.00
12	워싱턴 D.C.	176.89	68.30
13	마셜제도	181.29	70.00

지도 논쟁

지리학이 산문이라면 지도는 도상학이다.

– 렌나르트 메리, 에스토니아 정치가, 작가, 영화 감독

지도 제작자들은 구 모양의 지구를 어떻게 평면에 표현할 것인가 하는 근본적인 문제를 두고 천년이 넘도록 씨름해왔다. 수많은 지도 제작자들이 최선을 다했지만 이 문제는 사실상 완전히 해결될 수 없으며[1] 어떤 지도의 왜곡이 가장 덜한가를 선택하는 문제가 되었다.

지도 제작법을 둘러싼 논쟁은 지리학적 정확성이나 항해를 위한 유용성을 훨씬 벗어나는 범위로 확대된다. 세계 지도에서 한 나라의 크기나 위치는 그 나라에 대한 인식에 상당한 영향을 미친다. 그렇기 때문에 지도 제작법은 사회적, 정치적, 인류적으로 큰 영향력을 지닌다. 오늘날 가장 일반적으로 사용되는 지도 제작법들에 대한 간략한 설명과 함께 각각의 왜곡된 정도를 살펴보자.[2]

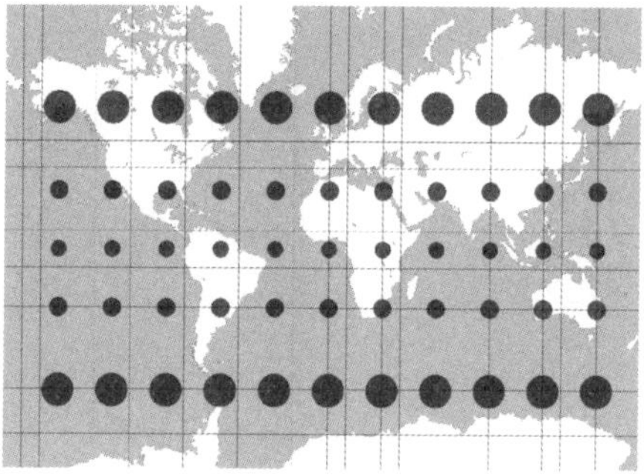

메르카토르

1569년 헤라르뒤스 메르카토르 제작

적도 가까이 위치한 나라들만 정확한 모양을 유지하고 있다. 극지방에 가까워질수록 왜곡이 심해지며 그린란드는 실제로는 14배 넓은 아프리카 대륙보다도 크게 그려져 있다.

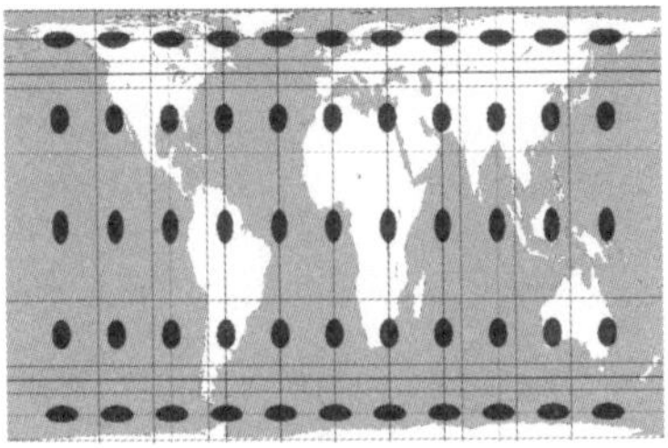

갈-패터스

1855년 제임스 갈, 1967년 아르노 페터스 제작[3]

메르카토르와 달리 나라 크기가 동일한 경우 지도에서의 크기도 동일하게 그려졌다. 하지만 많은 나라의 모양이 왜곡되었다. 바로 눈에 띄지만 적도 근처 나라는 수직으로 극 근처 나라는 수평으로 늘어져 있다.

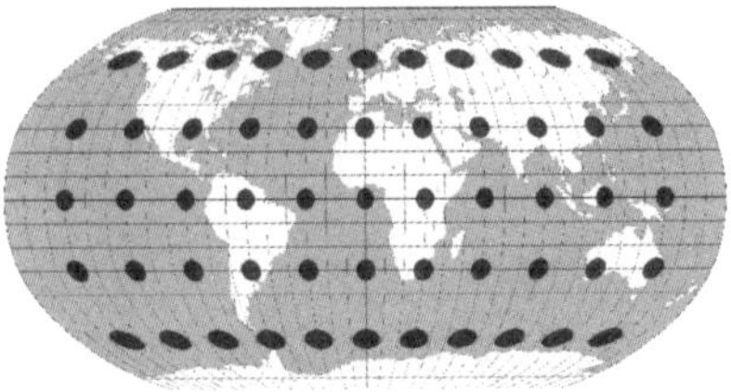

로빈슨

1963년 아서 H. 로빈슨 제작

많은 학자들은 로빈슨의 지도가 메르카토르 지도와 갈-패터스 지도의 절충안이라고 설명한다. 메르카토르는 나라의 모양을 유지했지만 크기를 반영하지 못했고 갈-패터스는 상대적 크기 차이를 제대로 반영했지만 모양을 왜곡한 것에 반해 로빈슨은 모양과 크기 모두를 조금씩 왜곡했다. 극지방과 관련해서 논란이 조금 있기는 하지만 로빈슨의 지도에는 심하게 왜곡된 나라가 없다. 다만 가벼운 수준의 왜곡이 전반적으로 나타난다.

1 ››› 1828년 칼 프리드리히 가우스는 왜곡 없이 구를 평면으로 표현하는 것이 수학적으로 불가능함을 보여주는 테오레마 에그레기움이라는 정리를 증명하였다.

2 ››› 지도 위의 원 표시는 티쏘의 왜곡 지표라 불리며 지도가 왜곡된 정도를 보여주는 지표이다.

3 ››› 제작자에 대한 논란이 있다.

집으로 전화하기

00 · 258 · 410 · 452-0315
국제전화 · 식별번호· 국가번호· 지역번호 · 상대방 전화번호

국제전화 식별번호[1]는 한 나라의 전화 시스템 내에서 다른 나라로 전화를 걸 때 사용된다. 전화 연결 시스템에서 이어지는 국가 번호를 지역번호로 인식하지 않도록 하는 역할을 한다.

국제전화 식별번호는 '+' 기호로 표시된다. 전화번호 앞에 '+'가 있다면 어떤 국가에 있든 그 국제전화 식별번호를 누르고 전화를 걸면 된다. 요즘 휴대폰에는 자동으로 설정해주는 기능도 있어서 '+' 키를 누르기만 하면 적합한 국제전화 식별번호를 포함시켜주기도 한다.

표준 국제전화 식별번호는 00이다. 다음 표의 예외를 제외한 모든 국가 및 영토에서는 00을 사용한다.[2]

국제전화 식별번호	국가 또는 영토
0	사모아
000	대한민국, 싱가포르, 우간다, 케냐, 탄자니아, 태국
001	가이아나, 몽골, 인도네시아, 캄보디아, 홍콩
005	콜롬비아
009	나이지리아
010	일본
011	그레나다, 도미니카공화국, 도미니카연방, 마셜제도, 미국, 미크로네시아, 바베이도스, 바하마, 버뮤다, 북마리아나제도, 세인트루시아, 세인트빈센트 그레나딘, 세인트키츠네비스, 신트마르턴, 앤티가바부다, 앵귈라, 온두라스, 자메이카, 캐나다, 터크스타이코스제도, 트리니다드토바고, 팔라우
0111	오스트레일리아
0014	브라질
119	쿠바
810	러시아, 벨라루스, 우즈베키스탄, 카자흐스탄, 타지키스탄, 투르크메니스탄

기존 방식으로 국제전화를 이용하면 요금이 아주 비싸다. 대신에 요즘 여행자들은 스카이프와 같은 인터넷 전화를 많이 이용한다. 통화

음질을 보장할 수는 없지만 대부분의 인터넷 전화는 무료이며 기존 이용 방식보다 편리하다. 인터넷 전화를 이용할 때에도 국제전화 식별번호가 필요하다는 사실을 기억하자

1 ››› international dialing prefix를 비롯한 exit code, dial-out code, international access code, international dialing code 모두 국제전화 식별번호를 칭하는 용어이다.

2 ››› 통신사에 따라 여러 국제전화 식별번호를 이용하는 나라도 있다. 이 표에서는 가장 많이 쓰는 번호에 따라 분류하였다.

군주제

지금도 왕정 형태[1]를 유지하고 있는 나라들을 군주의 공식 명칭, 왕가의 이름, 즉위한 일자와 함께 정리해보았다.

전제군주제

사실상 영토와 국민에 대한 절대 권력을 지니고 있는 통치 형태이다.

바티칸 시국

프란치스코 교황 성하

없음……………2013년 3월 13일

브루나이

하사날 볼키아 무이자딘 와다울라 국왕 폐하

볼키아……………1967년 10월 4일

사우디아라비아

두 성지의 수호자 살만 빈 압둘아지즈 알 사우드 국왕

알 사우드……………2015년 1월 23일

스와질란드

음스와티 3세 국왕 폐하

들라미니……………1986년 4월 25일

아랍에미리트연합국[2]

할리파 빈 자이드 알 나하얀 왕자 전하

알 나하얀……………2004년 11월 3일

오만

카보스 빈 사이드 국왕 폐하

알 사이드……………1970년 7월 23일

카타르[3]

타밈 빈 하마드 알 사니 국왕 폐하

알 사니……………2013년 6월 25일

입헌군주제

상당한 권력을 쥐고 있는 통치자인 경우부터 정치적 영향력은 없는 명목상의 왕인 경우까지 다양한 형태로 나타난다.

네덜란드

네덜란드의 빌럼 알렉산더 국왕 폐하
오랑주-나소.................2013년 4월 30일

노르웨이

하랄 5세 국왕 폐하
글뤽스부르그.............. 1991년 1월 17일

덴마크

마르그레테 2세 여왕 폐하
글뤽스부르그.............. 1972년 1월 14일

레소토

레치에 3세 국왕 폐하
모셰시...................... 1996년 2월 7일

룩셈부르크

룩셈부르크의 앙리 대공 각하
룩셈부르크-나소 2000년 10월 7일

리히텐슈타인

리히텐슈타인의 통치자 한스 아담 2세 왕자 전하
리히텐슈타인............1989년 11월 13일

말레이시아

알무타시무 빌라히 무히부딘 투앙쿠 알하즈 압둘 할림 무아드잠 샤흐 이브니 알마르훔 술탄 바들리샤 폐하
케다.......................2011년 12월 13일

모나코

알베르 2세 왕자 전하
그리말디................... 2005년 4월 6일

모로코

무함마드 6세 폐하
알라위..................... 1999년 7월 23일

바레인 [4]

하마드 빈 이사 알 할리파 국왕 폐하
알 할리파.................. 1999년 3월 6일

벨기에

필리프 국왕 폐하
작센 코부르크 고타........ 2013년 7월 21일

부탄

지그메 케사르 남기엘 왕추크 국왕 폐하
왕추크....................2006년 12월 14일

스웨덴

칼 구스타프 16세 국왕 폐하
베르나도트 1973년 9월 15일

스페인

펠리페 6세 국왕 폐하
부르봉.................... 2014년 6월 19일

안도라[5]

호안 엔리크 비베스 시실리아 대주교 각하 & 프랑수아 올랑드 대통령 각하
없음....2003년 5월 12일 & 2012년 5월 15일

요르단

압둘라 이븐 후세인 2세 국왕 폐하
하심........................ 1999년 2월 7일

일본

일본 국왕 폐하
야마토..................... 1989년 1월 7일

캄보디아

프리 밧 삼데크 프리 보롬네앗 노로돔 시하모니 폐하
노로돔.................... 2004년 10월 14일

쿠웨이트

사바 아흐마드 알자비르 알사바 왕자 전하
알사바..................... 2006년 1월 29일

태국

마하 와치랄롱꼰 버딘드라데바야와랑꾼 국왕 폐하
짜끄리.................... 2016년 10월 13일

통가

투포우 6세 국왕 폐하
투포우..................... 2012년 3월 18일

영국연방 왕국

영국연방 왕국은 각각 독립된 국가들이 자발적으로 영국 군주제와 연합을 이룬다는 점에서 독특하다.

그레나다 · 뉴질랜드 · 바베이도스 · 바하마 · 벨리즈 · 세인트루이스
세인트빈센트그레나딘 · 세인트키츠네비스 · 솔로몬제도 · 앤티가다부다
영국 · 오스트레일리아 · 자메이카 · 캐나다 · 투발루 · 파푸아뉴기니

엘리자베스 2세 여왕 폐하
윈저..................연방 국가에 따라 즉위 일자는 다르지만 1952년 2월 6일이 최초

1 ››› 여기서는 국가적으로 인정되는 주요 군주제를 살펴본다. 많은 국가 내의 준국가, 지역, 부족에 다양한 형태의 왕정이 존재한다.
2 ››› 아랍에미리트연합국은 7개의 전제군주제가 연합한 연합국이다. 7명의 통치자 혹은 국왕 중 선출된 한 사람이 아랍에미리트연합국의 국가 원수가 된다.
3 ››› 카타르는 정부 수장과 국가 원수가 다르지만 여전히 전제군주제로 보는 견해가 일반적이다.
4 ››› 하마드 빈 이사 알 할리파의 권력이 워낙 막강하여 바레인을 절대군주제 국가로 보는 자료도 있다.
5 ››› 안도라는 군주가 프랑스의 대통령, 스페인의 우르헬 주교와 함께 통치하는 의회공동공후국이다.

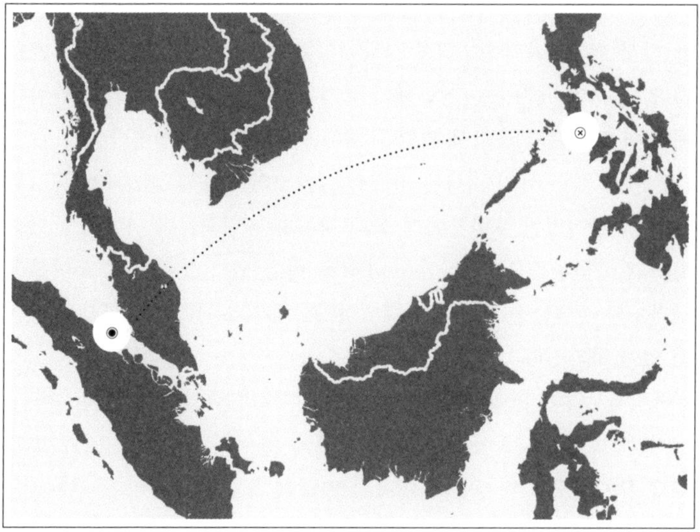

엔리케의 출생지 ◉ —— 2,414km —— ⊗ 막탄 전투

최초로 세계 일주를 한 사람이 말라카의 엔리케라는 노예였다고 믿는 역사가들도 있다. 동남아시아 말레이반도 출신인 엔리케는 1511년에 포르투갈 태생 항해가인 페르디난드 마젤란의 하인이 되어 그와 함께 유럽으로 이동했다. 1519년 마젤란의 배 다섯 척이 새로운 향신료 무역 경로를 찾기 위해 스페인을 떠날 때 엔리케도 통역사 역할로 배에 함께 올랐다.

여러 번의 경로 이탈과 선상 반란, 조난까지 고생스러운 여정을 겪던 이들은 1521년, 엔리케의 출생지에서 동쪽으로 2,414km(1,500mi)밖에 떨어져 있지 않은 필리핀에 도착했다. 여기서 마젤란은 현지 정치 상황에 관심을 갖게 되었고 원주민을 기독교로 개종시키는 일에 몰두했다. 섬의 왕이었던 라푸라푸 왕이 그의 종교적 접근을 거부하자 막탄 전투가 발발했고 이름 높은 항해사였던 마젤란은 독화살과 죽창으로 죽임을 당했다.

마젤란은 그가 죽게 되면 엔리케는 자유의 몸이 되고 일한 대가로 스페인 동전 10,000개를 받는다고 분명한 유언을 남겨두었다. 하지만 배 다섯 척 중 산티아고호의 선장이었고 전체 무리를 이끄는 새 지도자가 된 후안 세라노는 엔리케가 급격히 상황이 악화되어가는 탐험대에 남아 노예이자 통역사 역할을 계속해야 한다고 주장했다.

선원 중 한 사람의 기록에 따르면 세라노의 태도에 엔리케는 분노했고 현지 왕이었던 후마본에게 몰래 찾아가 유럽인들이 자기에게 그러했듯 원주민들을 노예로 삼을 계획을 하고 있다고 말했다. 후마본은 세라노와 선원들을 급습해 살해했다. 그 이후로 엔리케는 역사에서 흔적 없이 사라진다.

여기서부터는 확실한 역사적 사실이 아니라 널리 알려진 추측이다. 엔리케는 고향에 돌아가서 최초의 세계 일주를 이루어냈을까? 만약 그랬다면 낙오된 마젤란의 나머지 일행이 유럽에 돌아가기 전이었을까?[1] 충분히 가능한 일이다. 엔리케의 고향까지는 멀지 않았고 교류가 활발한 지역이었으며 언어가 유사했기에 엔리케는 언어에 의지해 고향을 찾아갈 수 있었을 것이다. 확신하는 학자들도 있지만 사실상 엔리케가 최초의 세계 일주를 했는지 확실하게 알 방법은 없다. 세계 일주 여부와 상관없이 오늘날 말라카의 엔리케는 동남아시아에서 영웅으로 일컬어진다.

1 ››› 다섯 척 중 빅토리아호만이 마침내 1년이 지나 스페인에 돌아왔다. 270명의 선원 중 18명만 돌아왔으며 임금을 다 받지도 못했다.

스카이트랙스

항공 여행 전반에 막강한 영향력을 지니고 있는 스카이트랙스Skytracks는 웹사이트 디자인부터 기내식 품질까지 모든 영역을 포괄하는 800여 가지의 평가 요소를 갖춘 항공사 평가 시스템으로 잘 알려져 있다. 2016년 178개 항공사가 평가되었고 1개부터 5개까지 별 개수로 등급이 매겨졌다.

★★★★★

가루다인도네시아항공
(인도네시아)

에바항공
(대만)

카타르항공
(카타르)

싱가포르항공
(싱가포르)

에티하드항공
(아랍에미리트연합국)

캐세이퍼시픽항공
(홍콩)

아시아나항공
(대한민국)

전일본공수
(일본)

하이난항공
(중국)

★

고려항공
(북한)

건강하게 여행하기

✚

건강한 여행을 위해서는 최신 정보를 유지해 예방에 힘쓰고 건강 이상이 나타나면 시기를 놓치지 않고 대처하는 것이 중요하다. 여행자는 발생 가능성이 있는 건강 이상 관련 정보의 변동 사항을 인지하고 있어야 하며 대부분의 건강 이상은 한 번 발생하면 빠른 속도로 연속적으로 나타난다. 의료적인 결정을 내리기 전에는 반드시 최신 관련 정보를 확인해야 한다.

여기서는 여행과 특히 관련이 있는 질병이나 건강 문제만을 다룬다. 하지만 여행자는 전반적인 건강 관련 문제를 모두 주의해야 한다.

예방접종

기본접종

다음 정보는 여행을 하는 성인이 보통 아동기에 이루어지는 기본 예방접종을 받았다고 전제하고 있다. 소아마비를 비롯한 일부 백신은 기본 접종을 했더라도 여행 중 예방 효과를 확실히 하기 위해 추가 접종이 요구되기도 한다.

B형 간염	유행성이하선염
b형 헤모필루스	인플루엔자
결핵	인플루엔자 로타바이러스
디프테리아	파상풍
백일해	폐렴구균
사람유두종바이러스	풍진
소아마비	홍역
수두	-

미리 준비하기

여행의 성격에 따라 천차만별이지만 필요한 예방접종을 한 번에 다 하기는 쉽지 않다. 게다가 말라리아 예방의 경우에는 대부분 말라리아 감염 지역에 가기 전부터 시작해야 효과가 확실하다. 그렇기 때문에 기본 예방접종만 한 사람이 세계 여행을 계획한다면 최소 여행 4주 전에 병원에 가서 상담을 받는 것을 권장한다.

여행 예방접종

방문 국가에 따라 다르지만 해외여행에 권장되거나 필수로 요구되는 일반적인 예방접종 목록을 작성하였다. 예방접종을 했다고 해서 효과가 평생 지속된다고 생각해서는 안 된다. 효과를 지속하기 위해서 추가접종이 필요한 경우도 있고 접종을 했다고 해서 건강관리를 소홀히 하거나 위험한 상황에 뛰어들어도 괜찮은 것은 아니다.

입국 전에 특정 질병에 대한 예방접종을 필수로 요구하는 국가들이 있다. 이러한 요구 조건은 여행자가 아니라 자국민을 보호하기 위한 정책임을 기억해야 한다. 여행자가 여행 중에 황열에 전염되든 말든 상관없지만 이미 전염되어 온 여행자가 해당 질병을 국내에 퍼트릴까 봐 우려하는 것이다. 사실상 예방접종 조건은 전염병 방지를 위한 것이지 여행자의 건강과는 무관하다. 그렇기 때문에 입국 조건 중 예방접종은 가장 엄격하게 적용되는 조건이다. 예방접종을 했고 현재 전염된 상태가 아니라는 사실을 분명히 증명할 수 있어도 입국이 거부될 수 있다. 여행을 준비하기 전에 해당 국가의 최신 규정을 반드시 확인하고 전문의와 상담해 요구되는 예방접종을 진행해야 한다.

또한 모든 국가 및 영토는 입국 허가 여부를 완전히 자율적으로 결정한다. 황열은 입국 시 요구되는 공식 서류에 늘 포함되어 있는 예방접종 대상이다. 하지만 여행자가 최근 황열이 아닌 다른 전염병이 발발한 국가에 체류했고 황열 예방접종만 되어 있는 상태라면 입국이 거부될 수 있다. 자국의 공식 규정과 충돌된다 해도 입국 조건에 있어서는 협상의 여지가 없다. 다음 표에서 공식 요구 조건일 뿐 아니라 여행자 입국 거부가 발생할 수 있는 경우는 굵은 글씨로 강조해 두었다.

예방 질병[1]	접종 횟수	접종 간격	접종 완료 후 예방 효과가 나타나는 데 걸리는 시간
A형 간염	1		1일
광견병	3	1주, 3주	1주
뇌척수막염	**1**		**2주**
소아마비 추가 접종[2]	**1**		**즉시**
일본뇌염	2	4주	즉시
장티푸스	3	2일, 2일	1주
진드기매개뇌염[3]	3	2-12주, 5-12주	즉시
콜레라	**2**	**1-6주**	**2주**
황열	**1**		**10일**

1 ››› 접종을 받는 곳에 따라 같은 질병이어도 다양한 예방접종이 가능한 경우가 있다. 여기서는 국제적으로 가장 일반적인 경우를 대상으로 한다.

2 ››› 소아마비는 대부분의 국가에서 기본 예방접종 대상으로 하고 있지만 장기간 여행일 경우 기본접종을 한 성인이라도 추가 접종을 권장한다.

3 ››› 일반적인 여행이라면 2회 접종으로 나타나는 효과로도 충분하다.

증명서를 받자

카르테 후안carte juan 또는 옐로 카드로 불리는 국제공인 예방접종 증명서ICVP는 세계보건기구에서 발급하는 공식 예방접종 기록이다. 일종의 '의료 여권'이라 생각할 수 있으며 많은 국가에서 입국 시 필수로 요구하는 서류이다.

증명서의 색상도 황색이고 대부분의 국가에서 황열 예방접종을 필수로 요구하기 때문에 ICVP가 황열 예방접종만 증명하는 서류라고 잘못 알고 있는 경우가 많다. 하지만 ICVP는 황열뿐 아니라 다양한 예방접종 및 추가 접종을 받았다는 사실을 인증하는 국제적인 증명서이다.

ICVP가 효력을 지니려면 각 예방접종마다 공인된 의료 전문인의 서명과 소인이 필요하다. 의료 전문인은 이 증명서가 국제적으로 활용된다는 사실을 인지하고 작성해야 한다.

증명서를 작성할 때 접종 일자는 DD/MM/YYYY 형식으로 기록하고 다른 나라에서도 명확하게 이해될 수 있도록 예방 접종 사실에 대해 상세하게 설명해야 하며[1] 국가코드가 포함된 관련 연락처 정보도 함께 기입해야 한다.

증명서에는 예방접종과 직접적인 관련이 없더라도 소지자의 혈액형이나 알레르기 반응 등의 의료 정보가 포함된다. 필수로 작성해야 하는 정보는 아니지만 위급 상황에 외국 의료진이 대처하는 데 아주 큰 도움이 될 수 있으니 작성하는 것이 좋다.

1 ››› 접종한 백신의 제품명이 아니라 어떤 질병을 예방하기 위해 접종했는지 명확하게 설명해야 한다.

백신이 없는 전염 질병

다음은 여행 중 전염될 수 있지만 현재 백신이 개발되지 않은 질병들이다. 이 질병들이 나타나는 지역은 매우 다양하게 분포되어 있으며 전염되어도 증상이 나타나지 않는 경우가 많다. 전염이 의심된다면 즉시 병원을 방문해야 한다.

질병 명칭	전염 경로	접촉 종류	잠복기	증상
C형 간염	접촉	주사기나 주사기 바늘 공유	6-10주	복통, 메스꺼움, 피로, 짙은 색 소변
E형 간염[1]	접촉, 오염된 음식이나 물	일반적인 접촉	3-8주	발열, 식욕부진, 무기력, 황달
노로바이러스	접촉, 오염된 음식이나 물	일반적인 접촉	12-48시간	구토, 설사, 경련, 발열
뎅기열	모기	-	3-10일	발열, 발진, 관절 통증, 두통
아메바성 이질	접촉, 오염된 음식이나 물	일반적인 접촉	2일-4주	설사, 경련, 체중 감소, 피로
지카바이러스	접촉, 모기	성적 접촉, 임신	3-7일[2]	발열, 발진, 충혈, 근육통
편모충증	접촉, 오염된 음식이나 물	일반적인 접촉	1-3주	설사, 피로, 복부팽만감

1 ››› 효과적인 백신이 개발 중이라고 알려져 있지만 현재 널리 이용되지는 않고 있다.
2 ››› 확실히 밝혀진 것은 아니지만 3-7일로 추정된다.

말라리아

전염

말라리아는 말라리아 원충이라는 기생충에 전염된 암컷 얼룩날개 모기를 통해 인간에게 전염된다. 다음은 인간에게 전염되는 4종류의 말라리아 원충이다.

열대열 원충	가장 치명적이며 뇌 말라리아를 유발
사일열 원충	치료하지 않으면 감염 상태가 지속
난형열 원충	드물며 인간 감염 발생률이 5% 미만
삼일열 원충	세계적으로 가장 널리 분포

접촉 전염

말라리아는 일반적인 접촉이나 성 접촉으로 전염되지 않지만 감염된 주사기 바늘 사용으로 전염되는 경우가 매우 드물게 있다.

말라리아 유행 지역

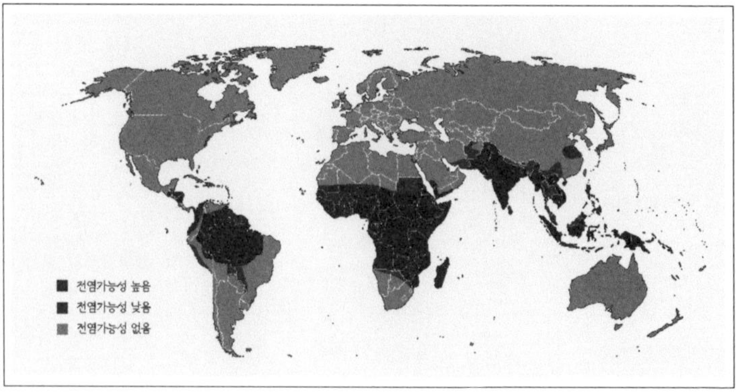

잠복기

말라리아의 잠복기는 전염된 말라리아 원충의 종류에 따라 다르지만 보통 7일에서 30일이다. 하지만 간혹 잠복기가 훨씬 긴 경우도 있다. 여행 후 1년 내에 말라리아로 의심되는 증상이 있을 경우 전문의를 찾아 상담을 받아야 한다.[1]

증상

말라리아는 인체에 광범위한 영향을 미치기 때문에 아주 위험한 질병이다. 여러 차례 삼일열 말라리아를 겪어도 가벼운 감기 증상만 보이는 사람도 있지만 치명적인 열대열 말라리아는 잠복기 후 24시간 내에 사망으로 이어질 수 있다. 따라서 모든 말라리아 증상을 제대로 치료해야 한다. 어떤 종류의 말라리아에 전염된 것인지는 전문 의료인의 도움 없이 알 수 없으며 종류에 따라 치명적인 결과로 이어질 수 있다.

말라리아의 초기 증상에는 발열, 오한, 두통, 발한, 메스꺼움, 구토, 몸살, 전신권태감 등이 있다. 말라리아 유행 지역 여행 중에 이러한 증상이 나타나면 바로 도움을 청해야 한다. 열대열 말라리아만 아니라면 생명에 위협이 되지 않지만 언제나 주의를 기울여야 한다. 나날이 말라리아 검사 가능 지역이 확대되고 있으며 검사 비용도 저렴해지고 결과가 나오는 시간도 단축되어가고 있다.

예방

행동 요령

말라리아를 예방하기 위해서는 모기에 물리지 않는 것이 가장 중요하다. 얼룩날개 모기는 해질녘부터 새벽까지만 사람을 물기 때문에 특히 밤에 조심해야 한다. 말라리아 유행 지역에서는 방충제를 뿌리고 긴팔과 긴바지를 착용해야 하며 모기장이 있는 곳에서 취침해야 한다.

약물 요법

여행자의 말라리아 전염 가능성을 낮추어주는 다양한 말라리아 예방약이 시중에 출시되어 있다. 하지만 완전한 예방을 보장하는 약은 없으며 규칙적인 복용법을 철저히 지켜야만 효과가 있다. 대부분 말라리아 유행 지역 여행 전부터 후까지 복용해야 효과를 볼 수 있다.

전문의와의 상담을 통해 적합한 말라리아 예방약을 결정하면 된다. 심한 부작용이 있을 수 있지만 예방 효과를 위해서는 감수해야 한다.

현지인을 기준으로 의학적인 판단을 내려서는 안 된다. 현지인은 다른 면역 체계를 지니고 있기 때문에 여행자와 동일한 예방 방법을 취하지 않아도 된다.

1 ››› 극히 드물지만 난형열 원충이나 삼일열 원충은 4년까지 휴면기를 보이기도 한다.

일반 건강

여행 중에는 청결이 더없이 중요하다.
매일 아침 미지근한 물로 몸을 씻고 거친 수건으로 닦아 말리면 건강을 유지하는 데 큰 도움이 된다.

– 의사 윌리엄 키치너, 《여행자를 위한 오라클》(1827)

전염병 예방도 중요하지만 개인위생을 청결하게 유지하고 상처가 났을 경우 적절히 치료하는 것도 매우 중요한 문제이다. 여행 중에는 기후가 계속 바뀌고 식습관이나 수면 습관이 불규칙해지며 계속 여독이 쌓이기 때문에 면역 체계가 약화되기 쉽다. 다음은 여행 중에 건강을 지키기 위한 몇 가지 조언이다.

식수

식수의 정수 상태는 나라마다 차이가 크다. 대부분의 여행자는 판매되는 병에 든 생수만 마시고 정화 장치를 들고 다니는 경우도 있으며 여행 기간이 길거나 거주하는 경우에는 현지 식수에 적응하는 편을 택하기도 한다. 어떤 선택을 하든지 발생 가능한 결과를 잘 따져보아야 한다. 현지 식수를 사용하지 않기로 판단했다면 양치할 때 병에 든 생수를 사용하고 확인되지 않은 얼음 섭취를 피하며 오염된 물로 세척했을지 모를 식품이나 음료 용기는 다시 세척해야 한다.

비상약

세계화가 이 정도로 진행되었음에도 불구하고 의학 분야는 여전히 격차가 큰 편이다. 전문용어나 제품명은 번역이 쉽지 않고 나라마다 의학 기술과 치료 수준이 크게 다르며 여행자에게 익숙하지 않은 전통 치료법이 일반적인 문화권도 있다. 따라서 비교적 먼 곳으로 여행을 떠날 때는 필요할 것 같은 약과 의료 도구를 챙겨가는 것이 좋다. 다음 목록이 포함된 작은 비상약 상자라면 충분하다.

항생제	다양한 크기의 반창고	진통제	체온계
항히스타민제	지사제	히드로코르티손 크림	핀셋
안약	진해정	가위	탈수 치료 제품

처방약을 들고 여행할 때에는 입국 시 문제되지 않도록 필요 서류를 모두 소지하고 있어야 한다.

여행자 보험

여행자 보험으로 잠재적인 의료비 상쇄가 가능하기 때문에 많은 여행자들이 보험에 가입한다. 보험을 고려할 때는 약관을 꼼꼼히 읽어보아야 하며 위험도가 높은 특정 활동이나 지역은 보장 범위에서 제외되니 유의해야 한다.

상처는 바로 치료하자

여행자에게 상처 감염은 다른 일반적인 질환에 비해 큰 문제가 되기 쉽고 발에 난 상처라면 더욱 그렇다. 면역 체계가 약화된 상태라는 점을 유의하고, 상처를 붕대나 반창고로 적절히 감싸지 않고 계속 압박을 주며 걸어서는 안 된다.

안전운행

오토바이나 스쿠터, 모터바이크 사고 부상은 여행자에게 아주 흔하게 발생한다. 교육을 얼마나 받았든지 도로에 나가기 전에 완전히 익숙해지도록 충분히 연습하고 현지의 법 규정과 실제 교통질서는 나라마다 많이 다를 수 있음을 인지해야 한다. 언제나 헬멧을 쓰고 익숙해지기 전까지 다른 사람을 태우거나 밤에 운전하는 일을 삼가며 절대로 음주운전을 해서는 안 된다.

이 시대의 표지판

...우리에게 Fucking은 Fucking이고 앞으로도 Fucking일 것이다.

오스트리아의 지방자치 단체장 지크프리트 호플은 푸킹 Fucking 마을 주민들과의 투표 끝에 800년 동안 이어져온 마을 이름을 바꾸지 않기로 결정했다.

이는 여행자들이 반복적으로 마을 표지판을 훔쳐가 발생한 금전적 손실 때문에 실시된 투표였다. 표지판은 훔쳐갈 수 없게 다시 제작하였고 표지판 앞에서 섹스를 하는 여행자들을 막기 위해 폐쇄회로 카메라도 설치하였다. [현지 발음으로는 문제없는 이름이지만 영어 발음으로는 성관계를 의미해 논란이 되었다. – 옮긴이]

다들 어디에 살고 있나

세계 인구 수

74억 명

세계 인구 밀도[1]

km^2당 50명 / mi^2당 129명

인구 밀도 순위

국가	km^2당 인구수	mi^2당 인구수
모나코	19,010	49,236
싱가포르	7,797	20,194
바레인	1,945	5,038
~		
오스트레일리아	302	8.0
나미비아	2.9	7.6
몽골	1.9	4.9

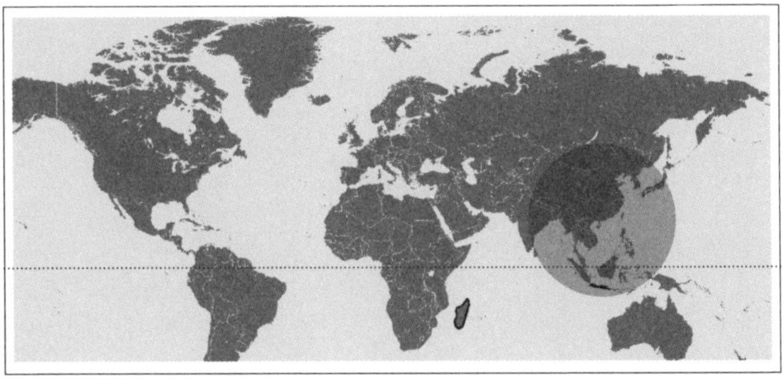

기호

세계 인구의 반 이상이 원으로 표시된 지역에 살고 있다.

세계 인구의 89%가 북반구에 살고 있다.

남반구에 사는 사람 5명 중 1명은 인도네시아 자바 섬에 살고 있다.

인구 밀도가 가장 높은 도시는 km^2당 44,100명(mi^2당 114,300명)이 살고 있는 방글라데시의 다카이다. 현재 전 세계 인구의 3배가 마다가스카르 섬 안에 있는 밀도라고 볼 수 있다.

1 ››› 인구 밀도는 육지를 기준으로 계산하였다.

너무 비싼 입장료

초창기 동물원 중에서는 몸집이 큰 육식동물의 먹이로 줄 살아있는 짐승을 가져오면 입장료를 받지 않는 곳도 있었다. 1700년대 런던타워 안에 만들어진 왕실 동물원의 입장료는 1펜스 반 또는 사자의 먹이가 될 강아지나 고양이 한 마리였다.

입이 매울 땐

너무 매운 요리를 먹은 후 혀를 달래고 싶다면 물을 마시는 것보다 다음의 음식들을 먹는 것이 낫다.

우유 등 유제품 · 빵, 밥 등 탄수화물 · 설탕 · 소금 · 초콜릿 · 꿀

음속장벽을 넘기 위해

속도 향상의 한계는 물리학 법칙이 아니라 법에 있다.

– 에드워드 버넷

방위산업 기업 록히드마틴 선행개발팀 스컹크 웍스의 엔지니어들은 비행기 디자인을 두고 어려운 도전 중이다. 소닉 붐 발생을 이유로 미국과 유럽 일부 지역에서 육상 초음속 비행이 금지되면서 엔지니어들은 이 엄청난 소음 없이 초음속 비행[1]을 할 수 있는 비행기를 만들기 위해 시도하고 있다.

1 ››› 음속을 초과하는 속도는 보통 마하 1로 표현된다. 음속은 기온 등 여러 요인에 따라 달라지지만 보통 20℃에서 1,235km/h이다.

천천히 달리세요

역사가들은 1896년 1월 2일 영국 켄트의 작은 마을 이스트 페컴에 살던 월터 아널드의 속도위반이 세계 최초의 속도위반이었다고 말한다. 월터 아널드는 시속 3km로 달려야 하는 도로에서 시속 13km로 달렸고 당시 법에 따르면 보행자는 운전자가 멈추도록 커다란 붉은 깃발을 들고 길을 건너야했지만 그의 차 앞으로는 누구도 지나가지 못했다. 자전거를 탄 경찰이 그를 쫓아가 멈춰 세웠고 1실링의 벌금을 부과했다.

햇빛화상 주의

자외선 차단의 시작

1938년 화학과 학생이었던 프란츠 그라이터는 등산 중에 심한 햇빛화상을 입고 해결책을 찾아야겠다고 생각했다. 10년 후 그는 '빙하 크림'이라는 제품을 개발했고 제품 구상의 계기가 된 산의 이름을 따 피즈뷰라는 회사를 세워 제품을 판매하기 시작했다. 이 빙하 크림이 최초의 효과적인 자외선 차단제로 기록되고 있다.

자외선이란

신체에 유해한 태양 광선에는 두 종류가 있다.[1] 자외선 A나 자외선 B에 과하게 노출되면 피부암이 발생할 수 있다.

	자외선 A (UVA)	자외선 B (UVB)
전체 자외선 광선 중 지구에 도달하는 비율	95%	5%
일반적인 명칭	'노화 광선'	'화상 광선'
영향	반점, 주름살	태닝, 화상
계절성	연중 비슷함	여름에 더 강렬함
유리	통과 가능	통과 불가능

문제적 공식

프란츠 그라이터는 최초의 자외선 차단제뿐 아니라 차단제 효능을 판단하는 기준으로 현재까지 가장 널리 쓰이는 자외선 차단 지수SPF 평가 시스템을 개발하였다. 당시에는 매우 혁신적이었지만 오늘날에는 이 지수의 의미를 잘못 알고 있는 대중들이 많아 자외선 차단 효능을 설명하기에 큰 결함이 있는 측정법이라는 견해가 많다. 다음 공식에서는 1cm²당 차단제 2mg를 고르게 발랐다고 가정한다.

1/SPF = 피부에 침투하는 자외선 B 비율

이 공식에 따르면 SPF가 10인 차단제를 바를 경우 자외선 B 중 90%가 차단된다. 문제는 피부에 침투하는 자외선 B 비율만을 보여준다는 점이다. 마찬가지로 유해한 자외선 A는 포함되어 있지 않다. 또한 SPF로 차단제 효능 지속 시간까지 판단해서는 안 된다. 자외선 차단 효과가 지속되는 시간에는 개인차가 있으며 땀 등 수분에 노출되는 정도에 큰 영향을 받는다.

높다고 다 좋은 걸까

SPF에 대한 오해에도 불구하고 소비자들이 이 지수를 중요시하기 때문에 제조사들은 앞 다투어 자외선 차단제의 SPF를 증가시키고 있다. 소비자가 SPF가 높은 차단제를 사용하므로 자외선 차단이 잘 되고 있다거나 장시간 차단된다고 믿는 상황은 문제가 많다. 사실은 그렇지 않기 때문이다.

자외선 A 차단이 포함되지 않은 것은 당연하고 SPF가 높아진다고 해도 자외선 B의 차단 비율 차이는 아주 미미하다. 대부분의 소비자는 SPF60 차단제의 효과가 SPF30 차단제의 2배일 것이라 생각하지만 위 공식을 참고하면 두 제품의 효능에는 별 차이가 없음을 알 수 있다.

SPF30 제품 = 자외선 B 96.6% 차단
SPF60 제품 = 자외선 B 98.3% 차단

이처럼 SPF에 대한 오해 때문에 발생하는 문제들을 완화하기 위해 미국 식약청에서는 SPF50 이상인 차단제 광고에 오해의 소지가 있다는 입장을 표명했으며 많은 국가에서 SPF가 50 이상인 경우 제품 라벨에 차단 지수를 쓰지 못하게 하고 있다.

상황 따라 달라요

여행자는 자외선 차단을 고려할 때 여러 상황에 따라 자외선 노출 정도가 크게 달라질 수 있다는 점을 유의해야 한다.

자외선의 영향[2]

요인	
위치	적도에 가까울수록 자외선에 많이 노출된다.
시간	오전 10시에서 오후 2시 사이에 노출되는 자외선 양이 하루 전체 노출량의 60%이다.
고도	고도가 1,000m 높아지면 자외선 노출 정도가 10% 강해진다.
오존	오존층이 계속해서 파괴되면서 오스트레일리아 등 특정 지역에서는 자외선 노출 정도가 훨씬 심하다.

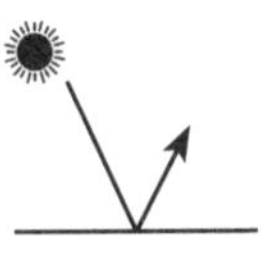

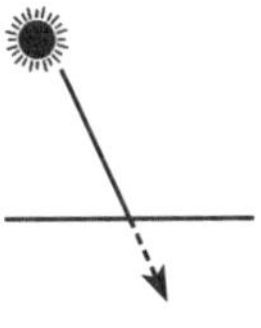

자외선 반사[2]		자외선 투과[2]	
토양	>10%	마른 흰 면 티셔츠	20%
물	10-25%	젖은 흰 면 티셔츠	25-30%
모래	15-25%	짙은 구름	30%
바다의 물거품	25%	1.5m 수심의 물	40%
눈	50-80%	그늘	1-50%

차단하기

나에게 맞는 자외선 차단

자외선 차단과 관련해 고려해야 하는 것은 피부의 흰 정도만이 아니다. 많은 여행자가 말라리아 예방을 위해 복용하는 약처럼 태양 광선에 대한 민감도를 증가시키는 약물도 있고, 격렬한 운동은 자외선 차단제의 효과를 떨어뜨리기도 한다.

나이에 따라서도 다른데 어린아이들은 자외선 노출에 특히 취약하다. 또한 태닝을 했다고 해서 더는 태양 광선에 의한 피부 손상이 없다고 생각해서는 안 된다.

옷으로 차단하기

눈은 특히 자외선 손상에 취약하므로 자외선에 장시간 노출될 때에는 꼭 선글라스를 착용해야 한다. 또한 자외선 차단 정도는 옷마다 다르다. 무더운 기후에서는 착용이 쉽지 않겠지만 색상이 짙고 옷감이 두꺼울수록 잘 차단된다.

소비자가 옷에 의한 자외선 차단 효과를 판별할 수 있도록 옷의 자외선 차단 정도를 표시하는 지수UPF 도 있다. UPF는 SPF와 유사하지만 자외선 A도 포함한다는 점에서 차이가 있다. 다음 공식으로 계산된다.

1/UPF = 피부에 침투하는 자외선 비율

공식에 따르면 UPF40의 옷은 97.5%의 자외선을 차단한다. 높은 UPF로 자외선 차단을 위해 특수 제작된 옷도 어렵지 않게 구매가 가능하다.

자외선 지수를 참고하여

자외선 지수UVI 는 자외선의 강도와 인체에 미치는 영향을 판별하기 위한 국제 공인 지수이다. 위험 정도는 자외선이 일반 성인에게 미치는 손상을 기준으로 하며 경고하기 위해 각기 다른 색상으로 표시된다. 자외선 지수를 참고해 자외선 차단 정도를 결정하도록 하자.

자외선 지수											
자외선 지수	1	2	3	4	5	6	7	8	9	10	11
위험 정도	낮음		보통			높음		매우 높음			위험
표시 색상	초록		노랑			주황		빨강			보라
권장 사항	차단 불필요*		차단 필수**					완전 차단 필요***			

* 햇빛이 강한 날에는 선글라스를 착용할 것.

** 피부를 가리는 옷차림으로 나갈 것. 선크림을 바르고, 햇빛이 가장 강한 시간에는 그늘이나 실내에 머물 것.

*** 가능한 한 모든 방법을 동원하여 (햇빛이 가장 강한 시간에는 더욱) 자외선에 노출되지 않도록 각별히 주의할 것.

적합한 제품을 선택해서

피부가 전문의들은 다음과 같은 자외선 차단제를 선택하라고 권장한다.

> 광범위한 효과: 자외선 B뿐 아니라 자외선 A도 차단하는 제품이 좋다.

> 내수성:[3] 물에 들어가도 차단 효과가 지속되도록 특수하게 만들어진 제품이지만 마찬가지로 자주 발라주어야 한다.

> SPF30: 최적의 SPF는 개인 피부 상태나 다른 여러 요인에 따라 다르지만 대개 SPF30이다. SPF가 더 높아져도 차단 효과에는 별 차이가 없음을 기억하자.

> 단독 사용: 자외선 차단제는 방충제보다 더 자주 발라야 하므로 두 제품을 함께 사용하는 것은 권장하지 않는다.[4]

항상

날이 밝은 정도와 자외선의 강도를 동일시해서는 안 된다. 자외선에 장시간 노출된다면 하루 중 어느 때건 항상 자외선 차단제를 발라야 한다.

미리

자외선 차단제는 밖에 나가기 20분 전에 발라야 한다.

충분히

연구 결과에 따르면 보통 사람들이 바르는 자외선 차단제 양은 실제 차단에 필요한 양의 25%에서 50%밖에 되지 않는다. 보통 성인에게 권장되는 차단제 양은 25.6ml로 손으로 쥔다고 했을 때 반 움큼 또는 골프공 크기나 작은 술잔에 채울 정도이다.

모든 부위에

귀, 입술, 목덜미, 손등, 발등은 많이들 잊고 지나치지만 차단제를 발라야 하는 부위이다.

자주 바르세요

2시간마다 다시 바르고 수영을 하거나 땀을 많이 흘린 후에도 다시 발라야 한다.

1 ››› 세 번째 종류인 UVC는 오존층에 완전히 흡수된다.
2 ››› 각 상황에서 발생할 수 있는 영향의 최대치를 기준으로 한다.
3 ››› 많은 나라에서 부정확하며 오해의 소지가 있다는 이유로 자외선 차단제 라벨에 방수를 의미하는 '워터프루프' 또는 '스웻프루프'라는 용어를 사용하지 못하게 하고 있다.
4 ››› 방충제에 대한 정보는 62쪽 참조.

문화충격

다음은 여행과 관련된 흥미로운 심리 증상들이다.

파리 증후군

세계에서 가장 로맨틱한 도시로 손꼽히는 파리이지만 매년 유럽을 방문하는 여행자 중 일부는 파리 증후군을 겪는다. 아주 큰 문화충격인 파리 증후군에는 다양한 심리 증상이 포함되는데 불안에서 그치지 않고 환각, 우울, 어지럼증까지 나타나기도 한다. 이러한 증상은 기대했던 이상적인 모습에 미치지 못하는 여행지에 느끼는 실망감이 여행 중에 흔히 겪는 시차증, 피로, 언어 장벽 등의 어려움과 어우러져 발생한다. 일본인 여행자가 파리 증후군을 가장 많이 호소하는데 이들을 위해 파리의 일본 대사관에서는 24시간 핫라인을 운영하고 있다.

예루살렘 증후군

예루살렘 증후군은 엄청난 종교적 열기에 압도되어 정신적으로 불안해지는 증상을 말한다. 그리스도교도와 이슬람교도, 유대교도에게 숭배의 땅인 예루살렘을 방문한다는 것은 더 말할 것도 없이 종교적 열정이 넘쳐흐르는 일이기 때문에 매년 백여 명의 여행자가 예루살렘 증후군을 겪는다. 단기적인 정신증, 불안, 종교 심상에 대한 집착, 종교 지향적인 자기중심주의 등이 나타난다.

잔인한 세계 증후군

조지 거브너 박사가 제시한 잔인한 세계 증후군은 미디어, 특히 텔레비전이 세상을 실제보다 더 위협적인 곳이라고 믿게 만든다는 개념이다. 미디어 소비의 정도와 외부 세상에 대해 느끼는 공포감 사이의 직접적인 연관성을 증명한 연구자들은 미디어에서 다루는 위협과 폭력성이 자신의 민족이나 사회경제적 집단 밖의 사람과 공간에 대한 인식에 부정적 영향을 미친다고 설명한다. 이들의 주장은 폭력적인 미디어에 노출되어 비이성적인 공포감이 증가된다는 것이지 미디어 폭력성이 실제 폭력 행위 발생 빈도를 증가시킨다는 것이 아님에 유의해야 한다.

확실성

나는 아직도 측정과 기록의 시간 개념을
그 해변에 두고 왔다는 사실에 익숙해지지 못했다.

– 그레이엄 그린, 《지도 없이 여행하기》(1936)

여행자는 자기 나라에서 경험하는 만큼의 확실성을 기대할 수 없는 곳이 많다는 사실을 알아야 한다. 선진국에서는 일상생활의 사소한 부분까지 확실성이 보장된다. 제품의 가격이 확정적이고 제품 포장에 명시되며 모두에게 동일하게 적용된다. 가게의 운영 시간은 입구에 적혀있고 그 시간에 맞춰 문을 열고 닫는다. 공공시설을 믿고 이용할 수 있고 기차는 제 시간에 운행하며 잔액도 정확하게 거슬러 준다. 다시 말해 생활 전반에 확실성이 요구되는 문화이다. 하지만 무의식적으로 이런 문화적 태도를 갖고 여행을 하게 되면 아주 곤란한 상황을 겪게 될 수 있다.

AHORITA

아오리따

– '지금 당장'부터 '며칠 후'까지 해당되는 스페인어 단어

많은 여행자가 제 시간에 맞춰 문제없이 운행되어 신뢰할 수 있는 교통수단 시스템이 갖춰진 도시 출신일 것이다. 그렇기 때문에 먼 나라에서 처음으로 버스표를 구매한 여행자는 당연히 표에 적힌 시간을 신뢰한다.

여행자들은 출발 전까지 남은 시간을 계산해 버스를 놓치지 않도록 미리 도착해 기다린다. 자신이 사는 도시에서 하던 대로 행동하는 것이다. 이처럼 상세하고 계획적인 태도가 이해는 되지만 그리 권장할 만한 태도는 아니다.

많은 나라에서 출발 시간은 아주 대략적인 지침 정도이며 여행자를 위한 유화책이라는 사실을 인지해야 한다.[1] 예를 들어 오후 4시는 정확한 시간을 의미하는 것이 아니라 늦은 오후 중 언젠가를 의미한다. 2시간으로 예정된 운행이 5시간이나 걸렸다고 해도 환불을 요청할 만큼 엄청난 실수가 아니라 어쩌다 보면 생길 수 있는 별것 아닌 일이다. 개발도상국을 장기간 여행한다면 이처럼 불확실한 시간 개념에 빨리 익숙해지는 편이 훨씬 효율적이며 정신 건강에도 좋다.

POLE-POLE

폴-폴

– 많이 쓰이는 스와힐리어로 '천천히 해' 또는 '쉬엄쉬엄 해' 정도의 의미

식당에 가서 메뉴를 결정할 때 우리는 보통 그러하듯 메뉴판에 있는 요리가 모두 주문 가능하다고 생각하기 마련이다. 하지만 여행자는 생각보다 많은 나라에서 메뉴판은 단순히 그 식당에서 잘하는 요리를

다 늘어놓은 광고판일 뿐 현재 어떤 요리가 주문 가능한지 보여주는 목록이 아니라는 사실을 알고 있어야 한다. 메뉴판의 요리 대부분이 주문 불가능한 날이 결코 드물지 않다는 것이다.

나라마다 일에 대한 인식에 근본적인 차이가 있다는 사실을 받아들여야 한다. 많은 문화권에서는 이처럼 세부적 확실성을 추구하는 태도를 선호하지 않으며 선진국에서처럼 확실성에 높은 가치를 부여하지도 않는다.

JUST NOW

저스트 나우

– 남아프리카공화국에서 사용하는 관용어로 미래의 불확실한 시간을 의미

이처럼 속도를 늦춘 여유로운 삶의 방식을 보여주는 어구는 세계 여러 문화권에서 찾아볼 수 있다.[2] 정확한 의미와 문맥은 모두 다르지만 불필요한 정확성 때문에 스트레스 받을 필요가 전혀 없다는 의식을 공유하고 있다.

현지 사람들은 이러한 말을 양해를 바라며 어물거리지 않고 마치 국가적 모토라도 되는 것처럼 당당하게 말한다. 게으른 것이 아니라 별것 아닌 일에 애쓰지 않기로 한 것뿐이다. 사소한 것에 신경 쓰지 않는 문화는 어찌되든 결국은 다 해결되기 마련이라는 낙관적인 천성으로 이어진다. 이들의 눈에는 선진국에서 온 사람이 계속해서 여기저기 바삐 움직이고 세세한 모든 일을 걱정하며 이상하게 사는 사람으로 보일 것이다.

이처럼 확실성이 결여된 색다른 상황에 적응하며 여행을 하다 보면 생활 방식에 대한 인식에 변화가 일어난다. 현지의 마음 편한 태도에 적응할지 말지는 본인의 선택이다. 하지만 세상 밖에는 이처럼 낙관적인 삶의 태도가 있고 적응을 거부해봤자 고통 받는 건 자신일 뿐이다.

1 ››› 2003년 너무 일상화된 지체 때문에 수십억의 경제 손실이 발생한다는 연구 결과가 발표된 후 에콰도르는 정시 출발을 지키자는 국가 캠페인을 시작했다. 하지만 정부 대변인이 늦는 바람에 캠페인 시작 방송부터 지체되는 일이 있었다.

2 ››› 태국어 마이펜라이(mai pen rai)에 대한 정보는 194쪽 참조.

자동조종장치의 혁신

영국 항공 조종사 연합에서 현재 운영 중인 항공사의 조종사 500명을 대상으로 조사한 결과 절반 이상이 비행 중에 졸아본 경험이 있다고 대답했다. 심지어 그중 25%는 졸다가 깨보니 동료 조종사도 졸고 있었다고 답했다. 하지만 걱정할 필요는 없다. 기술의 발전으로 항공기 안전성이 혁신적으로 향상되어 영국 항공기를 타고 가다 추락 사고로 사망할 확률은 2억 8,700만분의 1 수준이다.

건배

다른 나라 사람들은 어떻게 건배를 하는지 54개 언어로 알아보자.

그리스어	야마스 (YA-mas)	베트남어	모트히바, 요 (mote hi bah, yo)
그린란드어	가스우다 (gas-UD-da)	벵골어	조이 (joy)
네덜란드어	프로스트 (prohst)	보스니아어	지벨리 (ZHEE-ve-lee)
네팔어	섭하카마나 (sub-HA-ka-mana)	불가리아어	나스드라베 (naz-DRA-vey)
노르웨이어	스꼴 (skoll)	사모아어	마누이아 (mah-NU-ia)
덴마크어	스꼴 (skoll)	세르비아어	지벨리 (ZHEE-ve-lee)
독일어	프로스트 (prohst)	스와힐리어	아프야 (AF-ya)
라트비아어	프리에까 (PREE-eh-ka)	스웨덴어	스꼴 (skoll)
러시아어	나즈다로비에 (naz-da-ROVH-yeh)	스페어어	살룻 (sah-LUD)
루마니아어	노로크 (no-ROCK)	슬로베니아어	나쓰라비 (naz-DRA-vey)
리투아니아어	이스베이까따 (EE-sweh-kata)	아이리쉬 게일어	슬론챠 (SLAWN-che)
마케도니아어	나쓰라비 (naz-DRA-vey)	아이슬란드어	스꼴 (skoll)
몰타어	사흐하 (SAHh-ha)	아제르바이잔어	누쉬올순 (NUSH ohl-sun)
몽골어	에룰멘딘톨루 (Er-UHL men-diin toloo)	아프리칸스어	게성데잇 (ge-SUND-hate)
미얀마어	아웅민파세 (au-ng my-in par say)	알바니아어	게주아 (geh-ZOO-ah)
바스크어	토파 (TO-pa)	에스토니아어	떼르비섹스 (TER-vih-sex)

우즈베키스탄어	올딕 (OL-dick)	타갈로그어	마부하이 (mah-BOO-hai)
우크라이나어	부디모 (BOOD-mo)	태국어	촉디 (CHOK dee)
웨일스어	예치다 (YEH-chid-dah)	터키어	세레페 (sher-i-FEH)
이탈리아어	살루떼 (sa-LOO-tay)	페르시아어	베살로마티 (beh sala-ma-TI)
일본어	간빠이 (kahn-PIE)	포르투갈어	사우드 (sa-OO-d)
줄루어	우기와와 (OO-gy WA-wa)	폴란드어	나쓰로비에 (naz-DROH-vee-ay)
중국어	칸페이 (gan BAY)	프랑스어	아보트흐쌍떼 (ah VO-tre sahn-TAY)
체코어	나쓰라비 (naz-DRA-vey)	핀란드어	끼뻐스 (kee-PIS)
카탈루냐어	살루트 (sah-LUT)	한국어	건배 (gun-BEH)
크로아티아어	지벨리 (ZHEE-ve-lee)	헝가리어	에게쉬게드레 (EGG-esh ay-ged-reh)
크메르어	출모이 (CHUL moi)	히브리어	레하임 (l'HI-yem)

출발

어머니는 일찍 일어나 푸짐한 아침 식사를 차려주었고 내가 먹는 동안 아무 말 없이 내 의자에 손을 올리고 서있다 얼마 안 되는 짐을 꾸리는 나를 도와주었다. 요란스럽지 않게, 떠나지 말라는 한 마디 없이 그저 나를 오랫동안 꼼꼼히 바라보았다. 나는 등에 배낭을 짊어지고 아침 햇빛을 받으며 집을 떠나 젖어있는 높은 풀숲을 해치며 길로 나아갔다.
1934년이었다. 나는 아직 여린 구석이 있는 열아홉이었지만 좋은 일이 있으리라 확신했다. 작은 휴대용 텐트와 담요로 둘러싼 바이올린, 갈아입을 옷, 약간의 치즈와 비스킷 한 통을 지고 있었다. 얼마나 멀리 가게 될지 그땐 알지 못했지만 멀리 간다는 사실 자체에 자신감과 기대가 가득했다. 그날 아침 집을 나와 아직 잠들어있는 마을을 뒤로 하고 걸었다. 나보다 먼저 길을 떠난 사람이 있으리란 생각은 전혀 하지 않았다.

– 로리 리, 영국 시인, 소설가, 극작가
《한여름의 아침에 길을 떠나며》(1969)

기억의 오류

모든 위대한 여행자가 그러했듯 기억하는 것보다 많은 것을 보았고 본 것보다 많은 것을 기억했다.

– 벤저민 디즈레일리, 영국 작가이자 정치가

이웃 나라

솅겐 조약은 조약국 간 국경을 철폐해 자유로운 국제 교류가 가능하도록 체결되었다. 즉 조약국 내에서 여행하는 경우 국경을 넘을 때마다 반복적으로 신분을 인증할 필요 없이 자유롭게 여행을 할 수 있다. 각 조약국은 일반적인 비자 정책을 따르고 있으며 솅겐 조약국과 EU 회원국이 거의 일치하지만 솅겐 조약국이 아닌 EU 회원국도 있고 EU 회원국이 아닌 솅겐 조약국도 있다. 솅겐 조약으로 유럽 여행이 매우 간단해지긴 했지만 이 국가들은 여전히 각각 독립된 주권 국가들이다. 보안상 우려나 지정학적 문제가 있을 경우 국경 검문을 강화할 수 있으며 실제로 그런 경우가 많다. 솅겐 조약 덕분에 많은 여행자가 시간과 돈을 절약할 수 있게 되었지만 여권을 보여줘야 할 일이 전혀 없는 것은 아니다. 또한 솅겐 조약은 멀리 떨어진 영토나 속령에 적용되지 않으며 유럽 대륙에만 한정된다.

솅겐 조약국

그리스 · 네덜란드 · 노르웨이[1] · 덴마크 · 독일 · 라트비아 · 룩셈부르크
리투아니아 · 리히텐슈타인[1] · 몰타 · 벨기에 · 스웨덴 · 스위스 · 스페인
슬로바키아 · 슬로베니아 · 아이슬란드[1] · 에스토니아 · 오스트리아
이탈리아 · 체코 · 포르투갈 · 폴란드 · 프랑스 · 핀란드 · 헝가리

공식적이지는 않지만 실질적인 조약국[2]

모나코 · 바티칸 · 산마리노

솅겐 조약국이 아닌 EU 회원국

체결하지 않기로 함: 아일랜드 · 영국
곧 체결할 예정: 루마니아 · 불가리아 · 크로아티아 · 키프로스

1 ››› EU 회원국이 아닌 국가.
2 ››› 이 작은 국가들은 공식 조약국은 아니지만 동일하게 국경을 개방하고 있다.

비슬라마어

바누아투는 12,190km²(4,707mi²)의 면적에 인구는 272,000명밖에 안 되지만 최소 112개의 원주민 언어가 활발히 사용되고 있는 세계에서

언어 밀도가 가장 높은 국가이다. 그중 가장 많이 쓰이는 언어는 영어, 프랑스어와 현지 방언이 섞여 만들어진 크리올 언어[1]인 비슬라마어로 언어가 몹시 다양한 바누아투 내에서 소통을 위해 사용되고 있다.

공항	epot	에폿
침대	nogud	노구드
해변	sanbij	산빚
헬리콥터	mixmaster blong Jesus Christ	믹스마스터 빌롱 지저스 크라이스트
찰스왕자	nambawan pikinini blong Missus Kwin	남바완 파이키니 비롱 미서스 쿠인
냉장고	aisbokis	에이스보키스
바다	solwota	솔와타
거미줄	bed blong spaeda	베드 블롱 스페다
무의식	haf ded	하프 데드

1 ››› 서로 다른 언어를 사용하는 사람들 사이의 소통을 위해 사용되는 단순화된 언어로 해당 언어가 모국어인 사람이 없는 언어를 피진어라 부른다. 크리올 언어는 피진어에서 시작되었지만 안정되어 언어로서 완벽하게 기능하는 어휘와 문법 체계를 갖추고 모국어로 교육되는 언어이다.

웃음의 의미

이유 없이 웃는 건 바보나 하는 짓이다.

– 러시아 속담

대부분의 서양 국가에서는 낯선 이에게 보이는 미소를 우호적인 태도로 받아들이지만 이상하거나 무례한 태도로 여기는 문화권도 있다. 러시아나 중국, 일본을 비롯한 나라에서는 공공장소에서 감정을 잘 드러내지 않으며 미소는 개인적으로 잘 아는 사람에게만 보이는 꽤 친근한 태도라고 생각한다. 모르는 사람에게 짓는 미소를 가식적이거나 상대방을 놀리려고 하는 태도라고 받아들일 수도 있다. 표현 방식을 받아들이는 인식의 차이일 뿐이니 상대방이 미소에 화답하지 않았다고 해서 기분 나빠할 필요는 없다.

뱃멀미

처음에는 고통이 너무 심해 죽을까봐 두렵다가
나중에는 고통이 너무 심해 죽지 못할까봐 두려워진다.

– 마크 트웨인, 미국 작가

불일치

뱃멀미, 차멀미, 비행기멀미 등 멀미는 동시에 뇌로 전송되는 신호들이 일치하지 않아 발생한다. 몸은 가만히 있는데 눈은 움직임을 인식하는 모순적인 상황을 뇌에서는 유독 물질 섭취로 인한 환각 증상이라고 판단한다. 따라서 뇌는 이 유독 물질을 배출하기 위해 구토를 유발하는 것이다.

치료

멀미는 아주 오래 전부터[1] 흔히 접해온 질병이기 때문에 잘못된 민간요법[2]부터 최첨단 의학 장비[3]까지 수많은 종류의 치료 방법이 있다. 다음은 널리 활용되는 효과적인 치료 방법들이다.

의약품을 이용하지 않는 방법

- 창문이 있는 정방향 좌석에 앉는다. 직접 운전하면 최선이지만 자동차나 기차에 탑승할 경우에는 최대한 앞쪽, 비행기에서는 날개 쪽, 배는 잘 잘 수 있는 낮은 층 중앙 선실이나 신선한 공기를 마실 수 있

는 갑판 위가 좋다.

> 흡연, 음주, 기름진 고지방 음식 섭취를 삼간다.
> 멀리 있는 지평선이나 수평선 또는 고정된 지점을 집중해 바라본다.
> 껌을 씹는다. 페퍼민트 껌이 좋다.
> 물을 많이 마시고 휴식을 취한다.
> 엄지손가락으로 손목에서 5cm 내려온 지점의 팔뚝 안쪽을 누른다. 증상이 가라앉을 때까지 유지한다.
> 최대한 머리를 움직이지 않는다. 눈을 감고 잠들도록 노력한다.

의약품을 이용하는 방법[4]

> 생강 뿌리 보충제
> 메클리진(보닌), 디펜히드라민(베나드릴), 디멘히드리네이트(드라마민), 신나리진(스투게론)[5] 등 처방전 없이 살 수 있는 항히스타민제
> 처방전이 필요한 스코폴라민(트랜스덤 스콥 패치)

1 ››› 메스꺼움을 의미하는 영어 단어 nausea는 배를 의미하는 고대 그리스어 naus에서 유래되었다.
2 ››› 1838년 출간된 한 의학 저널에는 다량의 암모니아를 아편과 함께 복용하라고 되어 있다.
3 ››› NASA에서는 우주 비행 중 비행사의 멀미를 완화하기 위해 제작된 LCD 섬광등 안경을 테스트 중이다.
4 ››› 반드시 전문의와 상담 후 사용해야 한다. 대부분 심한 부작용이 있을 수 있는 의약품이다.
5 ››› 미국과 캐나다에서는 구입이 불가능하다.

고대와 현대의 7대 바다

현대 7대 바다[1]	고대 7대 바다[2]
북극해	아드리아 해
남극해	에게 해
북대서양	흑해
남대서양	카스피 해
인도양	지중해
북태평양	페르시아 만
남태평양	홍해

1 ››› 여기서는 간단히 바다라고 설명했지만 정확하게는 대양이며 보는 관점에 따라 연결되어 있는 하나의 대양을 나누어놓은 여러 구역이라고 말할 수 있다.
2 ››› 다른 자료에서는 인도양과 아라비아 해를 포함하기도 한다.

7대 최고봉

대륙	최고봉	고도
아프리카	킬리만자로	5,895m (19,341ft)
남극대륙	빈슨	4,892m (16,050ft)
아시아	에베레스트	8,848m (29,029ft)
오세아니아	푼착자야[1]	4,884m (16,024ft)
유럽	엘브루스	5,642m (18,510ft)
남아메리카	디날리	6,194m (20,322ft)
북아메리카	아콩카과	6,961m (22,838ft)

1 ››› 칼스텐츠 피라미드로도 불리는 이 산은 오세아니아 본토가 아니라 뉴기니 섬의 인도네시아 영토에 있다.

멀리멀리

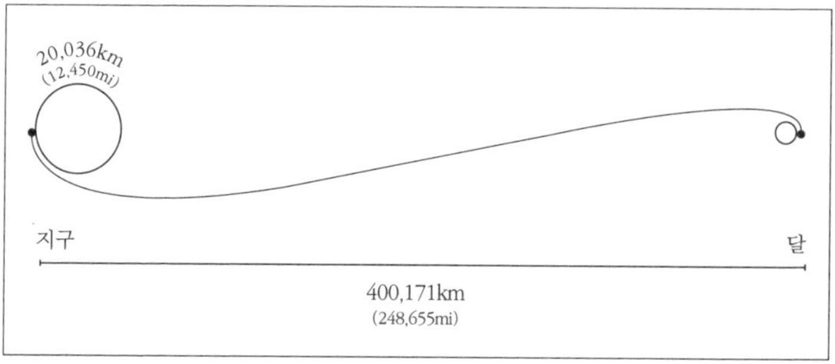

지구상에서 한 사람이 자신의 출생지로부터 가장 멀리 갈 수 있는 거리는 20,036km(12,450mi)이다.[1] 하지만 우주까지 범위를 확대하면 한계가 없다. 1970년 4월 14일 동부표준시 오전 7시 21분 아폴로 13호의 우주 비행사들은 지구로 돌아가기 위해 달의 중력을 이용하며 달의 뒤편을 선회하고 있었다. 그때 짐 로웰, 잭 스위거트, 프레드 레이즈는 그들의 고향에서 400,171km 떨어진 곳에 있었고 인류 역사상 가장 멀리 간 것이었다.

1 ››› 지구 표면적을 기준으로 계산한 것이다. 대척점 사이의 직선 거리는 최대 12,756km이다.

어쨌든 가야 해요

"기사님, 도착하기 전까지 멈추지 말고 가주세요."
"어디로 가는 거죠?"
"몰라요, 어쨌든 가야 해요."

– 잭 케루악, 미국 작가, 《길 위에서》(1957)

운전석 위치가 달라요

운전석이 오른쪽인 나라

가이아나 · 그레나다 · 나미비아 · 나우루 · 남아프리카공화국 · 네팔 뉴질랜드 · 도미니카 · 동티모르 · 레소토 · 말라위 · 말레이시아 · 모리셔스 모잠비크 · 몰디브 · 몰타 · 바베이도스 · 바하마 · 방글라데시 · 보츠와나 부탄 · 브루나이 · 사모아 · 세이셸 · 세인트루시아 · 세인트빈센트그레나딘 세인트키츠네비스 · 솔로몬제도 · 수리남 · 스리랑카 · 스와질란드 싱가포르 · 아일랜드 · 앤티가바부다 · 영국 · 오스트레일리아 · 우간다 인도 · 인도네시아 · 일본 · 자메이카 · 잠비아 · 짐바브웨 · 케냐 · 키리바시 키프로스 · 탄자니아 · 태국 ·통가 · 투발루 · 트리니다드토바고 · 파키스탄 파푸아뉴기니 · 피지

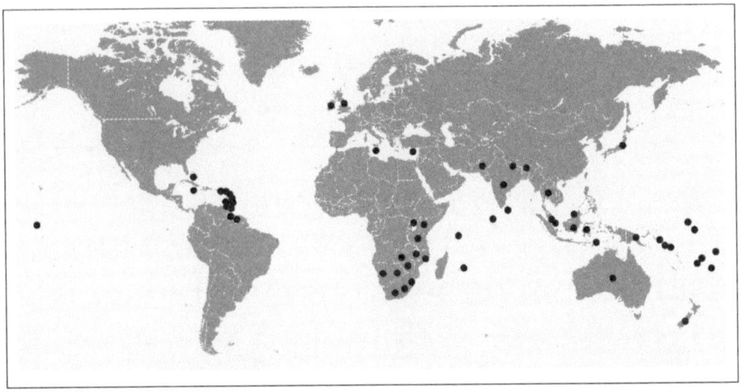

	오른쪽	왼쪽
나라 비율	28%	72%
일반적인 특징	과거 영국 식민지	그 외 나라들
	섬나라	

빅 파이브

빅 파이브는 맹수 사냥꾼들이 만든 용어로 가장 사냥하기 어려운 아프리카 동물 다섯 종을 의미한다. 몸집의 크기나 개체 수와 무관하며 순전히 사냥의 난이도와 위험성을 기준으로 선별되었다. 총에 맞으면 도망가지 않고 오히려 공격할 가능성이 높아 사냥하기에 몹시 위험한 동물도 있다.

오늘날 이 용어는 사파리 관리자들의 관광 상품 홍보에 흔히 사용되고 있다. 숙련된 가이드에 약간의 운만 따르면 하루 안에 동아프리카와 남아프리카의 사파리에서 빅 파이브를 모두 볼 수 있다. 대부분의 가이드는 모든 여행자가 빅 파이브를 가장 보고 싶어 할 것이라 생각한다. 하지만 아무리 빅 파이브가 유명하다 해도 만족스러운 사파리 여행을 위해 본인이 원하는 바가 무엇인지 사파리를 둘러보기 전에 잘 생각해보아야 한다. 치타나 악어, 기린, 하마, 하이에나, 얼룩말이 물소보다 훨씬 흥미롭고 이국적인 동물이라고 생각한다면 가이드에게 미리 이야기해두면 된다.

↑ 쉽게 볼 수 있음		**아프리카 물소** 신케루스 카페르
		**아프리카 코끼리** 록소돈타
		**아프리카 사자** 판테라 레오
		**아프리카 코뿔소** 디케로스 비코니스 / 케라토테리움 시뭄
보기 어려움 ↓		**아프리카 표범** 판테라 파두스 파두스

함정

지도 제작자들은 표절을 방지하기 위해 실제로는 존재하지 않는 도로나 지형학적 특징, 때로는 마을 하나를 통째로 지도에 넣어두는데 이를 아울러 함정 도로라고 부른다. 명백한 오류를 의도적으로 포함해서 지도를 무단 복제 하는 사람을 잡기 위한 '함정'을 만들어두는 것이다.

제너럴 드래프팅사의 지도 제작자 오토 G. 린드버그와 조수 어니스트 앨퍼스가 랜드 맥널리라는 지도 제작자를 표절로 고발한 적이 있었다. 두 사람은 자신들의 이름 이니셜을 조합해 애글로Agloe라는 이름을 붙인 뉴욕의 '함정' 마을이 랜드 맨널리의 지도에 나타나 있다는 증거를 제시했다. 하지만 두 사람이 아주 깜짝 놀랄 만한 일이 벌어졌는데 해당 지역에 조사를 나간 조사원들이 정확한 지도 속 위치에서 애글로라 불리는 지역을 찾아냈고 심지어 애글로 주유소도 있었다.

나중에야 제너럴 드래프팅사의 고객인 정유사 에소Esso의 직원들이 새 지점을 열 지역을 찾기 위해 이들의 지도를 사용했다는 사실이 밝혀졌다. 지도에 적힌 애글로가 현지인들이 해당 지역을 부르는 이름일 거라 생각하고 새 주유소의 이름에 넣은 것이었다. 역사상 유일하게 지도 속 함정 마을이 실제가 된 사건이었다.

지폐 크기 문제

미국 지폐는 세계에서 유일하게 모든 지폐 크기가 동일하고 색상도 비슷하며 만져서 구분할 수 있는 특징도 없다. 이러한 통화는 시각장애인에게 차별적이라는 시민 단체의 비판이 계속되었고 미국 시각장애인 협회가 제기한 소송에서 연방법원 판사가 이들의 손을 들어주면서 미국 재무부는 해결책을 찾아야만 했다. 이에 2020년부터 촉각으로 구분할 수 있는 특징이 있는 새로운 20달러 지폐가 도입된다고 발표되었으며 노예 폐지론자 해리엇 터브먼이 지폐 속 인물로 결정되어 100년 만에 미국 지폐에 여성 인물이 그려지게 되었다.[1]

1 ››› 미국 초대 대통령 조지의 아내 마사 워싱턴이 그려진 1달러짜리 은 태환증권이 1891년부터 1896년까지 통용되었다.

난파의 종류

해법에서는 난파를 다음 4가지 분류로 나누는데 이 분류에 따라 수습한 배의 일부분이나 화물의 소유권이 결정되므로 매우 중요하다.

표류물	투하물
바다에 떠 있는 배의 일부분이나 화물	조난되거나 위급 상황이 발생했을 때 무게를 줄이기 위해 선원들이 의도적으로 바다에 버린 배의 일부분이나 화물

유기물	부표가 달린 투하물
버려져 재활용할 수 없는 가라앉은 배의 일부분이나 화물, 주인이 버려 바다에 떠 있는 배	선원들이 의도적으로 버려 가라앉은 배의 일부분이나 화물로 나중에 소유권을 주장할 수 있게 표시되어 있음

최고의 조언

당황하지 말 것

– 더글러스 애덤, 영국 작가,
《은하수를 여행하는 히치하이커를 위한 안내서》
(1979)

집에 두고 나올 것

- 개구리 고기
- 폭죽
- 시끄러운 뿔피리
- 주사기 모양 연필
- 열면 저절로 음악이 나오는 감사 인사 카드
- 크리스마스 트리
- 알몸을 볼 수 있는 투시 카메라
- 듣기 싫은 웃음소리를 내는 장난감
- 유명인사의 이름이나 사진이 있는 상품
- 오래된 신문

– 사우디아라비아의 금지 물품 중 일부

험난한 착륙

1959년 7월 26일, 14,326m(47,000ft) 상공을 비행 중이던 콜로넬 윌리엄 랭킨 중위는 F-8 크루세이더의 엔진이 멈추면서 탈출을 해야 하는 상황에 맞닥뜨렸다. 가압복을 착용하고 있지 않았던 랭킨은 즉시 엄청난 감압과 동상을 겪었고 바로 거대한 폭풍우 속으로 뛰어들었다. 랭킨은 약 5분 동안 아래로 추락하다가 제 역할을 못하고 있던 낙하산에 폭풍우가 제대로 몰아치면서 상승 기류에 갇혀 35분 동안 수천 피트 상공으로 치솟았고 폭풍우가 너무 거세 낙하산 안으로 파묻히기도 했다. 그는 칠흑같이 어두운 구름 속에서 우박에 둘러싸여 말 그대로 천둥을 느끼고 눈앞에서 1m 두께의 푸른 번개 광선을 목격했다고 말했다. 랭킨은 마침내 폭풍우에서 벗어나 나무 위로 떨어졌다. 부상이 상당하긴 했지만 영구적인 손상은 없었고 비행에도 복귀할 수 있었다. 랭킨은 역사상 유일하게 폭풍우의 한 가운데로 낙하산 투하를 한 사람으로 남았다.

끊임없이 살피기

외국 여행에서 듣게 되는 대부분의 강도 이야기는
무리를 이탈해 혼자 돌아다니는 사람을 원치 않는 가이드가 지어낸 것이며
누가 봐도 산적 같이 생긴 사람도 보통의 선량한 농부일 뿐이다.

– 리버렌드 프랭크 태첼, 《행복한 여행자》(1923)

항상 주변을 살피고 범죄 위험이 없는지 끊임없이 의식하는 것만이 범죄의 희생자가 되지 않기 위해 여행자가 할 수 있는 최선의 대비책이다. 바쁘게 돌아가는 낯선 땅에 온 여행자는 정신이 산만한 상태이기 쉬우므로 범죄의 표적이 된다. 사기꾼들은 이러한 약점을 이용해 갖은 수를 써서 여행자를 당황스러운 상황에 밀어 넣고 긴장과 혼란을 가중시킨다.

시종일관 걱정하며 길을 걷거나 모든 사람을 변장한 노상강도 보듯 해야 하는 것은 아니지만 주변에서 무슨 일이 벌어지고 있는지 인지하고 있어야 한다. 낯선 사람이 다가와 주의를 돌리려 한다면 그 사람의 진짜 의도를 의심해야 한다. 위험한 지역에서 헤드폰을 쓰고 크게 음악을 듣거나 숙소와 거리가 있는 곳에서 술에 취하면 주변 상황을 정확히 인지하지 못하게 되고 강도 위험에 쉽게 노출된다. 여행하며 경험하는 것들에 집중하되 불필요하게 산만해지거나 무모한 행동을 해서 범죄에 이용당하지 않도록 조심해야 한다.

또한 최신 정보를 갖추어야 한다. 여행자 사기 수법은 보통 동일한 단계를 거친다. 새로운 사기 수법을 개발해서 몇 주간 써먹다가 여행자들이 이 수법에 대한 정보를 공유해 잘 알게 되면 더는 해당 수법을 쓸 수 없게 된다. 현지에서 최근에 많이 쓰는 수법이 무엇인지 다른 여행자들에게 물어보자. 어떤 사람들을 조심해야 하는지 숙소 직원들에게 질문하는 것도 좋다. 절대 범죄가 두렵다는 이유로 여행 일정을 바꾸지는 말자. 충분한 정보를 갖고 돌아가는 상황을 파악한다면 여행자 사기의 희생자가 될 일은 없다는 사실만 기억하면 된다.

눈에 띄지 않기

모든 주의를 기울이되 모든 두려움을 버려라.

– 메리 할, 빅토리아 시대의 세계 여행자

사기꾼은 의식적이든 무의식적이든 나름의 기준에 따라 범죄의 표적을 고른다. 이 기준에 따라 쉽게 걸려들 사람을 선별하면 성공하지도 못할 사람을 붙잡고 쓸데없는 시간을 낭비하거나 위험을 감수할 필요가 없다. 거리의 사기꾼들은 보통 다음과 같은 특징을 보이는 사람을 골라 범죄를 시도한다.

- 화를 내거나 정신이 없어 보이는 사람
- 무례하거나 못된 사람
- 취하거나 지친 사람
- 불법적인 행동을 하는 사람
- 드러내 놓고 비싼 물건이나 많은 현금을 들고 있는 사람
- 주변 상황을 살피지 않는 사람
- 당황하거나 긴장하거나 감정이 격앙된 사람

위와 같은 모습을 보이지 않도록 조심하면 일단은 범죄에서 한발 멀어질 수 있다.

침착하게 행동하기

차갑게 두되 얼리지는 마세요.

– 홀만 마요네즈 보관법

이미 범죄의 표적이 되었을 때 가장 중요한 것은 침착한 태도를 유지하는 것이다. 그 상황에서 최대한 깔끔하게 빠져나갈 방법만을 생각해야 한다. 붐비는 현지 시장 한가운데서 외국인을 도와줄 정의로운 영웅을 기대해서는 안 된다.

이러한 범죄를 저지르는 사람은 대부분 몹시 가난한 사람이거나 마약 중독자이다. 필사적인 사람은 예측할 수 없는 행동을 할 가능성이 높다. 지나치게 불쾌함을 표현하거나 맞서 싸우려고 했다가는 위험한 인물과 좋지 않은 상황에 엮일 수 있다.

이들의 처지에 연민을 느낄 수도 있지만 사기꾼의 주된 목표는 여행

자의 주의를 돌리는 일이라는 사실을 늘 기억해야 한다. 사기꾼은 여행자의 감정을 격앙시켜 공범이 주머니를 털어가도 알아채지 못하게 하고 여행자를 마구 몰아세워 배낭을 훔쳐가도 눈치채지 못하게 만든다. 과한 감정 표현이나 신체 접촉은 그들에게 유리할 뿐이다. 차분하고 냉정한 태도를 유지하자.

자신 있게 걷기

모든 걸음이 앞으로 나아가 신앙심 없는 자들의 손에서 성지를 되찾아야 한다고 설파하는 페르트스 아마아네시스를 따르는 행군 같은 것이다.

– 헨리 데이비드 소로, 《산책》(1862)

범죄 위험이 있는 타국의 도시를 여행할 때는 최대한 익숙함을 가장해야 한다. 물론 현지인과 구분되는 숨길 수 없는 특징들이 있고 그렇다고 현지 느낌이 물씬 나는 옷을 구입해 입을 필요는 없지만 앞에서 언급한 특징들을 드러내 범죄의 표적이 되지 않도록 유의해야 한다. 길을 건널 때 보이는 사소한 몸짓에 신경 쓰는 것만으로도 익숙함을 위장하는 데 큰 도움이 된다.

완전히 길을 잃었더라도 어디로 가야할지 정확히 아는 사람처럼 자신 있게 걸어야 한다. 길거리에서 커다란 지도를 펼쳐보며 당황했다는 사실을 광고해서는 안 된다. 현지인이나 장기간 머물며 현지에 적응한 여행자처럼 어깨를 펴고 자신 있게 돌아다녀야 한다. 감정이 격해지거나 긴장하더라도 드러내지 않고 침착한 태도를 유지하자. 너무 독특하거나 현지 상황에 맞지 않는 의상을 입으면 쉽게 눈에 띌 것이다. 원치 않는 낯선 사람이 다가오면 멈춰 서지 말고 차분하게 계속 걷되 단호하지만 정중하게 거절한다. 실제로는 여유롭게 여행을 즐기면서 겉으로는 장을 보고 바삐 돌아가는 현지인처럼 보여야 한다는 것이다.

사기 수법

여행자가 조심해야 하는 사기 수법 27가지를 대비책과 함께 소개한다. 이러한 사기 수법은 모두 여행자의 돈이나 소지품을 훔치기 위한 것이다. 분명히 잘못된 행동이고 당하면 속상한 일이지만 돈이나 소지품은 여행자 보험으로 보장되고 다시 살 수 있는 것들이다.

여행자들의 걱정이 점점 심해지는 것에 비해 발생 빈도가 줄고 있어 다행이긴 하지만 순진한 여행자에게 약간의 돈을 훔쳐내는 것보다 훨씬 나쁜 의도를 가진 범죄자들도 있다. 상황이 짜증스러운 가벼운 실랑이에서 범법의 영역으로 넘어가는 지점을 파악하는 것이 무척 중요하다.

신체에 위협이 되는 상황이라는 판단이 들면 소지품을 챙겨야 한다거나 사기꾼의 수법을 알고 있으니 그를 이길 수 있다는 생각은 모두 버리고 바로 도움을 요청하자. 모든 방법을 동원해서 최대한 빨리 위험한 상황에서 벗어나 사람이 많은 장소로 이동해야 한다.

> 불행히 이 덫에 걸리게 되면 발목이 붙잡히는 것이 아니라 재산을 빼앗기고 마음이 찢어지네. 아주 교묘한 이들의 속임수는 심술궂은 남자와 낭비벽이 심한 여자, 버림받은 여자, 몸 파는 여자를 노린다네.
>
> – 필립 시크네시,
> 프랑스의 여행자 사기에 대해 친구에게 조언하는 편지 중, 1777

교통수단

가방 찢기

장시간 타는 버스나 기차에서 옆자리에 앉은 사람이 몰래 가방을 찢고 물건을 훔쳐간다.

- 귀중품은 가까이 손 닿는 곳에 두고 어떤 종류의 가방이든 쉽게 자르거나 열 수 있다는 사실을 기억해야 한다. 옆 사람의 손 움직임이 보이지 않는다면 특별히 더 주의하도록 하자.

렌터카 수리비

교통수단을 빌린 뒤 반납하면 파손되었다며 수리비를 요구한다.

- 이용하기 전에 업체 직원이 있는 자리에서 사진을 여러 장 찍어둔다. 기존에 파손된 부분이 있다면 직원이 알고 있는 사항임을 확인한다.

지폐 속임수

상점 주인이나 택시 운전사가 교묘하게 손을 움직여 지불한 고액지폐를 저액지폐로 바꿔치기 하고 오히려 공격적인 태도로 자기를 속이려 한다고 화를 낸다.

- 여러 사기 수법과 마찬가지로 예상치 못한 공격적인 태도에 당황한 여행자가 미처 상황을 제대로 파악하기 전에 상대방의 요구대로 행동하게 만드는 수법이다. 침착하게 대응하고 지폐를 접어 뭉치로 건네지 말고 항상 하나하나 세어 건넨다.

택시 요금

택시 기사가 길을 멀리 돌아가거나 미터기를 사용하지 않거나 관심 없는 상점이나 관광 상품을 보고 가야 한다고 주장하거나 도착하고 나서야 터무니없는 금액을 요구한다.

- 정신 없는 타국의 도시에서는 본인이 지금 어디에 있는지 파악하기 어렵고 불안한 택시 안에서 원하는 목적지를 강하게 주장하기도 어렵다. 익숙하지 않은 지역이거나 미터기를 사용하지 않는 택시라면 타기 전에 예상 소요 시간을 계산하거나 확인해두고 요금은 출발 전에 정해둔다.

쇼핑과 숙박

가짜 숙소

인터넷으로 숙소를 예약해두었는데 도착해보니 아예 숙소가 존재하지 않는다.

- 개인 집을 임대해주는 웹사이트 덕분에 해외여행 숙소 선택권이 넓어지자 재빠른 사기꾼들이 현지 지리를 잘 모르는 여행자들을 노렸다. 임대료가 보통 가격보다 유난히 저렴하면 여러 사이트에서 비교해보고 소유주가 맞는지 확인해야 하며 추적 불가능한 경로로 돈을 입금해서는 안 된다.

보관이 안 되는 보관함

분명 안전해 보이는 보관함에 물건을 넣고 잠갔는데 뒤판이 열려서 다른 쪽에서 물건을 꺼내갈 수 있다는 사실은 몰랐다.

▸ 본인 안전은 본인의 책임일 뿐 다른 사람을 탓할 수 없다는 사실을 기억하자. 누가 뭐라고 약속하든 소지품을 보관해두는 곳의 보안을 철저하게 확인해야 한다.

너무 비싼 영수증

식사를 마치고 영수증을 받았는데 생각했던 가격보다 너무 비싸다.

▸ 물의 무료 제공 여부나 팁의 적정선 등 식당 문화는 지역마다 천차만별이다. 주문한 메뉴의 금액이 각각 구분되어 나오는 영수증을 제공하지 않는 곳도 많다. 하지만 총 금액이 어떻게 계산된 것인지 대충 짐작할 수 있어야 한다. 영수증이 잘못되었다고 생각되면 우호적인 태도로 메뉴판을 다시 달라고 요청해 계산해보자. 주문할 때 보았던 메뉴판과 메뉴만 동일하고 가격이 다르지 않은지 꼼꼼히 확인해야 한다.

불리한 결제 방법

신용카드로 구매하겠다고 하자 현지 통화가 아니라 당신 나라의 통화로 결제하겠다고 한다. 그렇게 하는 편이 계산하기 쉬워서라고 말하지만 알고 보면 부당하게 환율을 적용해 더 비싼 값을 주고 구매하게 된다.

▸ 사기 수법이라기보다 가맹점과 카드사에게만 유리한 부당한 전자 결제 방식이라고 볼 수 있다. 카드 값이 결제되기 전에 청구서를 꼼꼼히 확인하자. 불리한 환율 적용뿐 아니라 여러 가지 명목의 수수료도 청구될 수 있다.

속임수 설명

메모리카드 같은 전자 기기나 부품을 아주 싼 가격에 주겠다고 한다. 회의적인 태도를 보이자 문제없는 제품이라며 직접 확인할 수 있도록 눈앞에서 작동시켜 보여준다. 하지만 집에 와서 다시 확인해보면 절대 될 리가 없다.

▸ 단순한 바꿔치기부터 특수 조작된 컴퓨터 프로그램까지 제품이 작동하는 것처럼 보이게 하기 위한 방법은 다양하다. 개발도상국의 시장에서 저렴한 가격의 전자 기기를 살 때는 특히 더 조심해야 한다. 제대로 작동하지 않는 게 당연하고 혹시 멀쩡한 제품이라면 훔친 물건일 가능성이 높다.

전화 체크아웃

호텔 매니저라며 방으로 전화를 걸어 전산에 문제가 생겨 안내 데스크가 몹시 붐빈다고 말한다. 통화로 체크아웃이 가능하니 결제를 위해 신용카드 정보를 불러달라고 요구한다.

▸ 전화한 사람의 신분을 확인할 수 없고 의심스럽다면 내려가서 직접 체크아웃 하겠다고 말하고 신용카드 정보를 알려줘서는 안 된다.

저울 조작

무게를 늘려 값을 더 받으려고 조작된 저울을 사용한다.

▸ 특히 고가의 물건이라면 반드시 직접 저울을 확인해보고 구입해야 확실하다.

신용카드 정보 도난

신용카드 정보 도난은 문제가 발생했다는 사실을 모르고 지나칠 수 있기 때문에 특히 더 위험하다. 가짜 ATM이나 카드 정보를 빠르게 훔쳐내는 작은 전자 기기인 스키머처럼 전자 결제 정보를 복제할 수 있는 다양한 기기들이 점점 많아지고 있고 다른 사기 수법과 달리 바로 알아채기도 힘들다.

▸ 해외에서 신용카드를 쓸 때에는 늘 유의하고 입출금 내역을 수시로 확인한다. 신용카드 정지는 성가신 일이지만 은행에서 먼저 카드 정보 유출을 파악하고 대처를 도와주기도 한다.

강매

운세를 알려주겠다며 손을 붙잡는 노파부터 떨어뜨린 솔을 주워주니 고맙다고 신발을 닦아주기 시작하는 신발닦이, 당신을 위해 만들었다며 다짜고짜 팔목에 맞춤 팔찌를 채우는 상인, 현지 별미를 시식해보라고 권하는 식당 주인, 그냥 구경만 하라며 자기 CD를 건네주는 거리 음악가까지 아주 다양한 방식으로 접근하지만 결국은 강력하게 구매를 강요한다.

➤ 이 수법에서는 갑자기 예상치 못하게 공격적인 태도를 보여 상대방이 상황을 제대로 파악하지 못한 채 요구를 들어줄 수밖에 없도록 만든다. 대부분의 여행자가 이런 껄끄러운 상황에서 벗어나고자 구매를 해버리기 때문에 공개적으로 불만을 제기하거나 고발하는 것도 쉽지 않다. 이 수법을 이용하는 사람들은 여행자가 전혀 원치 않는 물건을 사게 만들기 위해서 압박하거나 죄책감을 느끼게 하는 등 갖가지 방법을 동원한다. 당하지 않기 위해서는 차분한 태도를 유지하고 처음부터 해당 물건이 공짜인지 아닌지 확실히 해두어야 한다. 계속해서 거부하는데도 막무가내라면 차분하면서도 단호하게 대처한다.

추가 요금

체크아웃하려고 계산서를 받아보니 알지 못했던 여러 요금들이 추가되어 있다. 문제없이 사용했는데 '손상' 요금이 부과되거나 텔레비전이나 냉장고 같은 기본적인 기기 사용에 대한 요금이 부과되기도 하고 멋대로 높은 금액의 방으로 업그레이드를 해놓거나 객실이 아니라 사람 기준으로 금액을 계산하는 등 별 방법이 다 있다.

➤ 식당 문화와 마찬가지로 숙박 시설도 운영되는 방식이 천차만별이다. 떠나면서 큰 소리를 내지 않으려면 체크인할 때 객실 요금과 추가 요금을 확인해두자.

일부러 돈 천천히 세기

유독 느리게 돈을 세거나 불규칙적인 억양으로 돈을 세는 계산원이나 환전소 직원, 상인이 있다. 이들은 돈이 노출되어 있을 때 여행자들이 불안해 한다는 것을 알고 있기 때문에 혼란스럽게 만들거나 성가시게 굴고는 은근슬쩍 잔돈을 거슬러 주지 않고 계산이 끝났다고 주장한다.

► 늘 차분하게 주변을 의식해야 한다. 누군가 의도적으로 시간을 뺏거나 주의를 돌리려고 한다면 즉시 계산을 멈추고 돈을 직접 세보겠다고 하자.

암표 판매

누군가 접근해 돈과 시간을 절약하자며 자기가 직접 표를 팔겠다고 제안한다.

► 기차표나 스포츠 경기 입장권 등 어디에나 적용될 수 있는 수법이다. 원래 입장료가 없는 유적지의 입장권을 저렴하게 판매한다고 접근하는 수법도 있다. 물론 문제없는 표를 판매하는 사람도 있지만 정식 판매처가 아닌 곳에서 구매한 표의 합법성을 비롯한 여러 복잡한 문제들은 나라마다 차이가 크고 바가지를 쓸 가능성도 매우 높다. 가장 깔끔하게 표를 구매하는 방법은 정식 판매처에 찾아가는 것이다.

거리에서

깨진 유리

붐비는 길을 걷다가 부딪친 사람의 가방이 바닥에 떨어졌다. 유리가 깨지는 소리가 들렸고 맞춤 안경이나 다른 유리로 된 물건이 깨졌다며 큰 소리로 변상을 요구한다.

► 깨지는 소리를 내기 위해 이미 가방에는 깨진 물건이나 유리병 따위가 들어있었을 것이다. 똑같이 공격적인 태도로 맞서지 말고 요구하는 대로 하지도 말고 계속 걷는다. 계속 따라온다면 사람이 많은 장소로 이동한다.

환전 속임수

환전소 직원이 위조지폐를 주거나 정해진 환율이 아니라 다른 환율을 적용하거나 제대로 된 환율을 적용해도 지폐를 바꿔치기 해 더 적은 금액을 환전해 준다.

► 받은 돈을 다시 세어 본다. 환전 사기는 적절한 준비를 통해 예방할 수 있다.[1]

1 ››› 환전에 대한 정보는 276쪽 참조.

마약 판매

낯선 사람이 다가와 마약을 팔겠다고 제안한다. 구매를 거절하거나 진행하는 사이 경찰이 다가와 체포한다.

► 부패한 경찰이 마약상과 결탁해 여행자를 함정에 빠뜨려 뇌물[1]을 받아내는 흔한 수법이다. 누군가 다가와 불법적인 약물에 대해 이야기하면 즉시 그 자리를 벗어나야 한다.

1 ››› 뇌물에 대한 정보는 266쪽 참조.

길거리 내기

사람들이 카드 세 장 중 한 장을 찾는 단순하고 평범해 보이는 내기를 무리 지어 구경하고 있다. 다른 여행자가 참여해 큰돈을 따가는 것처럼 보여 참여했지만 즉시 돈을 잃고 만다.

► 판을 주도하는 사람부터 참여하는 사람과 구경하는 사람들까지 모두 한 패라는 사실을 대부분의 여행자는 알아채지 못한다. 사람들을 합법적인 내기인 것처럼 여행자를 속이기 위해 연기하고 있을 뿐 여행자가 돈을 내놓기 전까지 실제로 오가는 돈은 없다. 무리에 소매치기가 숨어 있을 수 있으니 그것도 조심해야 한다.

친절한 여행 가이드

활발한 성격의 현지인이 영어를 배우고 싶다거나 외국인과 대화하고 싶다며 접근해온다. 함께 몇 시간을 보내고 난 후에 여행 가이드 역할을 해주었으니 돈을 달라고 요구한다.

▸ 함께 보낸 시간에 대한 금액 지불을 요구할 거라는 생각이 들면 직접적으로 차분하게 얘기를 꺼낸다.

가짜 데이트

우호적이거나 매력적인 현지인이 영어를 배우고 싶다는 등의 이유로 말을 건다. 계속 이야기를 나누자며 커피숍이나 식당, 나이트클럽으로 안내한다. 시간이 흐른 후 말도 안 되는 비싼 금액의 영수증이 청구되고 현지인은 사라지고 없다.

▸ 현지인이 외국인을 만나고 싶어 하는 특별한 이유를 갖고 있는 경우는 없다. 방금 만난 사람이 뜬금없이 어떤 장소로 가자고 한다면 의심해보아야 한다. 이 수법에서는 늘 특정 장소가 마련되어 있고 엄청나게 비싼 요금이 청구된다. 언제나 주문 전에는 금액을 확인하는 것이 좋다.

영업 중지

택시 기사나 매우 친절해 보이는 현지인이 안타까워하며 여행자가 찾는 식당이나 숙소가 최근 영업을 중지했다고 말해준다. 하지만 다행히 알고 있는 좋은 곳이 있다며 그곳에 데려다 주겠다고 한다.

▸ 식당이나 숙소에서는 여행자를 데려오는 현지인에게 사례금을 주곤 한다. 영업 여부와 관계없이 원래 가려고 했던 곳에 가겠다고 말하자.

금반지

착한 사마리아인쯤 돼 보이는 현지인이 바로 옆에서 반지를 하나 줍더니 혹시 떨어뜨렸냐고 묻는다. 아니라고 말하면 반지를 살펴보는 척하다가 진짜 금반지라며 아주 싸게 팔 테니 사지 않겠냐고 제안한다.

▸ 부드럽게 거절하고 자리를 피한다.

관광 경찰

여러 사람이 다가와 관광 경찰이라고 말하며 여권을 보여 달라거나 마약이나 위조지폐가 없는지 가방을 확인하겠다고 한다.

▸ 진짜 제대로 된 경찰인지, 부패 경찰인지, 그냥 강도인지 알 수 없으니 곤란한 상황이다. 제복을 입고 있지 않다면 가장한 강도일 가능성이 높다. 신분증을 보여 달라고 말하고 그 전에 중요한 문서나 지갑을 건네거나 따라가서는 안 된다. 만약 진짜 경찰이라면 뇌물[1]을 요구할 것이다.

1 ››› 뇌물에 대한 정보는 266쪽 참조.

피해자 연기

잔뜩 흥분 상태인 사람이 달려와 방금 강도를 당했다거나 비슷한 범죄에 피해를 당했다고 말한다. 가족에게 연락하거나 집에 가는 데 필요하다며 돈을 요구한다.

▸ 범죄가 발생했다면 경찰서에 먼저 연락할 것을 권한다.

주인 없는 돈

바닥에 떨어져있는 지갑이나 현금이 들어있는 가방을 발견한다. 가방을 들어 올리는 순간 누군가 큰 소리로 자기 물건이라고 외치며 다가오고 돈을 일부 훔쳤다고 몰아세운다. 훔친 돈을 다시 내놓으라고 요구한다.

▸ 공공장소에 주인 없이 놓여 있는 지갑이나 가방은 늘 주의해야 한다. 아무 것도 훔치지 않았다고 차분히 설명하고 경찰을 부르자고 하자. 정신을 다른 곳으로 돌려 소매치기를 하려는 수법일 수 있으니 시종일관 소지품을 잘 챙겨야 한다.

소매치기 기술

여행자는 여행자 사기수법뿐 아니라 소매치기 기술에 대해서도 알고 있어야 한다.

아주 다양한 기술이 있지만 궁극적인 공통의 목표는 속임수 등을 이용해 순간적으로 여행자의 주의를 다른 곳으로 돌려 소지품을 잊게 만드는 것이다.

사람이 많은 장소에서 시선을 끄는 무언가를 발견했을 때는 일단 조심하자. 근처에서 갑작스레 무슨 일이 생기더라도 주의를 빼앗기기 전에 잠시 멈추고 상황을 파악해보아야 한다. 공격적인 태도의 취객이나 무리에서 벌어지는 소동, 아주 빠르게 말을 거는 현지인까지 순간적으로 여행자의 주의를 돌려 물건을 빼가려고 숨어있는 소매치기들의 수법이다.

무리

아이들 무리가 여행자를 에워싸고 시끄럽게 떠들거나 밀쳐 대서 정신이 빼앗긴 사이 소매치기에 당한다.

잉크

여행자의 가방이나 옷에 잉크나 다른 액체를 뿌린다. 당황하며 닦아내려는 사이에 소매치기에 당한다.

갑자기 멈춰서기

사람이 많은 거리에서 앞에 걷던 사람이 갑자기 멈춰서면서 그 사람과 부딪친다. 그 사이 뒤쪽에 있던 소매치기가 제 할 일을 하고 사라진다.

지도

길을 잃은 것처럼 보이는 사람이 여행자에게 길을 물어보며 약도를 그려달라거나 지도를 들고 있어달라고 부탁한다. 여행자의 주의를 빼앗는 것은 당연하고 신체적으로도 가까이 다가갈 수 있으며 효과적으로 시야를 차단할 수 있다.

아기

아기를 안은 여성이 다가와 갑자기 여행자에게 아기를 내맡기거나 균형을 잃고 넘어지는 척을 한다. 아기를 받으려 하거나 넘어지는 여성을 부축하는 사이 소매치기에 당하고 만다. 물론 진짜 아기가 아니라 그냥 인형이다.

싸움

눈앞에서 몸싸움이 벌어지고 한쪽이 워낙 세서 상대방이 심하게 다칠 것 같다. 도우려고 다가가는 혹은 소란이 벌어지는 사이에 소매치기에 당한다.

노파

사람이 붐비는 장소 한가운데서 노파가 넘어져 소지품이 모두 쏟아지고 부축해줄 사람을 찾는다. 도와주려 다가가는 사이에 소매치기에 당한다.

탄원서

젊은 무리가 다가와 그럴듯한 배경을 설명하며 탄원서에 서명을 부탁한다. 그들이 건넨 서류에 집중하는 사이 소매치기에 당한다.

사진

누군가 사진을 찍어달라며 접근한다. 어려운 카메라 조작법을 설명하며 여행자의 주의를 빼앗는 동안 공범이 다가와 지갑을 훔쳐간다.

서툰 소매치기

누군가 어설프게 소매치기를 시도하다 도망을 가버리고 여행자는 곧바로 귀중품이 무사히 잘 있는지 확인한다. 이때 숙련된 공범이 귀중품을 보관한 위치를 파악한다.

배낭 지퍼

누군가 뒤에서 여행자의 배낭 지퍼를 연다. 알아채고 돌아서면 앞에 있던 공범이 가방 속 귀중품을 빼간다.

위장 여행자

워킹 투어에 참여하고 있는 여행자 모르게 같은 여행자인 척을 하며 투어 그룹에 어울리는 소매치기가 숨어있다. 함께 투어하며 얼굴을 익히고 친근해진 후에 동료 여행자인 줄 알았던 소매치기에게 당했다는 사실을 알게 된다.

정의 실현

가방을 여러 개 들고 서 있는데 소매치기가 나타나 옆에 있는 사람의 물건을 훔쳐가려고 한다. 도와주기 위해 소매치기에게 항의를 하거나 소매치기를 쫓아내려고 가방을 내려놓는 순간 공범이 나타나 가방을 들고 달아난다.

경고

여행자는 '소매치기를 조심하세요'라고 경고하는 안내문을 보거나 확성기로 울려 퍼지는 방송을 듣거나 친절한 현지인의 우려 섞인 말을 듣고 나면 즉시 귀중품을 확인하게 되는데 아이러니하게도 숨어서 지켜보고 있는 소매치기에게 정확히 어디를 노려야할지 알려주는 셈이다. 귀중품을 확인할 때에는 누가 보고 있지 않은지 주의를 기울여야 한다.

하차

소매치기는 사람이 많은 버스나 기차에서 출입문 근처에 서 있다가 출발 직전에 여행자의 가방을 빼앗아 가지고 내려버린다. 어떤 교통수단이든 특히 출입문 근처에 있을 때는 주변을 잘 살피고 소지품을 잘 간수해야 한다.

쇼

아주 멋진 길거리 공연이나 즉흥 스트리트댄스일 수도 있고 시끄러운 싸움일 수도 있지만 이러한 쇼의 공통적인 목적은 여행자의 관심을 뺏는 것이다. 여행을 하며 즐거운 공연을 모두 놓치라는 의미는 아니다. 다만 소란한 틈을 타 여행자를 노리는 소매치기가 군중 속에 숨어 있다는 사실을 잊지 말아야 한다.

사이버 사기 예방

사이버 사기 수법은 어떤 영역보다도 빠르게 발전하고 있다. 디지털 공격은 매년 고도화되고 복잡한 해킹을 위한 장비도 점점 저렴하고 쉽게 구할 수 있게 되었다. 대부분의 해커는 신용카드 정보를 노리지만 상세한 개인 신용 정보를 훔쳐내거나 중요한 파일을 인질로 잡아 돈을 요구하는 경우도 있다.

여행 중에 해킹을 예방하려면 모든 운영체제와 바이러스 퇴치용 프로그램을 최신 버전으로 유지해야 한다. 하지만 아무리 최신 버전의 소프트웨어와 강력한 보안 프로그램을 갖추었다고 해도 얼마 가지 않아 무용지물이 될 수 있다. 최신 버전을 유지하는 것도 중요하지만 늘 데이터를 철저히 보호해두는 습관을 가져야 한다.

경로 이해하기

해킹은 장비에 물리적으로 접촉하지 않아도 가능하다. 잘 알지 못하는 무선랜을 이용하거나 인터넷 카페에서 USB를 사용하는 등의 기기 연결을 통해 언제든 해킹의 위험에 노출될 수 있다.

정리해두기

여행 전에 파일을 정리하자. 참사를 막기 위해서는 여행에 들고 가는 노트북에 손상되면 큰 문제가 되는 파일은 제외하고 중요 파일들의 복사본만 넣어두는 것이 좋다.

인터넷에서 만난 사람

인터넷 속에 전 세계가 담겨있고 그 안에 범죄자도 포함된다. 쉽게 소식을 주고받을 수 있는 소셜 미디어 플랫폼부터 데이트 앱이나 숙소 예약 앱까지 여행자들에게 큰 도움이 되는 기술 혁신에는 위험 요소도 숨어 있다. 실제로 만난 적 없는 인터넷 친구에게 신상 정보나 여행 일정을 너무 상세하게 알려주어서는 안 된다.

보안 네트워크

보안 인터넷 연결만 사용한다면 확실히 안전하겠지만 실제 여행에서 그러기는 쉽지 않다. 세계 곳곳의 커피숍이나 호텔에서 이용하는 인터넷 연결은 보안이 적용되지 않은 네트워크이고 여행자가 선택할 수 있는 옵션은 많지 않다. 가능한 안전한 보안 연결을 이용하되 암호로 보안되지 않는 인터넷 연결[1]을 이용할 때는 유의해야 한다. 민감한 개인 정보는 입력하지 말고 파일 공유 기능을 차단해두며 사용 후에는 웹사이트에서 로그아웃하고 주기적으로 인터넷 쿠키와 방문 웹사이트 기록을 삭제해야 하며 사용하지 않을 때는 무선랜 연결을 차단하고 절대로 확실하지 않은 파일이나 프로그램을 다운로드 받아서는 안 된다. 더욱 안전하게 인터넷을 이용하고 싶다면 가상 사설망[2]을 고려해볼 수 있다.

1 ››› 보안이 적용되지 않는 네트워크로 해당 기기의 정보를 다른 기기에서 볼 수 있다는 안내문이 뜬다.

2 ››› 가상 사설망(VPN)에 대한 정보는 198쪽 참조.

최고의 기념품

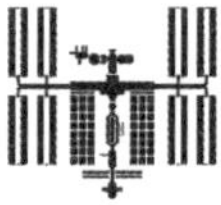

NASA의 우주 비행사 스콧 켈리는 국제 우주 정거장에서 340일을 보낸 후 5cm 더 커지고 0.0008초 젊어져 지구로 돌아왔다. 시간이 지나면 원래 키로 돌아가겠지만 중력이 거의 없는 우주에 머물며 척추가 늘어나 키가 커지고 시간 지연이라는 현상 덕분에 젊어지는 최고의 여행 기념품을 받은 셈이다.

새로운 할리우드

인도는 세계에서 가장 많은 영화를 제작하는 나라로 매년 2천 편의 영화가 만들어진다.[1] 인도의 지역별 영화 제작 단지의 이름을 일부 소개한다.

제작 단지	지역
볼리우드	뭄바이
졸리우드	아삼
콜리우드	첸나이
몰리우드	케랄라
올리우드	오디샤
폴리우드	펀자브
샌들우드	카르나타카
톨리우드	서벵골

영화 배경으로 등장하는 서양의 도시를 좀 더 현실적으로 표현하기 위해 여행 온 외국인을 엑스트라로 모집하는 영화 제작사의 광고를 들어본 적 있을 것이다. 보통 대사 없는 역할에 약간의 출연료와 식사가 제공된다.

1 ››› 비교하자면 미국의 연간 제작 편수는 700여 편이다.

큼지막한 장난

클리브랜드에 오신 것을 환영합니다

위스콘신 밀워키에 위치한 미첼 국제공항의 활주로 근처에 있는 건물 지붕에 쓰여 있는 환영 문구이다. 1978년 사진작가 마크 구빈은 장난으로 집 지붕에 이 문구를 큼지막하게 써두었고 아직까지도 깜짝 놀라는 승객들이 있다고 한다.

세계 일주 항공권

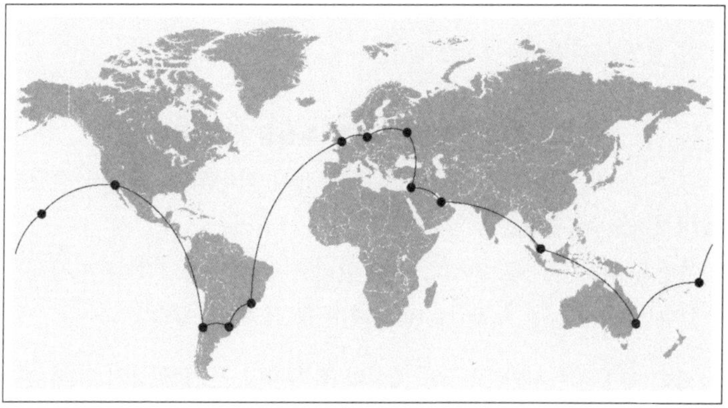

세계 일주 항공권RTW ticket은 하나의 항공권으로 연합 항공사의 항공기들을 다양한 곳에서 여러 번 탈 수 있는 항공권을 말한다.[1] 여행자가 수개월에 걸쳐 쓸 수 있는 항공권 여러 장을 한 번에 미리 구입함으로써 여행 계획을 간소화하고 비용을 절약할 수 있도록 만들어졌다. 보통 처음 이용한 날부터 1년 동안 사용할 수 있다.

아주 매력적인 상품처럼 보이겠지만 사실 세계 일주 항공권은 까다로운 세부 조건으로 유명하다. 변경 수수료가 몹시 비싸고 여행이 제한적인 지역도 있으며 한 방향으로만 이동이 가능하다는 점 등 수많은 세부 조건이 있다. 세계 일주 항공권 구입을 고려중인 여행자라면 구입 전에 이러한 조건들을 꼼꼼히 살피고 조사해보아야 한다. 결과적으로는 생각보다 많은 돈을 절약한 것도 아닌데 그 대가로 자유로운 여행을 희생하게 될 수 있다. 여행 일정을 자유롭게 조정하는 유연성도 포기하기 힘들지만 요즘에는 인터넷으로 간단하게 항공권을 구입할 수 있고 가격도 경쟁적으로 저렴해지고 있으며 특히 저가 항공사의 등장으로 항공권 구입이 나날이 저렴하고 쉬워지는 환경이 구축되어 있다.

전문가들은 세계 일주 항공권이 항공권을 미리 구입하지 않으면 가격이 너무 비싸고 모든 여행 일정을 사전에 조정해두어야 했던 구시대의 유물이라고 보고 있다. 현재 주요 항공사에서 판매하고 있는 세계일주 항공권의 금액과 세부 조건을 고려해봤을 때 구입을 추천할 만한 경우는 다음 세 가지뿐이다.

세계 일주 항공권 구입을 추천할 만한 경우

세계 주요 도시를 여행하는 일정이 상세히 확정되었고 일정 변경의 유연성이 전혀 필요하지 않은 경우.

▸ 여행을 떠나기 한참 전부터 언제 어디를 갈지 일정이 확실히 정해져 있다면 세계 일주 항공권을 이용해 돈을 절약할 수 있다.

일정은 유동적이지만 확정된 마지막 목적지에 가려면 장시간 비행하는 고가의 항공권을 구매해야 하는 경우.

▸ 세계 일주 항공권이 약간 더 비쌀 수 있지만 훨씬 광범위한 여행을 할 수 있다.

항공권 마일리지나 항공사 멤버십 시스템을 이용해 항공권 금액의 상당 부분을 충당할 수 있는 경우.

▸ 항공사 마일리지가 충분하다면 마일리지를 사용해 세계 일주 항공권을 구입하는 편이 다른 항공사의 항공권을 각각 구입하는 것보다 훨씬 저렴하다.

1 ››› 주요 항공사 연합
스타얼라이언스: 28개 항공사, 총 항공기 4,657대, 192개국 1,330개 지역 출항
스카이팀: 20개 항공사, 총 항공기 3,946대, 177개국 1,062개 지역 출항
원월드: 15개 항공사, 총 항공기 3,560대, 161개국 1,016개 지역 출항

신성한 방향

키블라 Qibla 화살표는 이슬람에서 가장 성스러운 장소인 사우디아라비아 메카의 카바가 위치한 방향을 가리키는 표시이다. 하루에 다섯 번 카바를 향해 살라트 기도를 드리는 무슬림을 위해 호텔 천장이나 공공장소에 키블라 화살표가 그려져 있다.

파라다이스 지키기

omertà (오-메르-타) 영어. 명사.

침묵의 약속, 무언가에 대해 이야기하는 것을 거부함. '남자다움'을 의미하는 스페인어 hombredad와 '남자'를 의미하는 시칠리아어 omu에서 온 말.[1]

파라다이스로 알려지자마자 지옥이 되어버릴 것이 자명하다.

– 폴 서루, 《오세아니아의 행복한 섬》(1992)

더 이상은 세상에 숨어있는 파라다이스가 없을 것 같지만 알려지지 않은 장소를 만나게 되는 큰 즐거움이 있다. 최근에 발길이 닿기 시작해 아직 관광업이 전혀 발달하지 않은 나라처럼 큰 규모든 사람의 흔적 없이 깨끗하게 펼쳐진 해변처럼 작은 규모든 그 발견의 즐거움은 동일하다.

이처럼 오아시스 같은 여행지를 발견하고 아직 그 장소를 소개한 가이드북도 없고 홍보한 영화도 없고 멋있게 찍어 표지로 만든 잡지도 없다는 사실을 깨닫고 나면 낯선 길을 선택한 용기 있는 자만이 누릴 수 있는 엄청난 비밀을 알게 된 기분이 든다. 그리고 이 비밀이 계속 비밀일 수 없다는 사실에 씁쓸함을 느끼게 된다.

오메르타는 이 지켜지기 어려운 비밀을 조금이라도 더 유지하려는 시도를 의미하는 단어이다. 성공할 수 없는 일이지만 그래도 비밀을 지키려 진심으로 노력하는 사람들이 있다. 가이드북에 이름을 싣지 않으려 적극적으로 노력하는 작지만 멋진 호스텔과 단기 여행자는 받지 않는 고요한 산장은 아는 사람들만 아는 파라다이스가 된다. 물론 외딴 파라다이스를 외부인 모르게 자기들만의 비밀로 남겨두는 일이 도덕적으로 옳은 일인지는 논쟁의 여지가 있는 부분이다. 하지만 누구라도 알려지지 않은 굉장한 장소를 발견하고 황홀함을 느꼈다면 비밀로 해두고 싶어질 것이다.

---

1 ››› 어원에 대한 이견이 있다. 일부 자료에서는 겸손을 의미하며 남부 이탈리아어 umiltà로 파생된 라틴어 humilitas를 이 단어의 어원이라고 본다.

역사의 증인

콜럼버스가 아메리카 대륙을 발견했을 때 그를 비롯한 당대 사람들은 그 발견이 어떤 결과를 가져올지 전혀 알지 못했다. 콜럼버스의 열렬한 지지자들조차 그 발견의 의미를 전혀 파악하지 못했다는 것이 의아스럽다.
같은 맥락에서 이 두 형제도 자신들의 발명이 후손들에게 어떤 결과를 가져다줄지 전혀 생각도 하지 못하는 것 같다.

– 애머스 아이브스 루트,
〈양봉에서 배운 것들〉(1905)

오빌 라이트와 윌버 라이트 형제가 발명한 세계 최초의 비행기에 대해 처음으로 서술된 글이다. 〈양봉에서 배운 것들〉은 루트가 만든 잡지로 원예와 과학, 종교 분야도 다루었지만 그의 관심사였던 양봉에 관한 글이 주를 이루었다. 유별날 정도로 실험을 공개하지 않으려 했던 라이트 형제가 왜 루트에게 실험 과정을 보여주고 글도 발표하게 했는지는 알려지지 않았다. 루트는 이전에 글을 기고했던 〈사이언티픽 아메리칸〉에도 이 글을 보냈지만 편집자는 공기보다 무거운 비행기가 나는 건 불가능하다며 잡지에 실어주지 않았다.

매듭

보라인bowline은 배낭을 지프차 위에 고정할 때는 물론이고 배를 부두에 정박시켜둘 때 등 어디에나 활용할 수 있는 간단하고 안전한 매듭이다. 한 손으로도 묶을 수 있으며 사용 후에 쉽게 풀 수 있다.

구멍에서 나온 토끼가, 나무를 한 바퀴 돌고, 다시 구멍으로 들어갔어요.

법은 법이다

왕 (사망)

1974년 조사를 위해 미라 상태인 람세스 2세의 시신을 파리로 이송할 때 여권의 직업란에는 위와 같이 적혀있었다. 이 이집트의 왕은 무려 3,187년 전에 죽었지만 프랑스 법에 따르면 어떤 경우라도 죽은 사람의 시신이 입국할 때에는 신분이 공식적으로 표현되어야 했다.

세관 통과는 필수

아폴로 11호의 우주 비행사들은 달에서 돌아와 국가 영웅으로 잠시 환대를 받은 후 바로 세관을 통과해야 했다. 우주 비행사 에드윈 버즈 올드린[1]의 서류 중 흥미로운 부분을 아래 표에 발췌하였다. 서류 자체는 군대 요식 행위의 일부로 장난스럽게 작성된 부분도 있었지만 실제로 이들의 미국 진입은 중대한 일이었다. 우주 비행사들이 달에서 알 수 없는 질병에 감염되었을 수 있기 때문에 올드린과 닐 암스트롱, 마이클 콜린스는 지구에 돌아오고 나서도 21일 동안 격리되어 있었다. 이들은 탁구를 치고 텔레비전을 보고 가족들과 통화를 하며 시간을 보냈다.

출입국 신고서

입국일자	1969년 7월 24일
비행기 편명	아폴로 11호
출발지	달
도착지[2]	미국 하와이 호놀룰루
수하물	달 운석과 먼지 샘플
질병 전파의 위험이 있습니까?	추후 결정

올드린은 여행 경비로 33.31달러 환급을 요청했다. 그는 준비 기간 동안의 출퇴근 주유비와 임무 수행 기간의 일비를 환급받았다.

비목	1969년 금액	2016년 금액
공식 연료소비율 마일 당 0.07달러 ×개인소유 차량으로 8마일 주행	$0.56	$3.63
플로리다 케이프케네디 공식 방문 시 차량 임대하지 않고 개인소유 차량 이용	$10.00	$64.89
1일×일비 8달러	$8.00	$51.91
19일 하고 1/4일×1달러	$19.25	$124.91
2.25달러 식사 2회 제외	($4.50)	($29.20)
총 환급액	$33.31	$216.14

1 ››› 올드린 어머니의 결혼 전 성이 달을 의미하는 Moon이었다.
2 ››› 아폴로 11호 사령선은 호놀룰루 섬에서 남쪽으로 1,491km(926mi) 떨어진 태평양 가운데 착륙했고 이틀 후 항공모함 호닛이 하와이로 사령선을 운반했다.

반가운 처방전

의원님이 교통사고 후 회복 중임을 보증합니다.
윈스턴 S. 처칠 의원님은 특히 식사 시간에 술을 마셔야 합니다.
양을 특별히 한정하지는 않으나 최소 250cc는 되어야 합니다.

– 의사 오토 C. 피크하르트

윈스턴 처칠이 뉴욕에서 교통사고를 당한 후 1932년 해외로 출국할 당시 그의 의사가 처칠에게 써주었던 처방전이다. 당시 미국에서는 금주법으로 인해 음주가 불가능했다.

길을 사랑하다

길을 바라보고만 있던 아주 어릴 적부터 나 유목민이었네.
멀고 먼 미지의 땅을 사랑하며 영원히 나 유목민으로 남으리.

– 이사벨 에버하르트,
스위스의 탐험가이자 작가, 일기에서 발췌, 1903

노란 숲에 두 길이 갈라져 있었네,
두 길을 모두 가지 못하고
한 길의 여행자일 수밖에 없음에 슬퍼하며,
풀숲 사이 길이 꺾이는 곳까지
오래도록 서서 굽어보았네

그리고 한 길을 택했네
아름다움은 같았지만 더 나아 보이는 길을,
풀이 우거져 발길이 필요해 보이는 길,
하지만 그 길도 지나고 보니
똑같이 발길이 닿아 있던 길이었네

그 아침 두 길에는 같은 햇살이
검은 발자국 남지 않은 낙엽 위로 드리웠네.
아, 다음을 위해 남겨두었던 길!
하지만 길은 길로 이어진다는 것을 알기에
돌아갈 수 있을지 알 수 없었네.

시간이 흐르고 흐른 뒤에
한숨지으며 이야기하겠지,
두 길이 갈라져 있었고, 나는
발길이 드문 길을 택했다고,
그리고 모든 것이 달라졌다고.

– 로버트 프로스트, 〈가지 않은 길〉, 《산의 골짜기》(1920)

아마도 가장 많은 사람이 알고 있을 여행 시 로버트 프로스트의 〈가지 않은 길〉은 여행자라면 누구나 겪어보았을 갈림길에서의 불가피한 선택을 아름답게 표현하였다. 가지 못한 길에 대한 슬픔과 잘못된 선택에 대한 두려움, 결정의 순간에 바라게 되는 일종의 계시, 돌아가지 못할 걸 알면서도 다음을 기약하는 마음, 별것 아닌 듯 보였던 선택이 초래하는 결과까지 시인은 수십 개의 단어만으로 모든 것을 표현해냈다. 이 시의 주제와 함축하는 의미를 끊임없이 몸소 체험하는 여행자들이 유독 이 보편 주제에 대해 크게 공감하는 것도 당연한 일이다.

〈가지 않은 길〉은 선택과 선택에 수반되는 모든 것을 깔끔하고 강력하게 표현해냈다. 여행을 떠나기로 한 결정부터 이미 큰 선택을 했다고 볼 수 있는 모든 여행자는 계속해서 갈림길을 지나며 그 두려움과 의구심을 지고 간다. 시인은 이러한 복잡한 감정을 3연 마지막에 간략하면서도 효과적으로 표현하였다. 이 부분은 정말 훌륭해서 시가 3연에서 마쳤더라도 분명 지금처럼 걸작이 되었을 것이다.

하지만 가장 많이 인용되는 부분은 4연의 '발길이 드문 길을 택했다고'로 이 시를 유명하게 만든 행이자 해석을 두고 의견이 분분한 행이다. 이 행을 관습적 태도에 대한 반기로 해석한 이들은 〈가지 않은 길〉을 비관습주의자들의 비공식적인 구호라도 되는 것처럼 사용하기도 한다. 이러한 해석은 여행자들에게도 매우 매력적이지만 시인이 의도와는 다를 수 있다.

많은 문학 전공자가 잘못 해석된 시로 〈가지 않은 길〉을 제일 먼저 꼽는다는 사실은 최근까지도 프로스트의 시구를 이용해 관습 철폐를 외친 이들에게 충격적인 소식일 수 있다. 하지만 '아름다움은 같았지만'과 '똑같이 발길이 닿아 있던 길이었네'처럼 꼼꼼히 살펴보면 프로스트가 두 길의 상태가 동일했다는 사실을 반복적으로 설명했음을 알 수 있다. 결과적으로 화자가 선택한 길은 더 혁신적이거나 위험한 길이 아니었고 '발길이 드문 길을 택했다고'는 미래의 화자가 과거 자신의 선택을 회상하며 할 말을 예상해본 것뿐이다. 마지막 행 '그리고 모든 것이 달라졌다고'의 달라진 모든 것을 비주류를 선택한 용기 있는 자에게 주어지는 보상으로만 해석할 수는 없다. 어떤 길을 선택했든 그 달라짐은 긍정적인 것이다. 실제로 프로스트 자신도 이 시를 매우 모호한 시라고 설명하곤 했다. 마지막 4연은 알려지지 않은 세계로의 모험을 지지하는 태도보다는 어떤 선택이든 그 선택의 최종적인 결과에 대한 프로스트의 생각을 보여준다고 해석할 수 있다. '시간이 흐르고 흐른 뒤에'는 사실 그렇지 않았다 하더라도 오래 전 자신의 선택이 용감하고 중요한 것이었다고 기억하기 마련이다.

프로스트가 〈가지 않은 길〉을 통해 익숙하지 않은 위험을 감수하는 이들에게 격려를 보내려 했던 것인지 혹은 모든 선택에 뒤따르는 기억의 복잡한 단면들을 살펴보고 싶었던 것인지는 알 수 없다. 그러나

시의 가치를 결정하는 것은 시인이 아니라 독자이다. 프로스트는 자신의 시로 인해 수많은 독자가 위험을 무릅쓰고 모험적인 선택을 하게 될 거라는 생각은 못했겠지만 상관없다. 의도하지 않았지만 이 오해로 인해 역사상 가장 숭고한 역할을 한 시가 되었으니 말이다.

길에 이끌리다

발길 닿지 않은 코스모스가 내 집
제멋대로인 이방인은 길을 가네.
나의 애인은 여전히 끝없는 길과
위험으로 빛나는 두 눈이네.

– 로버트 루이스 스티븐슨,
스코틀랜드 소설가이자 시인, 시집《여행의 노래 외》에 수록된〈젊음과 사랑: 나〉중, 1896

별 보는 방법

쉽고 편리하게 이용할 수 있는 크라우드소싱 기반의 리뷰 시스템과 달리 전문 레스토랑 평가 시스템은 일반인이 이해하기에 쉽지 않다. 세계적으로 저명한 여러 전문 레스토랑 평가 시스템과 이해를 돕기 위한 설명을 정리해보았다.

최하	평가 기구	최상
✿	미슐랭	✿ ✿ ✿
"요리가 훌륭한 레스토랑"	1900년 자동차 운전자를 위한 정보 책자에서 시작된 최고의 고급 레스토랑 리뷰 시스템	"요리가 매우 훌륭하여, 특별한 여행을 떠날 가치가 있는 레스토랑"
	유럽, 미국, 일본	
★	포브스	★★★★★
"요리의 특별함이나 지역적 특색 또는 개성적 분위기 면에서 훌륭한 경험을 할 수 있다"	1958년 모빌 트래블 가이드로 시작되어 전 세계로 확대되고 있는 호화 여행을 위한 랭킹 시스템	"아주 훌륭하고 특별한 요리를 경험할 수 있다"
	유럽, 북아메리카, 카브리 해, 라틴아메리카, 아시아	

13/20[1]	고 에 미요	19.5/20
"평범하지 않은 좋은 요리"	1961년 파리의 진보적인 레스토랑을 소개하는 시리즈로 시작되어 수준 높은 요리를 소개하는 영향력이 큰 평가서	"아주 획기적이고 뛰어난 요리"
	유럽	
	AAA	
"간단하고 경제적인 음식, 시간이 부족할 때 빠르게 식사가 가능"	1902년 자동차 클럽으로 시작되어 자동차 서비스 및 여행 정보를 제공하는 비영리 대기업	"최상의 재료를 사용해 유명 셰프가 특별히 요리한 최고의 음식"
	북아메리카	
0-10	저갯[2]	26-30
"별로 ~ 평균"	1979년 뉴욕 레스토랑 가이드로 시작해 구글에 인수된 다양한 분야를 아우르는 리뷰 시스템	"특별함 ~ 완벽함"
	미국, 토론토, 밴쿠버, 런던	

1 ››› 1부터 20까지 평가 등급이 있지만 낮은 등급을 받은 식당은 가이드북에 실리지 않고 높은 등급을 받은 식당만 아래 기준대로 요리사 모자를 받을 수 있다.

1-12 -
13-14
15-16
17-18
19
19.5

2 ››› 전문가 리뷰와 크라우드소싱 리뷰를 모두 활용한다.

급류 타기

다음 분류표는 미국 급류 타기 협회에서 처음 제작한 것으로 현재 세계적으로 널리 활용되고 있는 안전한 급류 타기에 필요한 기술의 난이도 분류이다. 빠르게 몰아치는 물살이 초래할 수 있는 잠재적 위험성에 대한 일반 지침일 뿐이며 강의 상태에 대한 정확한 묘사가 아니니 유의하자. 강의 수위가 변화하면 아주 빠른 속도로 매우 위험해질 수 있다.

국제 강 난이도 등급

분류[1]		설명
1	난이도 하	여울과 작은 물결이 있는 빠른 물살. 짧은 훈련으로 쉽게 피할 수 있는 명확한 장애물이 약간 있음.
2	초급자 난이도	굳이 찾지 않아도 넓고 명확한 수로가 있는 간단한 급류. 드물게 기술이 필요하기도 함.
3	중급자 난이도	피하기 쉽지 않은 보통의 불규칙적인 물결이 있는 급류. 유속이 빠른 지점에서는 고급 기술이 필요하며 특히 물길이 좁거나 튀어나온 바위 주변을 지날 때 보트를 잘 다루어야 함.
4	고급자 난이도	강력하지만 예상 가능한 급류로 물살이 거칠 때는 보트를 정확하게 잘 움직여야 함. 자력 구조가 어려울 수 있음.
5	전문가 난이도	상당히 오래 진행되고 장애물이 많으며 거친 급류로 추가적인 위험까지 초래할 수 있음. 물살이 잔잔한 소(沼) 사이 급류 구간이 길어 체력 소모가 큼. 전문가도 자력 구조가 어려울 수 있음.
6	난이도 극상의 탐험적 시도	실제 사례가 거의 없는 극도로 어렵고 예측할 수 없으며 위험한 급류. 작은 판단 실수가 매우 위험한 상황으로 이어지며 자력 구조가 불가능. 전문가로 구성된 팀만 가능.
보다 세부적인 난이도 분류를 위해 +/-를 붙이기도 함.		

1 ››› 또는 등급.

임신부의 비행

항공사마다 만삭 임신부의 비행 가능 여부를 판단하는 규정을 갖추고 있다. 산모와 아이의 건강 상태에 대한 우려 때문이 아니라 갑작스러운 출산에 대비한 준비가 기내에 갖추어져 있지 않기 때문이다. 상세 규정은 항공사마다 다르지만 보통 28주 이상 임신부의 경우 전문가의 소견서를 제출해야 하며 36주 이상 임신부는 아예 비행기를 탈 수 없는 항공사도 있다. 임신부는 몇 주차인지 관계없이 의사와 상담 후에 비행하는 것이 좋다.

안전벨트를 착용해 주십시오

비행기를 타면 겪게 되는 난기류는 불규칙적이고 예측할 수 없는 공기의 흐름을 의미한다. 눈에 보이지 않고 가늠하기도 힘든 난기류로 인해 비행기가 떨리거나 크게 흔들리기도 하지만 기체에 실제적인 위협이 되지는 않는다. 항공 기술의 발달과 귀찮은 안전벨트 규정 덕분에 난기류로 인한 부상이 발생할 확률은 극히 낮다. 미국 내에서 난기류로 인한 부상 발생 확률은 약 3천만분의 1이다. 그래도 걱정이 된다면 난기류의 영향을 가장 많이 받는다고 설명되는 뒤쪽 좌석은 피하는 것이 좋다.

실제로 난기류의 영향을 받는 것은 기체가 아니라 승객의 심리 상태이다. 탑승할 때부터 겁에 질려있던 승객[1]이라면 진동을 느끼며 애초에 집을 떠나온 스스로를 끊임없이 자책할 수도 있다. 하지만 전혀 걱정하지 않아도 된다. 난기류로 인해 비행기가 잠깐 흔들릴 수는 있지만 목적지까지의 안전한 비행에는 아무 문제가 없다.

1 ››› 미국인 6명 중 1명은 비행 공포를 호소한다.

반려동물 여권

좋은 친구와 함께라면 모든 여행이 짧다.

– 터키 속담

현재는 국제적으로 통용되는 '반려동물 여권'이 없으므로 반려동물과 해외여행을 하려면 각 국가의 동물 입국 규정을 꼼꼼히 알아보아야 한다. 하지만 2001년 후반에 규정을 통일하려는 노력의 일환으로 일부 EU 회원국에서 '반려동물 여행 규정PETS, Pet Travel Scheme'을 도입하였다. 이 규정은 반려동물의 여행 절차를 간소화하고 동물들이 격리되는 시간을 최소화하기 위해 만들어졌다. PETS는 현재 51개국에서 운영되고 있다.

PETS의 궁극적인 목표는 반려동물이 특정 질병에 대한 검사를 받고 필수 서류를 갖추면 PETS를 도입한 국가 간에 자유로운 여행이 가능하도록 만드는 것이다. 하지만 많은 국가에서 각기 다른 규정을 추가로 요구하고 있기 때문에 표준화된 하나의 '반려동물 여권'으로 여러 국가에 입국하는 것은 아직 불가능하며 장기적인 목표라고 볼 수 있다.

표준화된 '반려동물 여권'은 아직 없지만 PETS의 기본 개념만으로도 반려동물 여행 규정 발전에 큰 도움이 되고 있다. 다음은 반려동물의 해외여행을 위한 최소한의 기본 요구 조건이라고 보면 된다. 다만 가정에서 키우는 개와 고양이, 페럿에만 적용된다. 그 외 동물의 경우 해외여행 절차가 훨씬 복잡하다.

반려동물의 해외여행을 위한 기본 조건

> 출생 12주 이상
> 마이크로칩 삽입
> 최소 21일 전에 광견병 예방접종
> 예방접종 기록과 여행 가능한 건강 상태임을 증명하는 서류

다시 한 번 강조하지만 결국 반려동물의 입국 가능 여부는 동물의 여행 이력, 예방접종 여부, 품종 등 각 국가마다 다른 추가 기준에 따라 결정된다. 또한 항공기, 철도, 선박의 반려동물 탑승 규정도 회사마다 다르다.

반려동물과 함께하는 해외여행은 정말 품이 많이 드는 일이다. 하지만 이러한 규정에는 명백한 이유가 있다. 특정 질병이 종 전체를 위협하는 엄청난 결과를 초래할 수 있으며 동물 밀수도 많은 국가에서 우려하는 문제이다.

장수마을

블루존Blue Zone은 잔니 페스 박사와 미셸 풀랭 박사가 만든 용어로 장수하는 사람이 특히 많은 지역을 의미한다. 다음은 지구상에서 100세 이상 인구 비율이 가장 높은 지역들이다.

일본 오키나와 · 이탈리아 사르디니아 · 미국 캘리포니아 주 로마 린다
코스타리카 니코야 · 그리스 이카리아

두 사람은 꾸준하고 적당한 운동, 사회적 활동과 가족 관계, 채식 위주의 식습관을 장수의 요인으로 꼽았다.

아주 오래된 호텔

세계에서 가장 오래된 호텔은 일본 야마나시의 유명한 온천 근처에 있는 니시야마 온센 케이운칸이다. 705년에 35개 객실로 시작해 52대째 한 가문에서 운영해오고 있다.[1]

1 ››› 한 가문은 맞지만 모든 세대의 혈통이 같지는 않다. 일본에서는 가문의 대를 잇거나 가업을 유지하기 위해 성인을 양자로 들이는 일이 드물지 않다. 입양 중 95% 이상이 20세에서 40세까지의 성인 입양이었던 해도 있다.

여권

추가 조건

대부분의 나라에서는 다음 2가지 추가 조건을 요구한다.

빈 페이지 수: 2	여권 만료까지 기간: 6개월

여권 소지자가 해당 국가에 머무는 동안 여권이 유효한 상태여야 하므로 요구되는 조건이다. 언제나 확실한 입국을 위해서는 해당 국가의 최신 요구 조건을 확인해야 한다.

여권 사진

잘 알고 있겠지만 여권은 나라 사이의 국경을 지날 때 직원에게 보여줘야 하는 서류로 네가 누군지 어디서 태어났는지 있는 그대로 사진을 찍었을 때 어떻게 생겼는지 알려주지.

– 대니얼 핸들러 (필명: 레모니 스니켓),
미국 작가

여권 사진이 필요한 이유는 보통 2가지이다. 여권 발급 신청 또는 재발급에 필요하고 국가에 따라 입국 시 사진을 요구하는 곳도 있다. 아래 두 가지 크기 중 하나로 사진을 준비하면 문제없다.

대부분의 국가에서 비자 신청 시 여권 사진을 2장 요구하므로 여행을 떠날 때 여권 사진을 여러 장 챙기는 것을 추천한다. 여행지에서도 사진을 인화할 수 있는 곳은 많지만 출발 전에 여러 장을 인화해두면 시간과 돈, 에너지를 아낄 수 있다. 다음은 국제적으로 통용되는 규정이지만 방문 국가의 현재 규정을 확인해보는 것이 제일 확실하다.

미국 사진 크기:
50.8mm × 50.8mm

유럽연합 사진 크기:
35mm × 45mm

여권 사진 규정

- 컬러 사진
- 평균적인 조도와 대비에 선명한 초점
- 사진용 종이에 인화
- 정확한 비교를 위해 최근 6개월 이내 촬영[1]
- 정면을 바라보는 얼굴 전체를 촬영
- 두 눈을 모두 뜬 무표정

> 색상이 짙은 안경이나 모자는 착용하면 안 됨

> 그림자 없는 흰색 또는 미색 배경

> 평소에 늘 착용하는 맞춤 안경이나 가발, 청력 보조기구는 착용 가능[2]

> 제복 착용 불가능, 일상복 착용

> 머리카락이 얼굴을 가리거나 얼굴에 그림자가 지면 안 됨

1 ››› 외모에 큰 변화가 없는 한 크게 강조되는 규정은 아니다.
2 ››› 안경에 반사되는 빛이 전혀 없어야 하므로 안경은 벗고 찍는 것을 권장한다.

스탬프는 필요 없어요

여권에 스탬프를 찍지 않을 수도 있다는 사실에 놀라는 여행자도 있을 것이다. 보통은 다음 3가지 이유로 스탬프를 찍지 않는다.

페이지 절약

대부분은 다양한 색상의 여권 스탬프를 보며 지난 여행을 추억하지만 해외여행이 잦은 경우에는 여권 페이지가 너무 금방 채워져 곤란할 수 있다.

타국 입국에 문제가 될 수 있는 국가

국가 간의 명시적인 적대 관계가 형성되어 있는 경우 상대 국가를 방문하고 온 여행자의 입국을 거부하는 곳도 있다. 지정학적인 구분은 끊임없이 변화하기 때문에 이러한 정책도 유동적이지만 분명하고 고정적인 예로 이스라엘 여권 스탬프를 들 수 있다. 현재 이스라엘 방문 이력이 있는 여행자는 이란, 이라크, 쿠웨이트, 레바논, 리비아, 파키스탄, 사우디아라비아, 수단, 시리아, 예멘에 입국할 수 없다.[1]

이러한 상황을 고려해 이스라엘 국경에서는 문제가 생기지 않도록 여권에 스탬프를 찍어주지 않거나 나중에 뗄 수 있게 스탬프를 찍은 별도의 종이를 여권에 스테이플러로 붙여주기도 한다. 하지만 그렇다고 해서 마음을 놓을 수는 없다. 꼼꼼한 직원은 입국과 출국 일자를 확인해 정확한 여행 일정을 파악할 수 있기 때문이다.

자국 입국에 문제가 될 수 있는 국가

일부 국가에서는 자국민을 대상으로 특정 국가를 여행하기 전에 특별한 자격이나 허가, 비자를 필수로 요구하거나 특정 국가로의 여행을 제한하기도 한다. 최종 목적지는 문제없더라도 경유하게 되는 국가가 문제가 될 수 있다. 이러한 상황을 설명하고 스탬프를 찍지 않거나 별도의 종이에 찍어줄 수 있는지 요청을 해보아야 한다. 하지만 스탬프가 남지 않아도 여행 이력을 조사할 수 있으니 확실한 방법이라고는 할 수 없다.

항상 그렇듯이 관련 규정은 안내 없이 변경되기도 하고 담당 직원에 따라 다르게 적용되기도 한다. 보통은 제대로 확인하지 않는 규정도 있고 적당한 뇌물[2]로 넘어갈 수 있는 규정도 있는 반면 때에 따라 국가 간 적대감이 고조되어 엄격하게 지켜야 하는 규정도 있을 수 있다. 상황을 잘 파악하고 어떻게 하면 스탬프를 찍지 않을 수 있는지 주변 여행자들에게 물어보자.

1 ››› 드문 일이기는 하지만 알제리, 방글라데시, 브루나이, 인도네시아, 말레이시아, 오만, 아랍에미리트연합국 입국에도 문제가 될 수 있다. 본문에 언급된 국가들은 물론이고 이 국가들은 이스라엘 여권 소지자의 입국을 거부한다. 하지만 이스라엘을 방문했더라도 국적이 다른 경우에는 보통 입국을 허용해준다는 점에서 차이가 있다.

2 ››› 뇌물에 대한 정보는 266쪽 참조.

여권이 2개

외교관이나 국제구호단체 직원, 정부 고위 관료들은 2개 이상의 여권을 가지고[1] 정기적으로 외국을 방문한다. 하지만 여권을 2개 갖는 특권이 이 직업군에만 한정되는 것은 아니다. 일반 여행자들도 다음과 같은 경우에 여권을 하나 더 발급받을 수 있다.

이중국적

나라마다 규정이 다르다. 이중 국적 자체를 인정하지 않는 나라도 있고 부모나 조부모가 그 나라 출신이면 간단한 절차로 여권을 발급해주는 나라도 있다.

신청하기

여권이 추가적으로 필요한 합당한 이유만 확인되면 추가 여권을 발급해주는 나라들이 있다. 미국에서는 출입국이 잦은 여행자에게 다음의 두 경우에 갱신되지 않는 2년짜리 여권을 발급해준다.

첫 번째는 현재 여권에 찍힌 스탬프나 비자 정보로 인해 특정 국가 입국이 거부될 수 있는 경우이고 두 번째는 비자 발급 절차가 진행 중이라 현재 여권을 사용할 수 없는 경우이다.

여권을 2개 들고 여행할 때에는 혼동이나 의심의 여지가 있어 꼭 밝혀야 할 때를 제외하고는 여권이 하나가 아니라는 사실을 말하지 않는 것이 좋다. 또한 입국 도장을 받은 여권에 출국 도장을 받아야 한다는 사실도 잊어서는 안 된다.[2]

1 ››› 고위직 외교관에게는 외교 여권이 발급되며 국제구호단체에서는 'UN 여권'이라 불리는 UN 통행증을 이용하는 경우가 많고 국가의 공적인 일로 해외를 방문하는 고위 관료는 관용 여권을 사용한다.

2 ››› 입국 조건에 대한 정보는 90쪽 참조.

여권 지키기

여행자의 배낭에서 가장 중요한 물건을 하나 꼽으라면 여권이다. 여권을 잃어버리지 않기 위한 팁을 확인하자.

여권번호로 대신하기

여권번호는 한 사람에 한 번호만 발급되는 것이 아니라 여권마다 발급되므로 여권을 갱신하거나 새로 발급받으면 번호도 달라진다.

여권을 통째로 맡기기 불안하다면 주민등록번호나 신용카드 정보로는 어렵지만 여권번호 제출로 보통 일처리가 가능하다. 호텔이나 호스텔 예약을 위해 여권번호와 유효기간 그리고 가능한 경우 여권 사본이 요구되는 것이 일반적이며 법으로 정해진 규정인 국가도 있다. 이는 투숙자의 신분을 확인하고 합법적인 입국 사실을 확인하기 위한 절차이다. 조금이라도 불안하거나 의심스럽다면 개인 정보는 함부로 알리지 않는 것이 최선이지만 사실상 여권 정보만으로 저지를 수 있는 범죄는 거의 없다고 보안 전문가들은 말한다.

여행 기간이 길면 셀프 체크인을 하거나 비자 신청 양식을 작성할 때 계속해서 여권을 꺼내보지 않도록 초반에 여권번호와 유효기간을 외워두는 것이 좋다.

숙소에 맡기기

일부 숙소에서는 몇 시간 혹은 숙박 기간 내내 여권을 프런트데스크에 맡길 것을 요구한다. 여유로운 시간에 고객 정보를 기록해 놓으려는 편의를 위한 것이든 요금을 지불하지 않고 떠날까봐 담보로 잡아놓는 것이든 이러한 요구사항에 여행자는 불안하기 마련이다.

우리가 보통 모르는 사람과 함께 차를 타지는 않지만 택시는 자주 이용하는 것처럼 숙소에 여권을 맡기는 것도 숙박 시설에 대한 신뢰 문제이다. 안전하고 믿을 만하다고 생각되는 이름 있는 숙소라면 마음 놓고 여권을 맡겨도 괜찮지만 불안하다면 다른 방법을 협의할 수 있다.

사본 준비해두기

여권을 여러 장 컬러 복사해 가방 곳곳에 넣어두고 여권 스캔 파일을 본인과 가까운 친구에게 전자우편으로 전송하고 모든 여권 정보를 클라우드에도 업로드 해두자. 여권이 도난당하는 최악의 상황에 대비해 바로 대처할 수 있도록 준비해두어야 한다.

숙소에 보관하기

자물쇠로 잠글 수 있는 개인 보관함이든 객실 내 본인만 아는 위치든 호텔 금고든 어떤 방식이라도 숙소 보안을 믿을 수 있다면 여권은 늘 두고 다니는 것이 최선이다. 여행은 자유로워야 한다. 종일 여권처럼 중요한 물건을 들고 해변을 걷고 시장을 구경하면 내내 불필요한 불안함을 겪어야 한다. 특수한 상황도 있기 마련이지만 보통 숙소 도난 사건보다 공공장소에서의 도난이나 소매치기가 훨씬 많이 발생한다.

국가적으로 외국인은 항시 여권을 소지해야 한다는 규정이 있는 경우 컬러 복사본을 들고 다니자. 아주 드물게 실제 여권이 없다는 이유로 경찰과 문제가 생기거나 뇌물을 바라는 부패 경찰에게 이용당할 수도 있지만 규정을 어겼다고 심한 처벌을 받는 경우는 극히 드물다.

최악의 상황

여권을 잃어버리거나 도난당했을 경우 즉시 사본을 챙겨 대사관[1]에 연락을 취한다. 도난인 경우 현지 경찰에 신고해 임시 여권 발급 신청을 위한 공식 신고 자료를 받아두어야 한다.

1 ››› 대사관 또는 대사관이 없는 경우에 대한 정보는 283쪽 참조.

투지

Inveniam viam aut facium.
길을 찾을 수 없다면 만든다.

1899년 극지 탐험가 로버트 피어리는 심각한 동상을 입은 발가락들이 떨어져나가기 시작하자 엘즈미어 섬의 오두막 벽에 철학자 세네카가 했던 이 말을 써두었다. 로버트는 결국 발가락 7개를 절단하고도 솜을 채운 신발을 신고 수년간 탐험을 멈추지 않았다. 그의 주장대로 정말 1909년에 지리적 북극점에 도달했는지에 대해서는 논란이 많다.

시차증

첫날밤 효과FNE, First Night Effect는 잠자리의 편안함이나 피로한 정도와 무관하게 바뀐 잠자리에서 처음 자고 일어나면 피곤한 기분이 드는 현상을 의미하는 신경과학 용어이다. 수십 년간 보고되어온 생리적 현상이지만 최근에야 신경 촬영법 기술 덕분에 근본 원인을 밝혀냈다.

2016년 브라운대학교에서 진행한 연구에 따르면 익숙하지 않은 장소에서 잠이 들면 위험을 경계하는 진화적 특성으로 인해 좌뇌가 잠들지 않고 완전히 깨어 있다고 한다. 좌뇌가 야간 순찰대와 같은 역할을 하므로 이처럼 반 깨어있는 상태에서는 이상한 소리에 빠르게 반응할 수 있다. 실험 참가자들은 둘째 날부터 원래의 수면 상태를 보였고 연구자들은 여행을 자주 다니는 여행자의 뇌는 원한다면 의식적으로 첫날밤 효과를 감소시킬 수 있을 것이라 설명했다.

입국 장벽

머리가 길고 나팔바지를 입은 남성과 '히피'는 입국이 금지된다.

헤이스팅스 카무주 반다 대통령의 통치기간 동안 실제로 적용된 말라위의 입국 조건이다. 국경에서 머리가 긴 남성 여행자의 머리를 잘라주었고 이를 거부할 경우 입국이 허가되지 않았다.

초과예약

모든 항공사, 호텔, 여행사, 자동차 렌탈 회사의 동일한 목표는 빈자리 없이 판매 상품이 100% 이용되는 것이다. 하지만 계속해서 너그러워지는 환불 및 취소 규정으로 인해 예약 고객들을 신뢰하기는 쉽지 않다.

상황에 따라 다르지만 일반적으로 예약 건의 10%에서 50%가 실제 이용으로 이어지지 않고 예약을 취소하더라도 일정 금액을 환불받는다. 회사에서는 이러한 취소 건으로 인해 발생되는 손실을 예측하여 초과예약을 하게 된다.

환불이 예상되는 건수만큼 상품을 중복 판매하는 것을 초과예약이라 한다. 과거 데이터 통계 수치를 근거로 초과예약 건수를 결정하는데 보통 놀라울 정도로 정확하다.[1]

일찌감치 예약하고 지불도 완료한 소비자가 초과예약으로 곤란한 상황을 겪게 되면 몹시 짜증이 나겠지만 전문가들은 초과예약이 사실상 소비자에게 이로운 합법적 관행이라고 설명한다. 초과예약이 없다면 환불 규정이 엄격해지고 가격도 상승될 수밖에 없기 때문이다.

초과예약으로 인한 문제를 방지하려면 당일에 일찌감치 방문하고 예약을 확정해야 한다. 다음은 불행히도 초과예약으로 항공기 좌석이 나 호텔 객실을 뺏길 상황에 처했을 때 도움이 될 만한 정보들이다.

> 여행 일정이 조정 가능하다면 오히려 좋은 일이 될 수 있다. 회사에서는 초과예약 문제를 원만히 해결하기 위해 항공권 할인이나 식사 쿠폰 등 가능한 모든 혜택을 제공하고자 한다. 급한 일정이 없다면 일정을 바꾸는 조건으로 어떤 혜택을 제공받을 수 있는지 협상할 수 있다.
> 일부 국가에서는 초과예약으로 피해가 발생했을 경우 그 이상도 요구할 수 있다. 미국에서는 항공기 초과예약으로 인해 탑승을 못하게 되면 새로운 항공권 예약은 물론이고 1,300달러까지 추가로 보상을 받을 수 있다.
> 화가 나고 당황스럽겠지만 차분하게 담당자와 대화를 하자. 불만을 제기할 때는 논리적으로 상황을 설명하고 원하는 해결 방식을 명확하게 요구해야 한다. 통계 오류로 인해 충분히 발생할 수 있는 상황이다. 초과예약으로 인한 문제가 생기면 새로운 항공 일정이나 객실을 알아보고 보상 범위를 결정하는 일 등 상당 부분이 담당자의 재량으로 결정된다. 따라서 불필요하게 감정적인 태도를 취하면 내부 규정이나 법에서 정해놓은 최소한의 보상만 받게 될 수 있다. 하지만 곤란한 문제가 발생했음에도 상황을 이해하고 너그러운 태도를 보인다면 추가적인 보상까지 받을 수 있다.

1 ››› 2014년 주요 미국 항공사에서 초과예약으로 문제가 생긴 경우는 1%의 10분의 1의 10분의 1도 안 된다. 0.0091%, 즉 1만 명 중 1명만이 본의 아니게 초과예약 문제로 불편을 겪었다.

아름다운 말

mai pen rai (마이-펜-라이) 태국어. 관용구.

'천만에요'부터 '괜찮아요'까지 다양한 의미로 쓰이는 관용구. '없다'는 의미의 태국어 mai pen과 '수생곤충'을 의미하는 태국어 rai에서 온 말.

쉽게 들을 수 있는 이 태국어 관용구는 늦게 오는 버스를 기다릴 때에도, 오토바이가 파손되었을 때에도 할 수 있다. 살다보면 겪게 되는 불운에 괴로워하지 않겠다는 수용과 만족의 표현이다.

마이펜라이에 담겨있는 인생을 향한 너그럽고 다정한 태도는 태국인들의 정서뿐 아니라 세계 곳곳의 문화에서 찾아볼 수 있다. 스와힐리어의 '하쿠나 마타타'에서 스페인어의 '케세라세라'까지 여러 언어에 유사하게 쓰이는 말이 있다.[1] 어원은 제각기 다르지만 바꿀 수 없는 일이라면 받아들이고 외부 상황에 흔들리지 않고 평온한 마음을 유지하고자 하는 공통적인 철학을 담고 있다.

마이펜라이의 태도를 이해하고 받아들이는 일은 여행자에게 중요하다. 계획대로 흘러가지 않는다는 점이 여행의 가장 큰 특성이고 그렇기 때문에 빠르게 변하는 상황에 적응할 수 있는 능력이 필수적이다. 짐 분실에 비행기 연착, ATM 기계 고장까지 여러 가지 문제가 한꺼번에 터져버리면 여행 자체를 후회하게 되어버린다. 이러한 상황에서는 심호흡을 크게 하고 말도 통하지 않고 할 수 있는 일이 많지 않은 지구 반대편의 낯선 땅에서 엄청난 모험을 하고 있다는 사실을 생각하자. 여행 중에 겪게 되는 다양한 문제는 분명 더 고된 일이지만 불편을 감수할 만한 가치가 있다. 마음속으로 마이펜라이를 되뇌며 괴로움을 덜어내고 모험을 멈추지 말자.

1 ››› 둘 다 노래로 유명해진 말이다. '하쿠나 마타타'는 1994년 디즈니사의 '라이언 킹'에 등장했다. '아무 걱정이 없다'로 직역되는 '하쿠나 마타타'는 영화를 통해 널리 알려졌지만 실제 원어민들은 동일한 상황에서 '함나 시다'를 비롯한 다른 말을 더 많이 사용한다고 한다. '케세라세라'는 '될 일은 된다'라는 의미로 1956년에 큰 인기를 끈 도리스 데이의 노래 제목이다. '하쿠나 마타타'와 마찬가지로 문화적 인기 덕분에 실제 활용이 증가되었다.

깨끗하게 쓰세요

상점에서 지불을 할 때 외화의 경우 깨끗한 지폐만을 받는 것이 표준 관행인 나라들이 있다. 높은 위조 가능성이나 불안한 경제 상황, 익숙하지 않은 다른 화폐라는 점 등 여러 가지 원인이 복합적으로 작용해 외화에 대한 깊은 불신을 보이는 나라들이 많다. 일반적인 생각과 달리 취급해야 하는 특정 화폐가 법적으로 지정되어 있지 않고 상인의 재량으로 거부할 수 있다. 외화로 지불해야 할 경우에는 아주 꼼꼼하게 살펴볼 것을 예상하고 새 지폐와 같은 상태로 준비해야 한다. 그렇지 않으면 지폐의 가치를 전부 인정받지 못할 수도 있다.

거부될 수 있는 지폐

주름진 지폐 · 더러운 지폐 · 색 바랜 지폐 · 접힌 지폐
오래된 지폐 · 낙서가 있는 지폐

관점의 차이

> 뚜렷한 이유 없이 언제든 질문을 받게 될 수 있다.
> 총기 소지가 자유로운 편이다. 무기를 소지한 사람과는 절대 맞서 싸우면 안 된다!
> 대도시에서는 경제 상황이 좋지 않은 지역의 범죄 발생이 특히 밤 시간에 잦다. 사전에 주변 지역의 범죄 발생률을 확인해야 한다.
> 염소 처리된 수돗물의 맛은 좋지 않지만 위생은 안전한 편이다.

각각 멕시코, 독일, 캐나다, 오스트리아에서 자국민에게 안내하는 미국 여행 경보이다.

라운지 전쟁

1970년대 초반 미국의 주요 항공사에 보잉 747과 같은 초대형 항공기가 보급되면서 갑자기 승객이 부족한 상황이 발생하였다. 경기 침체로 항공사를 이용하는 승객이 줄어 좌석이 반도 차지 않은 항공기로 이륙하는 일이 잦았다. 승객을 늘리기 위해 아메리칸항공에서 270석 중 40석을 없애고 바를 설치하면서 이 유명한 라운지 전쟁이 시작되었다.

아메리칸항공에 대응해 트랜스월드항공에서 칵테일 테이블이 가득한 응접실 스타일의 라운지를 설치하였다. 그러자 아메리칸항공은 항공기 16대에 피아노를 설치하여 승객들이 바에서 마티니를 즐기며 다 함께 노래하며 어울릴 수 있는 자리를 마련하였다. 비행 중에 스티비 원더의 공연이 진행되기도 했던 유나이티드항공에서는 정기적으

로 와인 시음행사와 캐리커처 행사를 주최했다. 콘티넨털항공은 하루 4번 로스앤젤레스와 호놀룰루를 오가는 비행에 '포크 록 팝'이라는 노래를 부르는 듀오 '파인애플 스프리츠'를 고용했다. 그리고 라운지 전쟁은 시작되었을 때처럼 갑자기 끝이 났다.

경기가 살아나면서 이용 승객 수가 회복되었고 항공사들은 값비싼 프로모션을 제공하며 서로 과한 경쟁을 하면 결국 모두가 이익을 보지 못한다는 사실을 깨달았고 자연스럽게 휴전 상태에 들어갔다. 이후 1973년 국제 석유 파동으로 연료 가격이 상승하면서 항공사의 이윤 기준점이 재조정되었다. 결과적으로 항공사들은 질이 아닌 양의 최대화에 집중하기 시작했고 이러한 항공 산업 추세는 현재까지도 이어지고 있다.

연결된 세계

여행에 있어 인터넷 접속이 필수가 되어가고 있는 시대인 만큼 많은 국가에서 온라인을 통해 어떤 정보를 얻는지 엄격하게 감시하고 있다는 사실을 알아두어야 한다. 소셜 미디어 플랫폼 등 특정 웹사이트 접근을 금지하는 국가도 있고 정치적 반대 의견을 피력하는 특정 키워드가 포함된 페이지를 차단해놓기도 하며 일부 전체주의 국가에서는 정보 확산을 막기 위해 네트워크 자체를 이용하지 못하게 한다고 알려져 있다. 점점 더 많은 사람이 인터넷에 접속하고 있지만 인터넷이 가진 힘이 얼마나 강력한지 국가적으로 인지하기 시작하면서 오히려 인터넷 사용의 자유는 줄어들고 있다.

많은 국가에서 광범위한 인터넷 검열을 하고 있을 뿐 아니라 정부의 인터넷 검열이 체포로 이어지는 일도 잦아지고 있다. 최근 블로그 포스팅부터 페이스북 상태 업데이트까지 다양한 사유로 일반 시민과 여행자가 체포 구금되었다. 하지만 이들 대부분은 열렬한 정치 운동가나 혁명을 부르짖는 급진주의자가 아니라 풍자가 숨겨진 만화를 리트윗하거나 왕실의 사진에 댓글을 단 평범한 사람들이었다. 선진국에서 온 여행자들은 인터넷에서 완벽한 익명성이 보장된다고 믿고 온라인에서 취한 행동이 이처럼 중대한 실제 상황을 초래할 수 있으리라고는 생각하지 못한다. 온라인에만 적용되는 법일지라도 여행하는 국가의 법을 무조건 따라야한다. 인터넷에 비판적인 글을 올릴 때는 늘 유의해야 하며 특히 검열법이 적용되는 국가에서 권력 있는 사람의 실명을 거론할 때는 더 조심해야 한다.[1]

기본적으로 시계, 전화, 노트북을 포함한 모든 인터넷 기기는 온라인 상태에서 식별 가능한 정보를 송신한다. 국가는 이 정보를 이용해 어떤 사이트에서 접속하는지 볼 수 있고 경우에 따라 기기 사용자의 신원을 추적하기도 한다. 이러한 검열을 피하려면 자료의 출처를 위장해야 하는데 보통 다음 2가지 방법 중 하나를 이용할 수 있다.

	프록시	가상 사설망 (VPN)
설명	기기와 네트워크의 중개 역할을 하며 사용자의 인터넷 트래픽이 다른 기기에 속한 것처럼 보이게 함	중개 역할을 하며 인터넷 트래픽의 출처를 숨겨주고 모든 송수신 정보를 암호화함
비유 표현	공공 다리	개인 터널
비용	무료지만 유료 옵션도 있음	유료로 보통 월정액
대표적인 접속 경로	인터넷 브라우저	기기에 설치된 전용 프로그램
보안성	매우 낮아 자료가 쉽게 유출되니 절대 비밀번호나 민감한 정보를 입력하면 안 됨	높음
안정성	낮아 충돌이 잦음	높음
평균 속도	제한된 대역폭을 여러 명이 이용해 자주 느려짐	옵션에 따라 다르지만 한 명만 이용하므로 공공 프록시에 비해 빠름
일반적인 용도	중국의 인터넷 카페에서 유튜브에 접속하는 경우처럼 검열로 차단되지만 비교적 민감하지 않은 사이트에 잠시 접속할 때 사용	검열을 피하면서 신상 정보를 보호하고자 할 때 사용하며 모든 온라인 활동을 VPN을 통해서만 하는 여행자도 있음

국경 없는 기자회에서 작성한 인터넷 감시와 검열이 가장 심한 국가 목록이다.

러시아	수단	이란
미국	시리아	인도
바레인	아랍에미리트연합국	중국
베트남	에티오피아	쿠바
벨라루스	영국	투르크메니스탄
북한	우즈베키스탄	파키스탄
사우디아라비아		

1 ››› 왕실이나 정부 관료를 향한 모욕과 관련된 법에 대한 정보는 48쪽 참조.

쉽지 않은 국제택배

여행 중간에 집으로 짐을 보내는 일은 생각보다 아주 복잡한 문제이다. 구체적인 계획 없이 무거운 기념품을 사 모아놓고 언제든 짐이 부담스러워지면 소중하게 모아온 물건들을 집으로 보낼 수 있을 거라는 안일한 생각은 현명하지 못하다. 이론적으로는 아주 간단하고 마음 편한 일이지만 실제로는 그렇지 않다. 이 괴로운 딜레마는 어떤 나라를 가든 비슷하다. 국영 택배 시스템은 비교적 저렴하지만 느리고 분실 위험이 높은 것으로 악명이 높고 사설 택배 회사는 믿을 수 있지만 엄청나게 비싸다. 여행자는 물건이 배송 중에 분실될 위험성을 감수하거나 적정 기간 내에 안전하게 배송될 수 있도록 물건의 실제 가치보다 훨씬 비싼 가격을 지불해야 하는 괴로운 상황에 놓이게 된다. 그러므로 미리 계획적으로 짐을 꾸리고 물건의 실제 가치를 냉정하게 따지며 다시 사용하지 않을 물건은 교환도 고려해보아야 한다.[1] 또한 발송 국가와 수신 국가 모두 관세 규정을 꼼꼼히 확인해야 한다.

택배를 보내기로 결정했다면 요즘은 거의 모든 국가에서 보다 정확한 수송 소요 계산을 위해 체적 중량[2]으로 요금을 부과한다는 사실에 유의하자. 다음은 페덱스, UPS, DHL등 주요 운송사에서 활용하고 있는 국제 택배의 체적 중량 계산법이다.

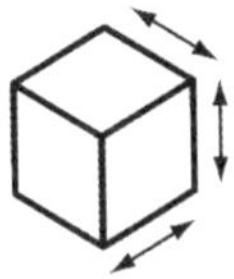	인치 계산 체적 중량(파운드) =	(길이 인치 × 너비 인치 × 높이 인치) / 139
	미터 계산 체적 중량(킬로그램) =	(길이 센티미터 × 너비 센티미터 × 높이 센티미터) / 5,000

위 방법으로 계산된 체적 중량과 실제 중량을 비교해 더 많이 나가는 중량으로 요금을 부과한다. 즉 가볍더라도 부피가 크면 작고 무거운 택배만큼 비용이 들 수 있다. 추가적인 비용과 규정이 적용되거나 요금 산출법이 달라질 수 있다는 사실에 유의하자.

1 ››› 교환에 대한 정보는 234쪽 참조.
2 ››› volumetric weight, dimensional weight, cubed weight 모두 체적 중량을 의미하는 용어이다.

유럽 대륙 순회 여행

유럽 여행이 영국 신사가 되는 교육의 마지막 단계라는 관행에 일리가 있다.

– 에드워드 기번,
《자서전: 나의 삶과 글》(1796)

현대 여행사의 시초라고 여겨지는 유럽 대륙 순회 여행은 17세기 유럽에서 시작된 전통이다. 부유한 가문에서는 학교를 갓 졸업한 아들을 유럽 대륙의 주요 도시로 여행을 보내 미술과 음악, 철학, 사교 능력 등을 교육시키고자 했다. 젊은이들은 예술 작품을 수집하고 상세한 기록을 남겨야 했으며 결속 강화를 위해 다른 귀족 가문의 자제들과 어울려야 했다. 이러한 관행은 대서양을 건너가 아메리카 대륙의 가문에서는 유럽의 문화와 예절을 배워오라며 아들뿐 아니라 딸까지 여행을 보냈다.

하지만 실제로 유럽 대륙 순회 여행이 늘 목표했던 것처럼 지적인 자극으로 충만한 교양 있는 탐험은 아니었다. 예술품 수집보다 타국의 사창가에 관심이 많았던 이도 있었고 가문의 재산을 와인과 도박에

탕진하는 일이 많았다. 그럼에도 불구하고 유럽 대륙 순회 여행은 특별한 군사적, 경제적, 종교적 이유 없는 여행 자체의 개념을 확산하고 일반화하는 데 기여했다.

19세기에 들어서면서 철도와 증기선이 보급되었고 유럽 여행이 더 이상 특권이 아닌 시대가 되었다. 해외여행이 더 이상 부유한 가문 출신 엘리트의 전유물이 아니게 되었고 제한적인 유럽 대륙 순회 여행의 인기가 사그라지고 대중 관광의 시대가 시작되었다.

유럽 대륙 순회 여행의 전형

- 중요한 소지품: 소개장과 신용장, 기록과 스케치를 위한 도구, 결투를 위한 검과 총, 해시계, 귀족과의 식사 자리에 입을 격식 있는 옷 여러 벌
- 여행 동반자: 관광 안내원 또는 보호자 역할을 겸하는 가정교사, 마부, 요리사, 짐꾼, 하인
- 여행 일정: 런던 → 칼레 → 파리 → 제네바 → 토리노 → 밀라노 → 피렌체 → 로마 → 나폴리 → 베네치아 → 뮌헨 → 빈 → 베를린 → 브뤼셀 → 런던

짧은 만남

ichigo ichie (이치고-이치에) 일본어. 관용구.

근본적으로 모든 인간관계는 잠깐일 뿐이니 소중하게 여겨야 한다는 속담. '시간'을 의미하는 일본어 ichigo와 '만남'을 의미하는 일본어 ichie에서 온 말.

'한 번, 하나의 만남'이라는 의미의 이치고이치에는 누군가와 함께하는 선물과도 같은 소중한 시간을 가벼이 여겨서는 안 된다고 강조한다. 어떤 상황이든 그 만남이 다시는 없을 수도 있으니 나중을 기약하지 말고 그 순간에 그 사람을 소중히 여겨야 한다고 말한다.

여행은 기본적으로 짧은 만남으로 가득하다. 계속 길을 나아가야 하니 어쩔 수 없는 일 중 하나이다. 하지만 여행에서의 만남은 짧기 때문에 더욱 강렬하다. 길 위에서 만나 함께 밥을 먹고 숙소를 찾고 낯

선 곳에서의 감동을 나누며 빠르게 가까워질 수 있다. 두려운 외국 땅에서도 동행이 함께 하면 길을 잘 찾아 나갈 수 있고 단순히 사진을 찍어달라고 부탁하거나 짐을 맡기는 것 이상으로 짧은 시간 안에 믿고 의지하게 된다. 이 세상에 내가 아는 모든 이가 수천 마일 멀리 떨어져 있는 상황에서 느끼게 되는 심리적 공허함을 여행지에서 만난 친구 덕분에 잊을 수 있다. 그러다 때가 되면 나는 북쪽으로 그들은 남쪽으로 떠난다.

요즘은 소셜 미디어 계정만 교환하면 연락을 이어나갈 수 있으니 좋은 세상이다. 하지만 페이스북에 외국인 친구를 추가한다는 점이 중요한 것은 아니다.

그 사람과의 만남을 소중히 생각하자. 이 세상 낯선 땅에서 만나 함께 보냈던 멋진 시간을 간직하는 것이다. 다시는 볼 수 없는 사람이라 해도 이치고이치에를 생각하며 그때의 만남을 소중히 여기는 것만으로도 충분하다.

세상을 경험하라

햇살 안에 살고, 바다를 헤엄치고, 바깥 공기의 생기를 마셔라.

– 랠프 왈도 에머슨,
미국 시인이자 수필가, 《삶의 지침》(1860)

현지인처럼 말하기

토착지명은 현지인들이 자신들이 살고 있는 지역을 부르는 이름이고 외래지명은 외부 사람들이 부르는 이름이다. 국명인 경우에는 보통 토착지명과 외래지명이 같거나 비슷하지만 전혀 다른 경우도 가끔 있다. 다음은 토착지명과 외래지명이 다른 나라의 목록이다.

여러 가지 언어를 사용하는 나라에는 해당 언어에 따라 토착지명도 모두 달라진다. 여기서는 가장 널리 사용되는 언어를 기준으로 정리하였다. 철자와 발음에 다소 차이가 있을 수 있다.

국가	토착지명	영어 발음
그리스	헬라스	Hellas
남한	대한민국	Tae Han Min'guk
독일	도이칠란트	Deutschland
모로코	알 마그리비야	Al Maghribiyah
몬테네그로	츠르나고라	Crna Gora
몰디브	디베히라제	Dhivehi Raajje
부탄	드루크율	Druk-yul
북한	조선	Chosŏn
사우디아라비아	알 아라비야 앗 수디야	Al-'Arabiyah as Suudiyah
스웨덴	스베리예	Sverige
아랍에미리트연합국	알 이마라트 알 아라비야 알 뭇타히다	Al Imarat al Arabiyah al Muttahidah
아르메니아	하야스단	Hayasdan
알바니아	슈키프리	Shqipri
에스토니아	에스티	Eesti
오스트리아	외스터라이히	Österreich
요르단	알 우르둔	Al-Urdunn
이집트	미스르	Misr
인도	바라트	Barat
일본	닛폰	Nippon
조지아	사카르트벨로	Sakartvelo
중국	중 궈	Zhong Gua
캄보디아	캄푸치아	Kampuchea
크로아티아	흐르바트스카	Hrvatska
태국	무앙 타이	Muang Thai
핀란드	수오미	Suomi
헝가리	마자르오르사그	Magyarország

nomophobia (노-모-포-비아) 영어. 명사.
휴대폰이 없거나 휴대폰을 사용할 수 없는 상황에서 느끼는 공포 또는 불안. '휴대폰이 없다'는 의미의 영어 no mobile과 '공포'를 의미하는 그리스어 phobia에서 온 말.

여행의 정수는 하고 싶은 대로 생각하고 느끼는 자유, 완벽한 자유이다.
우리는 다른 사람들은 물론이고 나 자신조차 뒤에 남겨두고
모든 장애와 불편함에서 벗어나고자 여행을 떠난다.

– 윌리엄 해즐릿, 《여행을 떠나다》(1822)

기술의 발전은 여행에 이루 말할 수 없이 많은 혜택을 안겨주었지만 동시에 길 위에서 온전히 혼자가 된다는 여행의 본질을 약화시켰다. 이제 휴대폰이 없었던 세상을 모르는 세대의 여행이 시작되었고 어딜 가든 이 디지털 기술의 굴레를 벗어날 수 없게 되었다.

여러 소셜 미디어 플랫폼에 의존하는 과한 경우를 제외하더라도 요즘의 사회생활에서는 지속적인 인터넷 이용이 잘 살고 있음을 보여주는 증거와 같은 것이 되었다. 몇 달을 기다려야 고향으로 보낸 편지가 도착했던 과거와 달리 이제는 몇 시간만 연락이 끊겨도 걱정하는 세상이 되었다.

노모포비아는 여행자가 보고 듣고 경험하는 것에 온전히 몰입할 수 없게 한다는 점에서 여행에 해롭다. 무언가 놓칠까봐 불안해하고 혹은 자신이 잊힐까봐 두려워하면 여행에 집중할 수 없다. 하지만 다행히 해결 방법이 있다.

연락을 하는 쪽과 받는 쪽 모두의 합의가 있어야 해결이 가능하다. 여행하는 동안 언제, 얼마나 자주 연락을 할지 미리 이야기해두자. 편리함을 위해서이기도 하지만 여행에 임하는 마음가짐의 문제라는 점을 설명하도록 한다. 새로운 환경을 경험하며 동시에 떠나온 집을 계속해서 생각하는 것은 감정 소모가 심한 일이다. 휴대폰은 떠나온 집에서 무슨 일이 벌어지는지 계속 알려주는 마음의 족쇄 같은 존재가 아니라 정말 위급한 순간에 생명줄로 쓸 수 있는 연락 수단이 되어야 한다.

여행은 근본적으로 이기적인 행동이고 그래야만 한다. 원하는 모든 경험과 감정을 공유할 수 있지만 자신만의 것도 남겨놓을 필요가 있다. 저녁노을을 찍기 위해 휴대폰을 내려다보는 그 순간에 우리가 보는 것은 저녁노을이 아니다. 자유롭게 길을 떠나 사라지자. 휴대폰 신호가 잡히지 않는다고 불안해하지 말고 그 기능 제한을 진정한 자유로 받아들이자.

사랑은 조심스럽게

여행 중에는 사랑 그리고 섹스와 관련된 주제들을 조심스럽게 다루어야 한다. 특히 이 주제를 둘러싼 세계의 문화 관념이 매우 다양하고 종교와도 깊은 관련이 있기 때문이다.

다음의 성과 관련된 표현들은 어떤 나라에서는 눈살을 찌푸리고 말 일이지만 다른 나라에서는 명백한 불법이어서 벌금을 내거나 추방되거나 구금되거나 심지어 사형을 당할 수도 있다. 보수적인 나라를 여행할 때는 사전에 특정 법규를 살펴보고 명확하지 않을 때는 보수적인 태도를 취하는 것이 좋다.

이성애	공공장소에서의 애정행각은 물론이고 아주 평범한 포옹이나 신체 접촉, 또는 이성과 함께 있는 것만으로도 문제가 될 수 있다.
의상과 나체	많은 국가에서 나체와 외설적인 의상을 법으로 금지하고 있지만 정확한 의미는 나라마다 차이가 크다.
동성애	일부 국가에서는 동성애를 명백히 법으로 금지하며 문화적으로 받아들이지 않는 국가도 많다. 동성애자로 의심되는 것만으로도 심각한 상황에 처할 수 있는 지역도 있으니 각별히 주의해야 한다.
음란물	음란물을 공식적으로 금지하는 국가는 많지만 음란물의 범위에 대해서는 다양한 해석이 있다. 문학 작품과 노출 없는 이미지도 음란물로 포함하는 해석도 있으며 음란물 소지에는 파일 등 디지털 형태의 음란물도 포함된다.

다른 국적 간의 교제	외국인과 내국인의 관계를 법으로 제한하거나 문화적으로 심하게 배척하는 국가들이 있다. 법으로 전면 금지된 곳도 있고 지참금을 요구하거나 특정 허가증을 발급받아야 하는 곳도 있다.
성관계 승낙 연령	합법적으로 성관계를 승낙할 수 있는 연령은 12세(앙골라)부터 21세(바레인)까지 나라마다 다양하다.
결혼 여부	종교적으로 보수적인 여러 국가들은 호텔 방에 함께 투숙하지 못하게 하는 등 결혼하지 않은 커플에게 여러 제한 사항을 둔다.
피임	특정 국가에서는 일부 피임 방법이 불법이거나 이용하기 어렵다.

자연재해

여러 주요 자연재해의 경고 징후와 대처 요령을 정리해보았다.

자연재해가 빈번하게 발생하는 지역을 여행할 때에는 언제나 상황을 주시하고 모든 준비를 갖추고 있어야 한다. 위험할 수 있는 상황을 피하고 늘 조심하며 대피 명령이 떨어지면 즉시 대피한다. 다음 대처 요령들은 안전한 대피가 불가능한 경우에 적용된다.

지진

특수 장비 없이 사람이 인지할 수 있는 지진의 일정한 발생 징후는 없다. 본진 발생 몇 시간 혹은 며칠 전에 미세하게 여러 차례 발생하기도 하는 전진이 유일하게 인지 가능성이 있는 경고 징후라고 볼 수 있다. 하지만 전진이 발생하지 않는 경우도 많으며 큰 지진을 예측할 수 있는 믿을 만한 변수로 여겨지지는 않는다.

- 실내로 몸을 피하되 창문 가까이 있지 말고 다층 건물인 경우 낮은 층일수록 좋다. 잔해가 떨어질 수 있으니 충격을 흡수할 수 있는 폭신한 물건으로 몸을 보호하고 머리를 감싼 채 바닥에 웅크린다. 본진의 규모에 따라 몇 주 혹은 몇 달까지도 발생할 수 있는 예측할 수 없는 여진에도 대비해야 한다.

쓰나미

썰물, 땅의 진동, 평소보다 큰 파도, 급격히 높아지는 조수, 바다에서 나는 우르릉거리는 굉음을 동반한다.

▸ 즉시 뭍으로 올라와 계곡을 피해 지대가 높은 곳으로 대피한다. 절대 해변으로 다시 내려가서는 안 된다. 쓰나미는 한 번의 큰 물결로 끝나지 않고 믿을 수 없이 강력한 해일이 연속되므로 위험 상태가 몇 시간 동안 지속된다는 사실에 유의해야 한다.

토네이도

회전하는 깔때기 모양의 구름, 고요하던 날씨가 계속되다가 갑자기 시작되는 강한 비와 바람, 우르릉거리는 지속적인 굉음을 동반한다.

▸ 실내로 몸을 피하되 창문 가까이 있지 말고 다층 건물인 경우 낮은 층일수록 좋다. 잔해가 떨어질 수 있으니 충격을 흡수할 수 있는 푹신한 물건으로 몸을 보호하고 머리를 감싼 채 바닥에 웅크린다. 정전에 대비한다.

눈사태 또는 산사태

최근 근방에서 발생한 눈사태 또는 산사태, 불안정하게 가볍게 쌓여있는 눈, 눈 표면의 균열, 평소와 다른 소리. 갑작스러운 온도 상승, 강풍 등 큰 날씨 변화. 최근에 내린 눈. 아무 징후 없이 발생할 수도 있다.

▸ 계속해서 달아나되 무너져오는 잔해에 묻히지 않도록 최대한 팔을 휘저으며 수영하듯 움직인다. 가능하면 나무를 붙잡도록 한다. 눈사태 또는 산사태의 속도가 조금 누그러지면 손으로 얼굴 쪽에 구멍을 파서 숨 쉴 수 있는 공간인 에어 포켓을 만든다. 침을 뱉어 어느 쪽이 위인지 판단할 수 있다.

눈보라

폭풍, 높은 습도, 영하의 몹시 추운 기온을 보인다.

▸ 밖에 나가지 말고 물을 계속 받아두고 보온에 필요한 연료를 절약하

며 정전에 대비한다. 차 안일 경우에는 일산화탄소 중독을 방지하기 위해 배기관을 확인한다. 보온을 위해 간헐적으로 엔진을 켜되 연료 절약을 위해 잠깐씩만 작동한다. 비상등을 켜거나 안테나에 눈에 잘 띄는 색으로 표시를 해 사람이 있다는 것을 알린다. 지속적으로 수분을 보충하고 절대 밖으로 나오지 말고 차 안에 머물러야 한다. 실외에 있을 경우에는 몸을 피할 곳을 찾는다. 눈을 먹으면 체온이 떨어지니 눈을 물로 녹여 수분을 보충한다. 손끝과 발끝까지 혈액이 잘 순환되도록 가벼운 운동을 지속한다.

홍수

지속적인 강우, 진흙 등 부유물이 가득한 강물, 강물 범람, 댐 또는 부두 손상. 아주 사소한 경고 징후에도 순식간에 홍수가 발생할 수 있다.

- 최대한 빠르게 높은 지대로 대피한다. 떨어진 전깃줄을 조심해야 한다. 유속이 빠른 물은 몹시 강력해서 물 높이가 15cm(6in)만 되어도 성인이 몸의 균형을 잡기 어렵고 60cm(2ft)면 자동차 등도 휩쓸릴 정도이다.

들불

가뭄, 고온, 자연 발생적으로 가뭄이 온 지역, 마른 초목, 폭풍, 낮은 습도. 아무 징후 없이 발생할 수도 있다.

- 모든 형태의 천연 가스나 프로판 가스를 차단한다. 활용할 수 있는 모든 용기를 동원해 물을 받는다. 땔감이나 가스탱크 등 가연성 물질을 모두 치운다. 바람이 들지 않도록 창문과 문을 닫아두되 잠그지는 않는다. 냉난방 장치를 끄고 불을 켠 상태로 연기가 들어오는지 확인한다. 연기 흡입을 피하기 위해 낮게 엎드려서 물에 적신 헝겊을 입에 대고 호흡한다.

사이클론 · 허리케인 · 태풍

구름으로 덮인 하늘, 거세지는 바람, 기압 하강, 폭우가 쏟아진다.

▸ 실내로 몸을 피하되 창문 가까이 있지 않는다. 다층 건물인 경우 낮은 층일수록 좋다. 잔해가 떨어질 수 있으니 충격을 흡수할 수 있는 푹신한 물건으로 몸을 보호하고 머리를 감싼 채 바닥에 웅크린다. 정전에 대비한다.

화산폭발

가벼운 떨림, 가스 유출, 지면 온도 상승, 수증기 배출, 지반 팽창. 아무 징후 없이 발생할 수도 있다.

▸ 장애물이 거의 없어 용암이 빠르게 내려올 수 있는 계곡이나 길을 피한다. 용암을 피하는 것도 중요하지만 빠르게 흘러 내려가는 토사와 산사태도 마찬가지로 몹시 위험하다. 화산재 흡입을 피하기 위해 마스크나 물에 적신 헝겊으로 호흡기를 가린다.

위험과 책임

겁이 많으면 집에 있어야지

– 판사 벤저민 카르도조

이후 미국연방대법원 판사까지 올라간 판사 벤저민 카르도조는 1929년 머피 대 스티플체이스 놀이공원 소송의 판결을 맡았다. 원고는 플로퍼라 불리는 스티플체이스 놀이공원의 놀이기구에 탑승하고 무릎을 다쳐 소송을 제기했다. 카르도조는 "스케이터가 가끔 넘어진다고 스케이트장을 폐쇄할 수는 없다"고 말하며 놀이공원의 편을 들어주었다.

기업을 위한 안식처

미국 델라웨어 19801 윌밍턴 노스오렌지가 1209

애플과 코카콜라, 포드, 구글, 월마트까지 25만 개가 넘는 미국 기업의 법적 주소지이다. 대기업들은 델라웨어 주의 여러 혜택 중에서도 우호적인 법인세 혜택을 받기 위해 이곳에 발을 붙이고 있다.

잘못 기억된 영웅

1919년 5월 앨버트 C. 리드가 5명의 승무원과 함께 공군 커티스 4호를 타고 최초로 대서양을 건넜다.

1919년 6월 존 올콕과 아서 브라운은 최초로 한 번도 멈추지 않고 대서양을 건넜다.

그리고 1927년 6월 찰스 린드버그는 최초로 혼자서 한 번도 멈추지 않고 대서양을 건넜다.

이미 70여 명이 넘는 사람들이 대서양 횡단 비행을 한 후였지만 린드버그는 그 어떤 비행술의 선구자보다 유명해졌고 심지어는 지금도 다른 이의 업적이 그의 업적으로 오해되는 경우가 많다. 여러 복합적인 이유가 있는데 첫째로 그의 비행은 최초로 광범위하게 생방송 라디오 중계가 되며 미국 언론을 통해 대대적으로 홍보되었다. 둘째로 젊고 잘생긴 린드버그의 이야기는 사람들의 흥미를 끌었고 그는 출판과 관광 상품을 통해 자신의 인기로 이윤을 창출하는 방법을 잘 알고 있었다. 셋째로 이전의 많은 횡단 사례와 달리 린드버그는 유명한 큰 도시인 뉴욕에서 파리로 쉬지 않고 비행했고 덕분에 2만 5천 달러의 오티그 상을 수상하기도 했다.

줄을 서시오

영국의 줄서기 전통은 한 사람씩 순서대로 줄지어 서서 자기 차례를 기다리는 행동을 말한다. 모여든 여러 사람을 정리할 수 있는 이 지루하면서도 체계적인 방법은 자연스레 다른 영어 사용 국가로 퍼져나갔고 현재 미국, 캐나다, 오스트레일리아를 비롯한 여러 국가의 기본 개

념이 되었다. 하지만 체계적인 줄서기 관행이 세계 모든 곳에서 행해지는 것은 아니다.

물론 노인이나 몸이 불편한 이들을 배려하는 양보의 태도는 전 세계적으로 유사하게 나타나지만 그 외에 상당 부분에서는 나라마다 공통점을 찾기 어렵다.

그 예로 여러 동아프리카 국가에서는 가만히 뒤에 서 있기만 하면 상인이나 다른 손님의 눈에 아직 구매 결정을 하지 않은 것으로 보인다. 이곳에서는 잠자코 불러주기를 기다리는 것이 아니라 큰 소리를 내며 공격적으로 서비스를 요구하는 것이 손님의 책임이다.

중국을 비롯한 일부 국가에서는 다른 사람에게 앞자리를 양보하는 행동에 상당한 계급의식이 반영되어 있다고 본다. 우선순위를 넘겨준다는 것은 그 사람이 사회적으로 자신보다 높은 위치에 있음을 공개적으로 인정하는 행동으로 여겨진다. 그래서 모두들 1등이 되어 가장 중요한 사람으로 받아들여지고 싶어 하기 때문에 정신 없는 무질서 상태가 발생하곤 한다.

반면 일본과 같은 몇몇 국가에서는 줄을 설 필요도 없다. 중요한 스포츠 경기가 있는 경기장 앞을 예로 들면 도착해서 테이프로 표시를 하거나 작은 물건만 두고 자리를 떠난다. 다시 돌아와도 다른 사람들이 자신의 자리를 존중하고 비워놓으리라는 믿음이 있기 때문이다.

개인 공간 개념에 대한 정의가 나라마다 다르고 문화적인 차이도 크기 때문에 여행자는 방문하는 나라의 줄서기 문화가 어떻게 형성되어 있는지 알아두어야 한다. 누군가 새치기를 한다고 생각되더라도 그들의 개념에는 아예 줄이 없는 것일 수도 있으니 화를 내선 안 된다. 영국 기차역에서처럼 한 줄로 줄을 서는지 몽골의 시골 장터처럼 소리를 지르는지 다른 사람들을 잘 살펴보고 그대로 따라하면 된다.

어여쁜 달 이름

알려져 있는 달의 지명 중 일부이다.

천둥의 반구
위기의 바다
폭풍의 대양
증오의 호수

부패의 습지
거칢의 만
바람의 섬
불모의 땅

시장 바로 알기

화이트 마켓

합법적 시장
쇼핑몰, 슈퍼마켓

그레이 마켓 또는 블루 마켓

불법이지만 통상적으로 허용되는 시장
불법 환전소, 모조품 시장[1]

블랙 마켓

불법이며 처벌되는 시장
마약, 무기[1]

구매의 대상이 아니라 구매의 주체에 따라 거래의 불법성이 판단될 수 있다는 사실에 유의하자. 아무리 해당 물건을 파는 시장이 공개적이고 현지인도 동일한 물건을 아무렇지 않게 사고판다고 하더라도 엄밀히 따졌을 때 불법인 물건을 구매하는 외국인에게만 그 불법성의 책임을 물을 수 있다.

파티를 좋아하는 여행자가 동남아를 여행하며 손님에게 불법 약물을 공개적으로 권유하고 심지어 가격과 설명이 인쇄된 메뉴판이 있는 술집에 갔다고 해보자. 약물 구매와 복용이 합법인 것처럼 보이는 상황이지만 법적으로는 분명히 금지되어 있는 경우가 대부분이다.[2] 자유로운 나라에서 허용되는 즐거움을 경험한다고 가볍게 생각했다가는 체포되거나 매우 엄격하게 적용되곤 하는 약물 관련 처벌을 피하기 위해 뇌물을 요구받을 수도 있다. 이와 같은 법 집행의 주관성은 전 세계 어디에서든 흔히 발생한다. 그러므로 여행 중에 무언가를 구매할 때는 아무리 시장이 자연스러워 보인다고 해도 적용될 수 있는 모든 법에 적합한지 확인해야 한다.

1 ››› 예시로 든 물품은 지역에 따라 다르며 모든 국가에서 불법은 아니다. 국가마다 다른 법에 대한 정보는 225쪽 참조.

2 ››› 법 집행의 주관성 및 네덜란드의 헤도헌(gedogen) 개념에 대한 정보는 221쪽 참조.

나아가기

겸허하고 충실하게 두려움을 버리고
상하지 않게 제 앞길을 나아간다.
둘러볼 만한 항구가 근처에 있으니
모든 물결이 황홀하구나.

– 랠프 왈도 에머슨, 미국의 시인이자 수필가
〈테르미누스〉 중에서, 1866

자물쇠

소지품을 안전하게 보관하는 것이야말로 많은 여행자들이 가장 중요하게 여기는 일일 것이다. 여행자와 여행자의 짐을 보호할 수 있는 자물쇠를 고르는 데 도움이 될 정보들을 정리해보았다.

단념시키기

보안 전문가들은 자물쇠 중에서도 특히 여행에 사용하는 자물쇠의 주된 역할은 도난 방지가 아니라 단념시키기라고 이야기한다. 작정한 도둑이 소지품에 접근할 수 있고 충분한 시간과 필요한 장비만 있다면 실제적으로 절도를 방지할 수 있는 자물쇠는 거의 없다. 하지만 아무리 쉽게 풀리는 단순한 자물쇠여도 일단 자물쇠로 소지품을 잠가두었다면 도둑은 그 짐을 노릴 생각을 단념하게 된다. 저렴하고 단순한 자물쇠라도 도둑이 아무 자물쇠도 하지 않은 여행자로 목표를 변경하도록 만드는 중요한 역할을 할 수 있다.

비밀번호 vs 열쇠

비밀번호 자물쇠와 열쇠 자물쇠 각각 장단점이 있지만 여행자가 쓰기에는 여러모로 비밀번호 자물쇠가 편리하다. 무엇보다도 작은 열쇠를 잃어버릴까 염려하지 않아도 되기 때문에 좋다. 정신 없는 여행 중에는 열쇠를 잃어버리기 쉬우며 유사한 열쇠 자물쇠를 열 수 있는 마스터키가 이미 전 세계 도둑들 손에 들어가 있다. 또한 비밀번호 자물쇠는 믿을 수 있는 동행들과 공유하기에도 편리하다. 비밀번호를 잊어버릴까봐 걱정된다면 본인만 아는 쉬운 번호로 맞추어두자. 마지막으로 도둑이 자물쇠를 풀기로 마음을 먹었다면 번호를 맞추거나 핀을 꽂아 돌리는 것 보다는 그냥 내려치거나 끊어내는 거친 방법을 사용할 것이다. 사실상 끊어내어 버리면 비밀번호 자물쇠든 열쇠 자물쇠든 상관없기 때문에 보다 편리한 비밀번호 자물쇠를 사용하는 것을 추천한다.

인증 자물쇠

항공사나 정부 기관의 규정에 따라 짐을 보호할 계획을 세워야 하는 경우도 있다. 한 예로 미국교통안전청은 특정 기관에서 생산하는 자물쇠를 인증해 주는데 그중 트래블 센트리사 제품이 가장 널리 사용된다.

이 마크가 있는 자물쇠는 확인이 필요한 경우 보안 직원이 마스터키를 사용해 열 수 있다. 사실상 대부분의 가방이 안전하지 않지만[1] 이 자물쇠도 안전성이 높지는 않다. 인증된 자물쇠만 사용해야 한다는 규정은 없지만 인증되지 않은 자물쇠를 사용했을 경우 확인 과정에서 자물쇠나 가방이 크게 손상될 수 있다.

다양하게 준비하기

문부터 창문, 보관함, 가방, 자전거까지 적합한 종류의 다양한 자물쇠로 보호해야 할 것들이 아주 많다. 어떤 자물쇠를 가져갈지 결정할 때에는 어떤 여행을 계획하고 있는지 생각해보자. 럭셔리 호텔에 머무는 출장보다는 호스텔에 머무는 배낭여행에 자물쇠가 더 많이 필요할 것이다. 다음은 여행자가 챙겨두면 유용하게 쓸 수 있는 자물쇠들이다.

	**비밀번호 맹꽁이자물쇠 1개** 문과 보관함에 사용. 일반 보관함에 사용 가능한 두께인지 확인해야 함. 무겁지만 그만한 효용이 있음.
	**비밀번호 케이블자물쇠 1개** 독특한 모양의 보관함과 캐비닛, 창문, 가방, 자전거 고정대 등에 사용. 얇을수록 활용도가 높음.
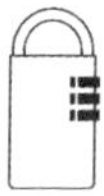	**작은 인증 비밀번호 자물쇠 여러 개** 너무 크지 않은 가방에 사용. 안정성이 높지 않지만 가볍게 드는 작은 가방에 사용하면 소매치기를 단념시키는 효과를 볼 수 있음.

1 ››› 대부분의 가방이 쉽게 찢을 수 있는 재질로 되어 있다. 또한 지퍼의 이음새에 볼펜을 찔러 넣으면 지퍼를 열고 가방 안의 내용물에 접근할 수 있다.

내륙국가

육지로 둘러싸이거나 대양과 접해있지 않은 나라는 총 44개국이다. 그중 2개 국가는 육지로 둘러싸인 국가들에 이중으로 둘러싸여 있어 최소한 두 나라를 지나야 대양에 닿을 수 있다.

리히텐슈타인

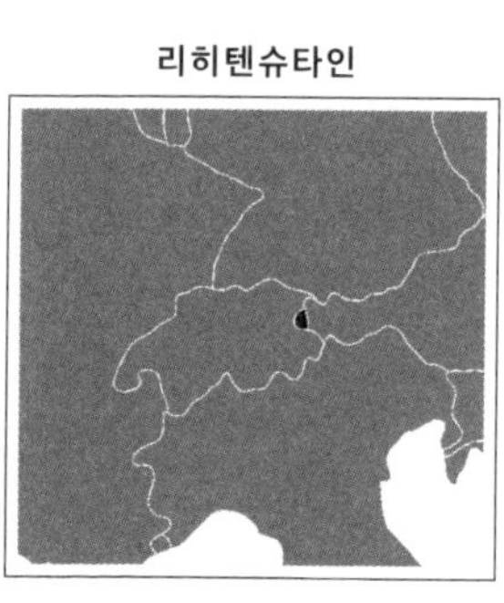

우즈베키스탄

위도와 경도 알아보기

39°	21′	41.7132″	N
도	**분**	**초**	**방향**
76°	38′	2.0436″	W

<table>
<tr><th>설명</th><th colspan="2">다른 표시 형식</th></tr>
<tr><td rowspan="4">본초 자오선을 기준으로 E/W
적도를 기준으로 N/S
60초가 1분 (60″ = 1′)
60분이 1도 (60′ = 1°)
위도 1도 = 111km</td><td colspan="2">도분 형식: 39° 21.695220′ N, 76° 38.034060′ W</td></tr>
<tr><td colspan="2">도 형식: 39.361587, -76.633901
(음수 위도 = S, 음수 경도 = W)</td></tr>
<tr><th colspan="2">정확성</th></tr>
<tr><td>소수 한 자리 수
= 도시</td><td>소수 여섯 자리 수
= 꽃 한 송이</td></tr>
</table>

의사소통

처음으로 해외여행을 떠난 미국인들은 지난 30년 동안의 모든 발전에도 불구하고 아직도 많은 사람들이 영어가 아닌 다른 언어를 쓴다는 사실에 충격을 받기도 한다.

– 데이브 배리, 미국 작가

언어의 다양성을 목격하는 일은 세상이 주는 여행의 큰 즐거움 중 하나이다. 우리의 감각을 마구 자극하는 이국의 언어는 낯선 곳에 왔다는 설렘을 한층 더 높여준다. 하지만 필요한 정보가 있는 급박한 상황에서는 이 특별한 즐거움을 선사하는 외국어가 괴로움이 되기도 한다. 요즘에는 스마트폰 번역 애플리케이션을 이용해 다양한 언어로 쉽고 정확하게 의사소통을 할 수 있지만, 지원되지 않는 언어도 있고 스마트폰을 사용할 수 없는 상황이 발생할 수 있기 때문에 의사소통 능력은 여행자에게 필수이다.

다음은 언어 장벽을 해소할 수 있는 효과적인 방법들이다.

일단 해보기

명확한 언어의 가장 큰 적은 불성실함이다.

– 조지 오웰,
《정치와 영어》(1946)

영어 사용 국가 출신 여행자는 자신의 모국어가 세계를 여행하며 가장 유용하게 쓸 수 있는 언어라는 점에 감사해야 한다. 물론 사용자 수는 중국어에 미치지 못하지만 영어가 훨씬 널리 사용되며 사실상 국제 공통어로 활용되고 있다.

하지만 영어가 아무리 전 세계 문화권에 퍼져있다고 해도 무턱대고 현지인들이 영어를 할 줄 알 것이라 생각해서는 안 된다. 최소한 인사와 감사 표현은 현지어로 할 줄 알아야 한다. 이에 더해 숫자와 방향, 음식, 숙소 관련 단어를 알아두면 몹시 유용하다. 가장 중요한 점은 엉터리 문법에 우스꽝스러운 억양이라 할지라도 소통하려는 시도 자체에 있다. 현지어로 소통해보고자 진심으로 노력한 다음에 영어로 대화가 가능한지 정중하게 묻는 것이 적절한 태도이다. 이렇게 하면 현지인도 기꺼이 소통할 수 있는 방법을 함께 찾아보려고 할 것이다. 하지만 현지어 한 마디도 배워볼 노력을 하지 않는 여행자를 위해 자기 나라에서 모국어를 사용하며 살아가는 현지인들이 모두 영어를 할 줄 알 것이라 생각하는 것은 매우 모자란 생각이다.

의견을 덧붙이지 말 것

확신이 없을 때는 어설프게 얼버무리는 것보다 입을 다무는 편이 낫다.

– 메리 프렌치 셸던,
《술탄에서 술탄까지: 동아프리카의 마사이 족과 여러 부족들》(1892)

공유하는 언어가 없는 사람과 대화를 나눌 때에는 상대방이 대답하기 전에 먼저 의견을 제시하지 않도록 유의해야 한다. 먼저 대답을 제시해버리면 다른 이야기를 하는 것보다 신속하고 쉽게 대화가 마무리되기 때문에 그대로 동의해버리기 쉽다. 다음과 같은 질문을 했다고 생각해보자.

걸어서 얼마나 걸려요? 세 시간?

질문을 받은 사람은 당신이 제시한 의견이 실제와 거리가 멀어도 단순히 이 대화를 마무리하기 위해 그렇다고 대답할 수 있다. 그렇기 때문에 추측한 의견을 제시하는 것보다 상대방의 대답을 기다리는 편이 좋다. 그 동안 상대방은 질문을 충분히 생각하고 올바른 대답을 해줄 것이다.

걸어가면... 아홉 시간 정도요.

잘못된 대답

무슨 말을 하고 있는지조차 모르니
정확하게 말하고자 하는 것은 무의미하다.

– 존 폰 노이만,
헝가리계 미국인 수학자

일부 지역에서는 현지인, 특히 남성의 경우에 평범한 질문에 대한 답을 모른다는 사실을 인정하지 않으려는 태도를 보인다. 길의 방향 등 알 만한 정보일수록 모른다는 사실을 명확히 밝히는 것을 모욕적이고 부끄러운 일로 여기곤 한다. 일부 문화권에서는 서양의 여행자들이 생각하는 것보다 훨씬 중대한 사회적 오명으로 이어질 수도 있는 일이다. 솔직하게 모른다고 말하지 않고 차라리 잘못된 정보를 가르쳐주는 일이 빈번한 지역도 있다. 여행자는 누군가 대답을 해주면 당연히 그렇게 대답해준 이유가 있다고 생각하기 때문에 혼란스럽거나 불쾌할 수 있다. 하지만 흔히 겪을 수 있는 일이니 중요한 정보일수록 여러 사람에게 물어보는 편이 가장 안전하고 질문을 했을 때 확신이 없어 보인다면 그 대답은 신뢰하지 않는 것이 좋다.

얼음의 두께

다음은 안전한 활동을 위한 최소한의 얼음 두께를 정리한 목록이다. 얼음은 좁은 범위 내에서도 두께 차이가 심하게 날 수 있고 물가로 갈

수록 두껍게 언다는 사실을 기억하자. 언지 오래된 얼음은 흐릿하고 흰 빛깔을 띠며 새로 언 얼음은 맑고 검은 빛을 띠는데 다음 목록에서는 더 튼튼한 새로 언 얼음을 기준으로 한다. 안전을 확신할 수 있는 상황이 아니라면 함부로 얼음을 딛고 서서는 안 된다.

안전을 위한 최소한의 얼음 두께

활동	cm	inch
스키를 착용한 성인 1명	5	2
서 있는 성인 1명	8	3
얼음낚시를 하는 성인 1명	10	4
여러 명이 한 줄 서기	10	4
스노모바일	13	5
소형 자동차(1.8톤)	20	8
소형 트럭(2.7톤)	25	10
중형 트럭(3.6톤)	28	11
대형 트럭(7.3톤)	30	12

뜻밖의 행운

번역 때문에 실패한 국제 마케팅 사례가 있는 반면[1] 번역 덕분에 새로운 시장에 성공적으로 진출한 제품도 있다. 일본에 킷캣을 출시한 네슬레 경영진은 1월이면 폭발적으로 증가하는 판매량에 의아했다. 이들은 곧 제품명 '킷캣'이 행운을 비는 일본어 '킷토 카츠'와 발음이 비슷해 수험생을 위한 선물로 인기가 높다는 사실을 알게 되었다. 네슬레는 재빠르게 새로운 트렌드를 만들어냈고 구운 감자, 소금 수박, 팥, 와사비 등 다양한 맛을 출시해 일본에서 선풍적인 인기를 끌었다.

1 ››› 가장 잘 알려진 사례로 KFC는 손가락을 빨아 먹을 만큼 맛이 좋다는 의미의 슬로건을 활용해 중국에 진출하려 했지만 손가락을 빨아 먹어버리겠다는 의미로 잘못 옮겨져 실패했다. 국제 마케팅 실패 사례에 대한 정보는 265쪽 참조.

색깔 있는 바다

바다	위치	이유
백해	러시아 북서부	빙하로 덮여있고 연중 눈이 많이 옴.
홍해	아프리카 북부와 아라비아반도 사이	'바다 톱밥'이라고도 불리는 트리코데스미움 에리트레아라는 이름의 남세균이 붉은 빛을 띰.
황해	중국과 한반도 사이	인근 강에서 황색 토사가 유입됨.
흑해	유럽 남동부	물빛이 짙고 어두우며 고대에 항해하기 위험한 바닷길이었기 때문에 붙여진 이름이라고 하지만 정확한 이유는 알 수 없음. 중세 터키어 방언에서 '흑'이 '북'을 의미하고 '홍'이 '남'을 의미하기 때문이라는 설명도 있음.

여행하며 운전하기

국제운전면허증IDP, International Driving Permit은 정부에서 발급하는 국내 운전면허증에 추가적으로 발급되며 현재 170개국[1]에서 인정된다.

여권 크기의 종이 책자로 11개 언어로 번역되어 있으며 발급된 날부터 1년 후 또는 국내 면허증 유효기간 만료일 중 빠른 날을 기준으로 만료된다.

국제운전면허증은 거주 국가의 정부 또는 인증된 운전면허 관련 기관에서 발급받을 수 있다. 신청할 때에는 여권 사진[2] 2장이 필요하고 소정의 발급 수수료를 내야 한다. 국외에서만 효력이 있으며 거주 국가 내에서는 활용할 수 없다.

국제운전면허증은 독립된 하나의 자격증이 아니라 국내 면허증을 널리 활용할 수 있도록 번역된 서류 정도로 생각해야 한다. 국제운전면허증을 발급받으려면 국내 면허증이 있어야 하고 항시 국내 면허증을 함께 소지해야 효력이 인정된다.

하지만 국제운전면허증을 인정하는 국가에서 국내 면허증을 지참했다 하더라도 언제나 운전이 허가되는 것은 아니다. 입국 시 국제운전면허증을 해당 국가의 국내 면허증으로 교환해야 하는 곳도 있고 운전 허가를 받기 위해 수수료를 지불해야 하는 곳도 있다. 보험, 나이 제한, 성별,[3] 체류 기간, 렌터카 규정 등 여러 요소에 대한 국가마다의 규제가 추가 적용된다. 운전을 계획하고 있다면 해당 국가의 최신 규정을 확인해야 한다.

운전할 계획이 없다 하더라도 국제운전면허증은 신분을 확인하는 수단으로 활용하기 좋다. 국내 면허증은 해외에서 신분증으로서의 역할을 거의 하지 못하지만 여러 언어로 번역되어 있는 국제운전면허증은 신분을 확인하거나 필요한 정보를 공유하는 데 유용하게 쓰인다.

마지막으로 해외 운전에 대한 오해와 혼동을 이용한 사기에 유의하자. 공식 국제운전면허증은 인증기관에서만 발급받을 수 있으며 발급 수수료는 30달러 이하이다. 추가적인 요구가 있다면 우선 의심해보아야 한다. 또한 IDP가 아닌 '국제운전면허증'은 존재하지 않으니 기억해두자.

1 ››› 국제운전면허증 불인정 국가: 나우루, 나이지리아, 남수단, 동티모르, 마셜제도, 마케도니아, 몰디브, 몽골, 미크로네시아, 바누아투, 부룬디, 북한, 브라질, 사모아, 소말리아, 솔로몬제도, 에리트레아, 에티오피아, 이라크, 중국, 키리바시, 통가, 투발루, 팔라우

2 ››› 여권 사진에 대한 정보는 187쪽 참조.

3 ››› 사우디아라비아에서는 여성의 운전이 금지되어 있다.

애매한 기준

gedogen (헤-도-헌) 네덜란드어. 동사.
엄밀하게 따지면 불법이지만, 알면서도 묵인하거나 허용하는 행동.

네덜란드의 헤도헌 개념은 대마초, 엑스터시 등 중독성 없는 마약에 대한 국가적 입장을 설명할 때 많이 인용된다. 공식적으로는 불법이지만 네덜란드 정부에서는 중독성이 없는 이러한 마약의 복용과 판매를 허용하고 있으며 상황에 따라 규제하고 세금도 부과하고 있다. 이와 같은 불법에 대한 '적극적 관용'의 태도는 도덕적, 경제적, 정치적으로 강한 논쟁을 불러일으키는 주제가 되곤 한다.

합법성 기준의 모호함은 네덜란드뿐 아니라 전 세계적으로 흔히 나타나는 현상이므로 여행자는 헤도헌 개념을 잘 이해해두어야 한다. 정확히 규정되어 있다고 하지만 실제로는 합법과 불법의 경계가 모호해 법이 어떻게 집행되는지 알기 어려운 나라들이 있다. 이에 더해 만연한 부패와 현지인과 외국인에게 달리 적용되는 법, 선택적인 법 집행에 영향을 미치는 수많은 문화적 요인까지 모두 고려하다 보면 법과 관습이 뒤섞인 혼란스러운 상태가 되어버리고 만다.

요점은 공식적으로 명시된 법은 언제든 집행될 수 있다는 것이다. 하지만 법은 법전에 담긴 대로만 집행되는 것이 아니라 정부의 의지에 따라 방향이 달라지기도 하며 계속해 변화하는 규정의 집합체이다. 하고 싶은 게 있다면 해당 국가에서 어떤 불법 행동이 실제로는 용인되는지 동료 여행자들에게 확인하고 행동하되 그 불법성은 명시되어 있으며 어길 경우 어떤 결과가 초래될 수 있는지 인지하고 있어야 한다.

제2의 고향

아주 드물지만 한 나라의 정부가 자발적으로 국토 일부분을 다른 나라의 영토로 인정하는 경우가 있는데 왕가의 일원이 해외에서 출산을 할 때 이런 경우가 발생한다. 다음의 사례들처럼 새로 태어나는 왕가의 아이가 명확히 모국 국적을 갖도록 만들기 위해서이다.

1943년 1월, 오타와, 국제화지역

캐나다 정부는 오타와 시립 병원의 분만실을 치외법권 지역으로 선포해 임시적으로 이 분만실에서의 출산이 국제화 지역에서의 출산이 되도록 만들었다. 국제화 지역에서 태어난 아기는 출산 국가가 아니라 어머니의 국적을 이어받게 된다. 이로써 네덜란드 율리아나 여왕의 딸 마그리트 프란시스카 공주는 네덜란드 국적을 가질 수 있었다.

1945년 6월, 런던, 유고슬라비아

영국 정부는 유고슬라비아 알렉산드라 여왕의 아들인 알렉산더 황

태자가 본국 국적으로 태어나도록 런던 클라리지스 호텔 스위트룸 212호에 대한 주권을 양도하였다. 출산 당시 침대 주변에 유고슬라비아에서 가져온 흙을 뿌려두었다는 이야기가 남아 있다.

1982년 3월, 요하네스버그, 알바니아

남아프리카공화국 정부는 요하네스버그의 샌튼 병원 분만실을 1시간 동안 알바니아 영토로 선언해 수잔 여왕의 아들 레카 왕자가 알바니아 국적으로 태어나도록 했다.

가명

유명인들이 여행을 할 때 사용하는 가명 중 알려진 것들을 모아보았다.

마릴린 먼로........ 젤다 종크
마이클 조던........ 클라크 켄트
마이클 잭슨........ 미스터 둘리틀
밀라 쿠니스........ 세뇨르 팬츠
슬래시........ I. P. 프리리
앤젤리나 졸리 .... 미스 롤리팝
어셔 .... 미스터 디네로
엘튼 존 .... 험프리 핸드백
오지 오즈번........ 해리 볼록스
저스틴 비버........ 챈들러 빙
저스틴 팀버레이크........ 미스터 우드폰드
제시카 알바........ 캐시 머니
제이지........ 프랭크 시나트라
조니 뎁 .... 미스터 오드퐁
톰 행크스........ 조니 마드리드
폴 매카트니........ 애플 C. 베르무트

흔적을 남기지 마세요

국고의 서기 해드나케트와 형제 파나키티가 함께 멤피스 서쪽에 여행 와 즐거워하였다.

– 이집트 기자에 위치한 신전 벽에 고대 이집트 문자로 적힌 낙서, 이집트, 기원전 1244년

세상을 여행하는 사람들이 생기기 시작했을 때부터 그중 일부는 여행의 흔적을 남기고 싶어 했다. 반달리즘 vandalism은 여행의 역사와 그 시작을 함께했고 이처럼 자아도취에 빠진 여행자들 때문에 위대한 유적지에 돌이킬 수 없는 손상이 남았다.

비교적 최근 들어 세계 각국의 정부는 낙서를 엄중 단속하기 시작했다. 역사적인 장소에 글을 쓰거나 새긴 여행자에게 2만 달러가 넘는 벌금이 부과되거나 상당 기간 징역이 선고되기도 했다. 유적지를 훼손하는 행위는 파괴적이며 무분별한 행동일 뿐 아니라 분명한 불법이므로 절대 해서는 안 된다.

빛과 소리

번개 빛을 본 후 천둥소리가 들릴 때까지의 초를 세면 폭풍이 얼마나 가까운지 대략 알 수 있다. 초를 세서 3으로 나누면 킬로미터 단위, 5로 나누면 마일 단위 거리가 나온다.

초	2	4	6	8	10	12	14	16	18	20	22	24
km	0.7	1.3	2.0	2.7	3.3	4.0	4.7	5.3	6.0	6.7	7.3	8.0
mi	0.4	0.8	1.2	1.6	2.0	2.4	2.8	3.2	3.6	4.0	4.4	4.8

지퍼가 걸렸다면

지퍼가 걸렸을 때는 지퍼 이음새에 비누나 립밤, 양초, 올리브오일, 유리 세척제, 바세린, 크레용, 흑연 연필을 문지르면 해결할 수 있다.

여행가의 모토

가능하면 한 번 간 길은 절대 다시 가지 않는다

역사상 가장 위대한 여행가 중 한 명으로 평가되는 14세기 모로코의 여행가 이븐 바투타의 모토이다. 21세에 16개월을 계획하고 메카로 성지순례를 떠났던 그는 탐험을 향한 자신의 열망을 깨닫고 24년간 고향으로 돌아오지 않았다. 이븐 바투타는 1325년부터 1354년까지 44개국을 여행하며 120,701km를 걸었다. 여러 차례의 조난을 경험하고 수많은 강도와 해적을 물리쳤으며 많은 국가의 왕족과 저녁식사를 함께하고 10번 이상 결혼을 하는 등 그의 모험담은 무궁무진하다.

로마에 가면 로마의 법을

방문하는 국가의 모든 법이 여행자에게도 예외 없이 적용된다는 사실을 항상 기억해야 한다.

고국에서 경험해 온 법적 평등이나 정치적 정당성을 기대해서는 안 된다. 한 나라의 법체계는 오랜 세월 동안 쌓여온 각기 다른 문화 역사의 산물이며 종교적 극단주의 또는 급진적인 정치 지도부의 영향에 따라 크게 좌우되기도 한다. 명확하게 성차별적이거나 인종차별적이며 노골적으로 호모포비아적 태도를 드러내거나 너무나 구식인 법을 집행하는 나라도 있다. 적법절차나 정당방위의 개념 자체가 존재하지 않는 나라도 많다. 개발 속도가 느린 국가일수록 경범죄라 할지라도 처벌이 강하며 신속하고 엄격하게 재판 선고가 내려진다. 해당 국가의 정부가 집행하는 법 규정보다 우선시 되는 국제법은 없다. 여행자가 외국 영토 내에서 범죄를 저질러 유죄 판결을 받은 이상 고국의 정부나 국제단체에서 할 수 있는 일은 많지 않다.

여행 중에 이와 같은 법적 문제에 휘말리게 될 가능성이 높다는 이야기가 아니라 여행자에게 익숙한 고국의 법과 상당히 다른 법을 기반으로 살아가는 사회도 있으니 주의해야 한다는 의미이다. 마약[1]이나 사랑과 섹스,[2] 사진 촬영,[3] 정치와 왕실[4] 또는 종교적 금기 행동과 관련된 일반적인 법 규정 외에도 덜 명확하긴 하지만 생활 전반을 모두 다루는 규정들이 나라마다 있다.

낯설어서 흥미로운 법부터 너무 엄격해 두려운 법까지 모든 법을 예외 없이 누구나 준수해야 한다. 여행자들이 주의해야 할 외국의 법은 이보다 훨씬 많지만 여러 나라에서 공통적으로 적용되면서도 비교적 덜 알려진 사례를 모아보았다.

> 바베이도스에서는 군복과 유사한 얼룩무늬 옷이 불법이다.
> 터키에서는 금속검출기 사용이 불법이다.
> 라트비아에서는 아동이 근처에 있는데 흡연을 하면 신체 학대로 간주한다.
> 르완다에서는 비닐봉지 사용이 불법이다.
> 노르웨이 스발바르에서는 도시 외곽을 여행할 때 북극곰의 공격에 대비해 총기를 소지해야만 한다.
> 중앙아프리카공화국에서는 마법을 썼다는 이유로 체포될 수 있다.

1 ››› 네덜란드의 헤도헌(gedogen) 개념에 대한 정보는 221쪽 참조.
2 ››› 사랑 및 섹스와 관련된 법에 대한 정보는 205쪽 참조.
3 ››› 사진 촬영과 관련된 법에 대한 정보는 82쪽 참조.
4 ››› 왕실 및 정부 고위관료에 대한 모욕과 관련된 법에 대한 정보는 48쪽 참조.

새로운 고객 서비스

요즘의 고객 서비스는 더 이상 고객을 직접 만나는 서비스로만 이루어지지 않는다. 많은 대기업은 유선 또는 온라인으로 효과적인 고객 서비스를 제공하기 위해 상당한 자본을 투자해왔으며 이전처럼 직접 만나는 서비스에 중점을 두지 않는다.

공항에 도착했는데 비행기 이륙이 취소된 상황에서도 다음 항공편을 알아보기 위해 다른 당황한 여행자들과 함께 항공사 카운터로 달려가지 않아도 된다. 이러한 변화를 기억한다면 바로 항공사로 수신자 부담 전화를 걸거나 웹사이트에 접속해 훨씬 빠른 서비스를 제공받을 수 있다.

우리 땅 너희 땅

국경? 나는 한 번도 본 적이 없다.
하지만 사람들의 생각 속에 존재한다고 듣기는 했다.

– 토르 헤위에르달, 노르웨이 탐험가

사람들은 정교한 세계 지도를 보며 국경이 각 영토를 면밀히 조사하고 위성 감식을 거쳐 오랜 합의를 바탕으로 형성되었다고 생각할 것이다. 하지만 결코 아니다.[1] 작게는 도시 구획부터 큰 섬까지 온갖 종류의 영토 분쟁에 휘말려 있지 않은 국가가 몇 안 될 정도이다. 우호적인 이웃 국가끼리 큰 가치 없는 영토를 두고 벌이는 악의 없는 가벼운 분쟁도 있지만[2] 대부분은 몹시 심각한 문제이다. 다음은 곧 세계지도의 모양을 바꾸어놓을지도 모르는 일부 영토 분쟁 사례이다.

주요 영토 분쟁

	영토	관련 국가	설명
가장 큰 영토 분쟁	카슈미르	중국, 인도, 파키스탄	222,739km²(86,000mi²) 규모인 이 영토의 현재 추정 점유율은 인도 45%, 파키스탄 35%, 중국 20%이다.
가장 작은 영토 분쟁	로칼	덴마크, 아이슬란드, 아일랜드, 영국	현재 영국의 통치를 받고 있는 대서양 중앙의 이 작은 섬은 784m²(8,442ft²) 크기이다. 로칼 섬을 영토로 인정받으면 인근에서 발견된 석유에 대한 소유권을 주장할 수 있기 때문에 가치가 크다.[1]
가장 오래된 영토 분쟁	지브롤터	스페인, 영국	지브롤터에 대한 소유권 분쟁은 1713년부터 계속되었다. 상당 부분 자치로 이루어지지만 영국의 통치를 받고 있다.
가장 많은 국가가 관련된 영토 분쟁	스프래틀리 제도	브루나이, 중국, 말레이시아, 필리핀, 대만, 베트남	브루나이를 제외한 국가들은 모두 섬의 일부분을 점유하고 있다.

1 ››› 해양 천연 자원에 대한 권리에 대한 정보는 280쪽 참조.

현재 영토 분쟁에 휘말려있지 않은 국가이다.

그레나다 · 나우루 · 네덜란드 · 독일 · 룩셈부르크 · 리히텐슈타인 · 모나코
몬테네그로 · 몰디브 · 몰타 · 몽골 · 바레인 · 바티칸 · 벨기에 · 보츠와나
불가리아 · 사모아 · 산마리노 · 상투메프린시페 · 스리랑카 · 스웨덴
스위스 · 안도라 · 알바니아 · 앤티가바부다 · 오스트리아 · 자메이카
카보베르데 · 카타르 · 키리바시 · 통가 · 투발루 · 튀니지 · 피지

1 ››› 구글맵은 지도를 보는 사람이 있는 지역에 따라 국경이 다르게 보이도록 만든다. 예를 들어 아루나찰프라데시주 지역은 인도에서 보면 인도 영토로, 중국에서 보면 중국 영토로 보이게 되어 있다.

2 ››› 캐나다와 덴마크는 네어스 해협에 위치한 작은 바위섬인 한스 섬을 두고 수십 년 동안 비교적 장난스러운 분쟁을 이어가고 있다. 덴마크인들이 소유권을 주장하며 작은 덴마크 국기와 덴마크의 독주를 한스 섬에 두고 오면서 실랑이가 시작되었다. 이들이 두고 간 것을 발견한 캐나다인들은 캐나다 국기와 캐나다 위스키로 바꾸어놓았고 그 뒤로 유사한 일이 반복되고 있다.

영원한 여행자

expatriate (엑스-페트-리어트) 영어. 명사.

정해진 기한 없이 혹은 영구적으로 국외에 거주하기로 결정한 사람. '밖'을 의미하는 라틴어 ex와 '고향'을 의미하는 라틴어 patria에서 온 말.

> 무너진 서양 제국의 그림자 속에 살아가는 외국인은
> 바다 건너 제 나라 제일선 대사로서의 책임을 감당해내는 사회부적응자이다.
>
> – 척 톰슨, 《거짓말하며 웃어라》(2007)

사람들은 직장이나 인간관계, 세금 등 갖가지 이유로 국외거주자가 된다. 떠나온 이유는 각자 다르지만 모두 모험심이 강하고 낯선 곳에 스스로를 내맡길 수 있는 마음의 준비가 되어 있는 사람이라는 공통점이 있다.

이들은 당당하게 새로운 환경에 적응해나가고 떠나온 다른 이들에게 정보를 공유하고 도움을 주며 즐거움을 느낀다. 국외거주자들의 도움은 매우 유용하며 사실상 그 나라에 대해 제대로 파악할 수 있는 가장 좋은 방법은 이들과 술자리를 함께하는 것이다.

땅 끝까지

다음은 지평선까지의 거리를 알아볼 수 있는 공식이다. 날씨가 맑고 지평선까지 차단되어 있지 않다고 가정한 공식이며 대기굴절의 영향은 고려하지 않았다.[1]

마일법

$d = 1.22 \times \sqrt{h}$

h = 관찰하는 높이 (단위: 피트)

d = 지평선까지 거리 (단위: 마일)

미터법

$d = 3.57 \times \sqrt{h}$

h = 관찰하는 높이 (단위: 미터)

d = 지평선까지 거리 (단위: 킬로미터)

높이 예시	관찰 높이		지평선까지 거리	
	M	FT	KM	MI
물속에서 머리만 내놓고 바라보는 높이	0.2	0.5	1.4	0.9
평균 눈높이	1.7	5.5	4.6	2.9
다 자란 단풍나무	9	30	11	7
10층 건물 옥상 높이	30	100	20	12
로열캐리비언 오아시스클래스 크루즈 꼭대기	72	236	30	19
사하라 사막에서 제일 높은 사구	152	500	44	27
헬리콥터가 비행할 수 있는 최고 높이	3,048	10,000	197	122
평균적인 스카이다이빙 높이	3,962	13,000	225	140
킬리만자로 정상	5,895	19,341	274	170
에베레스트 정상	8,848	19,029	336	209
여객기 높이	10,668	35,000	369	229

1 ››› 대기굴절은 대기의 밀도 차이로 인해 빛이 굴절되는 현상을 말한다. 이로 인해 실제로는 지평선보다 살짝 아래 혹은 위에 있는 물체가 지평선에 위치한 것처럼 관찰된다. 기상 상황에 따라서 관찰되는 물체가 위 표에 적힌 거리보다 20% 더 멀리 있을 수 있다.

저렴하게 여행하기

2016년 프라이스 오브 트래블priceoftravel.com 에서 조사한 인기 많은 도시들의 저가 여행 경비 정보이다.

경비 기준

시설이 좋고 저렴한 호스텔의 도미토리 객실 1박
저렴한 식사 3회
대중교통 이용 2회
유료 입장 명소 방문 1회
저렴한 맥주 3잔

저가		고가	
네팔 포카라	$15.85	스위스 취리히	$121.90
베트남 하노이	$17.12	미국 뉴욕	$113.10
베트남 호치민	$18.29	이탈리아 베네치아	$103.30
인도 고아	$18.63	핀란드 헬싱키	$99.94
태국 치앙마이	$19.10	미국 보스턴	$97.89

가득 찬 비행기

역사상 한 비행기에 가장 많은 사람이 탑승한 기록은 1991년 5월 엘알항공El Al airlines의 보잉 747로 총 1,088명의 승객이 탑승했다. 아디스아바바에서 출발해 예루살렘에 도착한 이 비행은 에티오피아의 정치 상황이 급격히 악화되면서 유대인 동포들이 위험해질 수 있는 상황이 되자 이스라엘 지도부가 비밀리에 동포들을 구출해낸 솔로몬 작전의 일환이었다. 승객을 더 태우기 위해 비행기 내 모든 좌석을 뜯어냈으며 공식 기록에는 없지만 숨어 탄 아이들 수십 명을 포함하면 실제 탑승객은 1,122명 이상일 것으로 추정된다.

비행 중에 2명의 아기가 태어나 이스라엘 국적을 갖게 되었다. 국제비행 중 태어난 아기는 부모의 국적[1] 또는 태어난 국가의 국적[2]을 갖게 된다.

1 ››› 혈통주의 개념에 근거한다. 이스라엘 법은 혈통주의를 따른다.
2 ››› 출생지주의 개념을 따르는 국가도 있다. 출생지주의에서 항공기는 소유국의 영토로 취급되므로 비행 중 출산된 아기는 항공기 소유국의 국적을 갖게 된다.

배의 방향

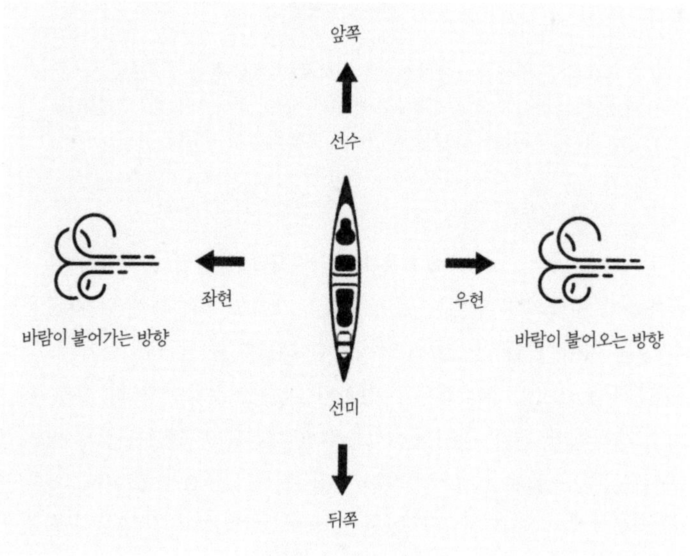

바다 속으로

직접 들어가 보아야 한다

전설적인 해양학자이자 환경 보호 활동가, 영화 제작자인 자크 쿠스토의 배 칼립소의 모토이다. 쿠스토는 스쿠버다이빙 및 수중 촬영을 위한 장비와 기술을 개발했으며 수백 편의 영화를 감독했고 오스카상을 세 차례 수상하고 수십 권의 저서를 집필했으며 수중 환경 보호에 선구적인 역할을 했다.

홍정의 기술

성공적인 협상을 보장하는 단 하나의 완벽한 계획은 없다. 하지만 다양한 다음 방법들을 활용하면 대부분의 상황에서 좋은 가격을 이끌어 낼 수 있다.

> 우리는 이 해안 지방에 도착한지 얼마 되지 않아 로열 스위트룸부터 음료 한 병까지 모든 가격을 단순히 반값이어야 한다고 말하는 것만으로 반값으로 만들 수 있다는 사실을 알게 되었다.
>
> – 로버트 바이런, 《옥시아나로 가는 길》(1937)

즐거운 마음가짐으로

여행자가 타국의 시장에서 성공적으로 가격을 흥정하기 위해 활용할 수 있는 가장 효과적인 방법은 상냥한 태도를 유지하는 것이다. 흥정은 즐거운 과정이어야 하며 상인과의 대화는 소중한 문화 교류의 기회로 생각해야 한다. 말도 안 되게 비싼 가격을 부르면 무시당하는 기분이 들 수도 있지만 흥정이라는 복잡한 게임을 하는 또 다른 전략이라고 생각하자. 흥정은 물건을 사고파는 행위만큼이나 많은 문화권에 뿌리 깊게 형성되어온 또 하나의 사회적 현상이다.

미리 계획하기

돈을 많이 쓸 계획이라면 미리부터 계획을 세워야 한다. 대략적인 금액을 알아두고 정확히 어떤 물건을 흥정할지 정하고 다른 여행자들과 정보를 공유한다.

고가의 물건은 감추기

낡아빠진 옷을 입어야 하는 것은 아니지만 상인이 값비싼 시계나 휴대폰을 보게 되면 금전적인 여유가 있는 여행자라고 판단하고 높은 가격을 부를 가능성이 크다.

티 내지 않기

마음에 드는 기념품을 발견했다고 너무 기뻐하면 불리해지기 쉽다. 차분하게 가격을 물어보고 상품에 대한 관심은 최소한으로 표현하는 편이 좋다.

선물을 조심하자

차 한 잔과 시식용 음식 한 입, 새로운 친구를 기억해달라며 주는 장신구는 공짜 선물이라고 해도 공짜가 아닐 수 있다. 정말 공짜인 경우도 있지만 마음을 무겁게 해 다른 물건을 구매하게 만들기 위한 방법으로 쓰이기도 하고 때로는 그냥 준 물건까지 결제 금액에 몰래 포함시키기도 한다. 의심이 된다면 처음부터 구매 의사를 확실하게 밝히면 된다.

금액을 먼저 제시하지 않기

어느 정도 금액이 적절할 것 같은지 손님이 먼저 금액을 말하도록 끈질기게 질문을 던지는 상인들이 있다. 유리한 대답은 없으니 대답을 피해야 한다. 높은 가격을 부르면 당연히 상인에게 유리한 상황이 되고 낮은 가격을 부르면 어차피 했어야 할 흥정을 시작하게 되는 것뿐이다. 또한 제시할 만한 금액을 생각하고 있었다는 사실만으로 구매 의사가 있다는 것을 파악할 수 있다.

낮은 가격부터 시작하기

하지만 너무 낮은 가격은 곤란하다. 많은 여행자들이 실수하는 부분이다. 예를 들어 현지 화폐로 20 정도가 적당한 가격이라고 생각하는데 상인이 40을 제시했다면 우선 1을 요구해서 흥정을 통해 20까지 올릴 수 있다. 하지만 상인이 흥정할 수 있는 범위 내에서 적절한 가격을 제시했는데 터무니없이 낮은 가격을 요구하면 불쾌한 상황이 될 수 있다. 상인의 입장에서는 손님이 물건의 가치를 제대로 알지 못하거나 어차피 사지도 않을 건데 시간을 낭비하고 있다고 생각하게 된다.

묶어서 사기

많이 구매할수록 저렴한 개당 가격으로 흥정할 수 있으니 다른 여행자와 함께 구매를 하거나 한 번에 몰아서 구매하면 좋다.

구매를 원하는 물건 중 하나가 비교적 저렴하다면 그 물건을 제외하고 다른 물건에 대한 흥정이 마무리되어 최종 금액이 결정될 때까지 해당 물건에 대한 관심을 숨긴다. 마지막으로 저렴한 물건을 끼워주면 그 금액으로 구매하겠다고 제안을 한다.

하자 찾기

나무에 난 흠집이나 그림에 잘못 남은 붓 자국처럼 물건에 하자가 있으면 금액을 낮출 수 있다. 하지만 상인이 직접 만든 물건일 수 있으니 기분이 상하지 않도록 조심해야 한다. 물건이 마음에 들고 구매 의사가 있지만 사소한 하자가 있으니 금액을 낮춰달라고 이야기해보자.

교환하기

거의 사용하지 않은 물건을 집으로 돌려보내거나 버리기 전에 교환할 만한 가치가 있는 물건인지 생각해보자. 물물교환은 세계 곳곳에서 흔히 행해지며 때로 여행자는 현지인들이 구할 수 없거나 구매하기에 너무 비싼 물건을 갖고 있기도 하다. 물물교환을 통해 럭셔리 호텔에서 공짜로 숙박하게 될 가능성은 거의 없지만 평범한 물건이 생각보다 아주 큰 가치의 물건으로 교환될 수 있다.

나와 버리기

가격을 합의하지 못하면 그냥 나와 버리는 것도 효과적인 방법이다. 하지만 이 전통적인 방법은 신중하게 활용해야 한다. 많은 여행자들이 상인이 따라 나오는지 어깨 너머로 살펴보면서 흥정 초반에 너무 빨리 걸어 나온다. 나오면서 화를 내서 상인이 따라 나올 생각도 하지 않게 만들기도 한다.

이 방법은 본격적으로 흥정을 해서 최종 금액이 제시된 후에 활용해야 한다. 물건을 구매하지 못해 몹시 아쉬워하는 태도로 고맙지만 사양한다는 표현을 하고 나와야 한다. 이다음부터 제대로 하지 못하는 경우가 많은데 끝까지 태도를 고수해야 한다. 뒤돌아보지 말고 상인이 뒤따라오면 바로 금액을 받아들이거나 거절할 준비를 해야 한다.

다른 화폐로 지불하기

나라의 경제 상황에 따라 달러나 유로 등 다른 화폐로 지불하면 상인에게 유리한 경우가 있다. 고가의 물건에만 활용할 수 있는 방법이다. 환율을 제대로 파악하고 정확하게 계산하도록 하자.[1]

지갑 비워 두기

여러 모로 유용한 전통적인 방법이다. 대부분의 돈은 다른 곳에 분리해서 두고 지갑에는 지불할 의향이 있는 금액만큼만 돈을 넣어둔다.[2]

속고 속이는 게임

상인을 싸워 이겨야 할 적으로 보지 말고 설득해야 하는 친구로 생각해야 한다. 계속 미소를 짓고 장난스럽게 현지어를 잘못 발음하기도 하고 가벼운 농담을 던지고 비싼 가격에 깜짝 놀라는 척도 해보자. 다정하고 친절하면서도 자신감 있는 모습을 보여야 한다. 흥정은 한 판 게임과 같고 상인은 유머와 상냥함을 갖춘 사람의 가치를 알아보기 마련이다.

하지만 여행자가 상인의 호감을 얻으려 노력하는 만큼 상인도 심리전을 펼친다. 세쌍둥이를 임신한 엄마나 학비가 필요한 아들, 수술을 해야 하는 딸 등 눈물 나는 이야기를 듣게 된다. 하지만 이런 사연은 대부분 사실이 아니다. 흥정을 위해 여행자가 다양한 방법을 활용하는 것처럼 상인도 자신의 방법을 이용하는 것뿐이다.

구매와 자선

구매와 자선의 경계에서 어디쯤에 있을지는 각자의 선택이다. 길거리나 가게에서 물건을 파는 상인 대부분이 관광 수입에 의존해 살아가는 가난한 사회 구성원이라는 것은 분명한 사실이다. 수입이 더 많다는 이유로 공장에서 찍어낸 장식품을 부적절한 가격에 구매해야만 한다는 것은 아니다. 하지만 얼마 안 되는 돈을 가지고 힘들게 살아가는 상인들과 싸워 이겼다는 사실을 자랑하듯 이야기하는 여행자들이 간

혹 있다. 친절한 상인에게 후한 가격을 주고 가치 있는 기념품을 구매하는 것은 의미 있는 일이다.

1 ››› 환율에 대한 정보는 276쪽 참조.
2 ››› 지갑을 2개 활용하는 방법에 대한 정보는 53쪽 참조.

여행을 앞둔 마음

resfeber (레스-페-베르) 스웨덴어. 명사.
여행이 시작되기 전에 느끼게 되는 불안과 설렘이 섞인 독특한 기분. '여행'을 뜻하는 스웨덴어 resa와 '열병'을 뜻하는 스웨덴어 feber에서 온 말.

한 번도 가보지 않은 곳으로 향하는 비행기 표를 구매했을 때, 오래도록 기다린 기차가 역으로 들어서는 것을 보았을 때, 바다 건너로 데려다 줄 배에 오를 때 느끼게 되는 감정이 레스페베르이다. 완전히 낯선 곳으로 떠난다는 사실과 온갖 놀랍고 아름다운 것들을 경험하게 될 것이라는 사실을 새삼 깨달으며 괴로운 불안과 순수한 설렘이 마찰을 일으켜 느끼게 되는 감정이다. 이 감정을 해소할 수 있는 방법은 나아가는 것뿐이다.

노동하는 세계

세계에서 직원이 가장 많은 직장	직원 수 (백만 명)
미국 국방부	3.2
중국 인민해방군	2.3
월마트	2.1
맥도날드	1.9
영국 국가의료서비스	1.7

위험할 수 있는 커다란 동물들

선택적 보도 편향은 지나친 보도로 인해 일부 사례가 큰 주목을 받게 되면서 실제로는 발생 확률이 매우 낮은 일이 흔히 발생하는 일로 인식되는 현상을 의미한다. 이러한 현상을 가장 잘 보여주는 예시가 야생동물의 공격이다. 언론 보도만 보면 사자나 호랑이가 무력한 탐험가를 먹이로 삼는 일이 흔한 것처럼 생각된다. 하지만 이처럼 두렵고 강력한 동물들의 모습은 언론이 만들어낸 이미지일 뿐 실제로 야생동물이 사람을 공격하는 일은 거의 없다.

늘 오해를 받아온 불쌍한 상어를 살펴보자. 상어 때문에 죽을 확률은 떨어지는 코코넛이나 갓난아기, 자판기 때문에 죽을 확률보다 훨씬 낮다. 매년 전 세계에서 상어가 사람을 무는 사건보다 뉴욕 내에서만 사람이 사람을 무는 사건이 10배나 많이 발생한다. 그럼에도 불구하고 기본적인 공포감에 문화적으로 형성된 부정적 이미지, 선택적 보도 편향까지 어우러져 여전히 많은 여행자들은 처음 간 해변에 수영을 하러 들어가면서 상어를 가장 먼저 걱정한다. 상어가 사람을 공격하는 일이 있었던 것은 사실이지만[1] 상어보다 먼저 걱정해야 할 동물이 수도 없이 많다.

몸집이 큰 동물이 사람을 공격할 가능성은 매우 낮지만 여행 중에 혹시라도 동물을 마주치게 되었을 때 스스로를 보호하기 위한 대처법을 다음과 같이 소개한다.

일반적 행동 요령

> 배고픈 동물과 음식 사이 또는 동물과 새끼의 사이에 있어서는 안 된다.

> 동물을 구석으로 몰지 않도록 한다. 당황하거나 겁에 질린 동물이 도망갈 경로를 명확하게 만들어두어야 한다.

> 방어 기제로 움직이지 않거나 죽은 척을 하는 동물도 있다. 안전해 보여도 위험할 수 있으니 다가가거나 자극해서는 안 된다.

> 먹이 공급을 온전히 사람에게 의존하게 된 동물들도 많다. 음식물 쓰레기를 뒤지는 간접적인 방법부터 직접 공급받는 방법까지 수백 세대에 걸쳐 계속되어 온 경우도 있다. 이 동물들은 먹이를 구할 다른 방법이 없고 온전히 사람에게만 의존하기 때문에 야생에서 사냥할 때와 유사한 공격성으로 먹이를 찾는 경향이 있다. 음식을 들고 있는 상황에서 동물이 공격적으로 위협을 한다면 사람을 공격하려는 것이 아니라 음식을 원하는 것이다.

> 동물의 공격 자체보다 질병 감염이 훨씬 위험한 문제이다. 야생동물에게 물렸을 경우 즉시 의료 조치를 취해야 한다.

> 몸집이 큰 대형 동물들보다 모기, 벌, 파리, 거미, 전갈, 애벌레, 달팽이, 메뚜기, 말벌, 개미와 수많은 작은 바다 생물들이 훨씬 위험하다. 늘 방충제를 뿌리고 수영하기 전에 안전한 곳인지 확인해야 하며 신발을 신을 때는 안을 한번 털어내고 신고 이처럼 작은 동물들이 옮기는 질병에 대해 알고 있어야 한다.

곰	
	**주요 서식지** 아시아, 유럽, 북아메리카, 남아메리카 **공격 징후** 머리를 양 옆으로 흔들고 콧김을 뿜고 계속 응시한다.

대처법

되도록 차분한 목소리로 계속 큰 소리를 내 위치를 알린다. 곰의 움직임을 살피면서 움직임을 최소화하되 호신용 분사 액체 등 방어할 수 있는 물건을 준비한다. 최대한 커 보이도록 팔다리로 몸집을 부풀리고 계속해 말을 하면서 천천히 뒤로 물러난다. 곰에게 등을 보이거나 뛰어가서는 안 된다.

곰이 공격을 하려고 하면 그 자리에 그대로 서서 소리를 지른다. 보통 첫 공격 시도는 시늉으로 끝나며 이때 도망을 가면 오히려 위험한 상황에 처하게 된다. 곰이 가까이 다가오거나 계속 시선을 돌리지 않으면 손을 올려 뒷목에 깍지를 끼고 등에 배낭을 맨 채 배를 깔고 누워 죽은 시늉을 한다. 대부분의 곰은 사람을 만나면 방어적인 태도를 취하며 새끼에게 해가 되거나 먹잇감을 뺏기지 않을지 확인을 하려는 것뿐이다. 하지만 그래도 자리를 뜨지 않고 공격을 하면 최대한 시끄럽게 소리를 내며 가능한 모든 무기를 찾아 즉시 대항해야 한다.

물소

주요 서식지
아프리카, 아시아

공격 징후
머리를 높이 들고 콧김을 뿜고 뿔을 흔든다.

대처법

물소는 특히 다쳤거나 무리에서 떨어져 혼자 있을수록 징후 없이 갑자기 공격을 할 수 있으니 조심해야 한다. 즉시 그 자리를 벗어나 나무나 다른 장애물이 있는 안전한 장소로 도망가야 한다. 주변에 숨을 장소가 전혀 없다면 최소한 뿔에 받히는 일이라도 피할 수 있도록 동물의 자세를 보고 대각선 방향으로 도망쳐야 한다.

악어

주요 서식지
아프리카, 아시아, 오스트레일리아,
북아메리카, 남아메리카

공격 징후
쉬쉬하는 소리를 내고 턱을 딱딱거린다.

대처법

> 물 속: 최대한 물을 튀기거나 소리를 내지 말고 신속하고 조용하게 물가로 헤엄쳐 나온다.

> 물 밖: 물 밖으로 나오자마자 물가에서부터 직선으로 달려 도망친다. 악어에게 물리면 눈이나 귀, 코, 목을 공격한다.

코끼리

	**주요 서식지** 아프리카, 아시아 **공격 징후** 코를 말고 귀를 머리 쪽으로 세운다.

대처법

최대한 바람이 부는 방향 내에서 눈을 마주치지 말고 천천히 뒤로 물러난다. 코끼리는 위험 요인을 판단하기 위해 귀를 펼치거나 큰 소리를 내거나 다리를 흔들어 겁을 주는 가짜 공격을 한다고 알려져 있다. 코끼리가 이와 같은 행동을 하면 가만히 서 있되 등을 보여서는 안 된다.

코끼리가 위의 행동을 공격적으로 지속하면 진짜 공격을 준비하는 것이다. 큰 장애물을 찾아 지그재그를 그리며 도망간다. 넘어지거나 공격을 당하면 팔로 머리를 보호하며 몸을 둥글게 말고 동물이 자리를 떠날 때까지 움직이거나 일어나면 안 된다.

하마

	**주요 서식지** 아프리카 **공격 징후** 콧김을 뿜고 큰 소리를 내고 하품을 하듯 입을 크게 벌린다.

대처법

- 물 속: 계속 물을 튀겨 위치를 알린다.
- 물 밖: 하마와 물의 중간에 있지 않도록 유의하면서 빠르게 쫓아올 수 없도록 나무나 바위가 많은 곳으로 도망간다. 물리면 눈이나 코, 목을 공격한다.

하이에나

	**주요 서식지** 아프리카, 아시아 **공격 징후** 이빨을 보이고 으르렁대며 다른 하이에나들을 불러 모으는 큰 소리를 낸다.

대처법

등을 보이지 말고 근처에 오를 수 있는 나무가 없다면 도망친다. 하이에나가 놀라거나 겁을 먹도록 고함을 지르면서 팔을 내뻗고 발을 구른다. 사냥을 하거나 죽은 동물의 썩은 고기를 먹는 하이에나는 기회주의적인 동물로 악명이 높다. 가지고 있는 음식이 있으면 하이에나가 분명히 볼 수 있는 위치에 최대한 멀리 던져준다.

원숭이

	**주요 서식지** 전 세계 **공격 징후** 이빨을 보이고 꿀꿀거리는 소리를 낸다.

대처법

원숭이나 침팬지는 근처에 있는 사람이 음식을 갖고 있다고 생각할 때에만 공격성을 보이기 때문에 즉시 갖고 있는 음식을 모두 내려놓는다. 차분한 태도를 유지하고 빈 손바닥을 보이며 음식이 더 없다는 것을 확인시키고 이를 보이거나 눈을 정면으로 마주치지 않도록 조심하며 천천히 물러난다.

사슴

주요 서식지	아시아, 유럽, 북아메리카
공격 징후	눈을 계속 응시하고 머리를 낮추며 발을 구르고 귀를 뒤로 젖히며 고개를 위 아래로 흔든다.

대처법

몸을 숨길 수 있는 나무나 바위 등 장애물을 찾으며 뒤로 서서히 물러난다. 적당히 거리가 벌어졌다고 생각되면 뒤돌아 도망친다. 넘어지거나 공격을 당하면 팔로 머리를 보호하며 몸을 둥글게 말고 동물이 자리를 떠날 때까지 움직이거나 일어나면 안 된다.

뱀

주요 서식지	전 세계
공격 징후	쉬쉬하는 소리를 내며 똬리를 틀고 고개를 쳐든다.

대처법

조심스럽게 천천히 뒤로 물러난다. 뱀은 일정 범위 내에서 아주 빠르게 공격할 수 있으니 조심해야 한다. 뱀에 물렸을 경우 침착하고 신속하게 구조를 요청한다.[2]

야생개

주요 서식지

전 세계

공격 징후

이빨을 드러내고 으르렁거리며 털을 세운다.

대처법

눈을 피하고 이를 보이지 않아야 하며 등을 돌리고 도망가서는 안 된다. 두 손을 옆으로 내린 채 움직임 없이 똑바로 서서 개의 태도를 살피며 빠져나갈 방법을 찾아본다. 개의 몸집이 크거나 여러 마리일 경우 천천히 움직이며 갖고 있는 음식을 모두 던져준다.

개가 주의를 돌리지 않고 계속 공격하려고 하면 눈을 피하면서 굵고 깊은 목소리로 큰 소리를 내 위협한다.

물리면 눈이나 코, 목을 공격한다.

1 ››› 복수를 위한 공격이었을 것이다. 상어로 인해 매년 4명의 사람이 목숨을 잃고 사람은 매시간마다 1만 마리가 넘는 상어를 죽인다.

2 ››› 뱀에 물렸을 때 대처법에 대한 정보는 61쪽 참조.

표현의 자유

대화의 중요성과 가치가 전 세계 모든 곳에서 동일하게 인정되지는 않는다. 표현의 자유도 일부 국가에서만 보장될 뿐 어딜 가든 보호받을 수 있는 권리가 아니다. 정치 및 종교 관련 주제에 대한 개방적인 토론과 반대 의견을 존중하는 나라보다 금지하는 나라가 더 많다. 여행자에게는 당황스럽겠지만 어떤 나라에서는 말 한마디 때문에 엄청난 대가를 치러야 할 수 있다.

나에게는 강압적인 독재자가 누군가에게는 존경하는 왕일 수 있고 내 눈에는 난폭한 폭동을 숭고한 혁명으로 보는 사람도 있을 수 있으며 내 생각에는 명백한 사이비 단체를 종교로 믿고 따르는 사람이 있을 수 있다. 외부 미디어에서 다루는 시선이 현지인의 입장에서는 불쾌할 수 있으며 이러한 관점의 차이를 이해하는 것은 여행자에게 중요한 일이다.

아무리 개인적인 의견일 뿐이라고 주장해도 특정 문화권의 제도 등에 대한 공개적인 비판의 대가는 심각할 수 있다. 고국에서는 자유롭게 생각을 표현하고 반대 의견도 존중받지만 외국에서는 이 비판으로 인해 감정이 상한 사람에게 폭행 위협을 받을 수도 있고 체포될 수도 있다. 누구나 표현의 자유를 누릴 수 있지만 이 자유를 받아들이는 태도는 나라마다 다르다는 사실에 유의해야 한다.

세계의 시간

시간 정리하기

19세기가 되면서 전 세계 시간을 표준화해야 할 필요성이 커졌다. 기차부터 전보까지 빠르게 기술이 발전하면서 전 세계가 연결되기 시작했고 일관성 없는 다양한 시간 설정 기준으로 인해 여러 문제가 발생했다.

이때 명쾌한 해결책이 제시되었다. 경도 15도를 기준으로 세계를 1시간씩 차이가 나는 25개의 시간대로 나누는 것이었다.[1] 그리니치 천문대가 이미 국제적인 천문학 연구와 시간 기준의 중심 역할을 하고 있었기 때문에 런던 중앙에서 살짝 남동쪽에 위치한 그리니치가 경도 0° 인 본초자오선으로 설정되었다. 20세기 중반에 들어서면서 세계 거의 모든 국가에서 이 방식을 활용하였다.

비교적 단순해 보이는 이 방식은 빠르게 실행되었고 지금도 시간 시스템의 근간을 이루고 있지만 실제로 적용하는 과정은 간단하지만은 않다.

기준이 있긴 하지만

시간대를 적용하는 과정은 측정 단위나 콘센트 종류, 운전석 위치가 결정되는 과정과 비슷하다. 이러한 국가적인 결정은 단순히 사용의 편리함이나 국제 호환의 용이성만으로 결정되지 않는다. 아주 다양한 목적으로 움직이는 전 세계의 수많은 정치 행정부가 모여 만들어내야 하는 결정이다. 그렇기 때문에 이론적으로는 단순하기 그지없는 방식이 너무나도 복잡한 문제가 되어버리고 만다.

콩고민주공화국에서 2개의 시간대를 사용하는 반면 그보다 4배 큰 중국에서는 하나의 시간대만 사용한다. 부분적으로라도 서머타임을 실시하는 나라가 많지만 채택하지 않는 나라도 100개국이 넘는다. 30분 단위 혹은 15분 단위의 시간대를 적용하는 나라도 있다. 오스트레일리아에서는 경도뿐 아니라 위도를 기준으로 시간대를 나누기도 한다.

이집트가 최근 몇 년 사이 공식 시간대를 수차례 변경한 것과 달리 스페인은 많은 전문가들이 잘못되었다고 주장해온 시간대를 70년이 넘도록 활용해왔다. 전 세계에 문화 종교를 기반으로 한 수백 개의 시간 기준이 있었지만 지금까지 변함없이 쓰이는 경우는 없다. 아마 앞으로도 세계의 시간대가 깔끔하게 정리될 일은 없을 것이라는 사실이 결론이다.

현재 기준

현재 공식적인 세계 시간 기준은 원자의 운동을 기준으로 하는 협정세계시UTC, Coordinated Universal Time 이며 놀라울 정도로 그리니치평균시 GMT, Greenwich Mean Time 와 별 차이가 없다.[2] 본초자오선은 동일하며 각 시간대는 협정세계시와 그리니치평균시 중 하나가 채택되거나 절충해 사용된다.[3] 뉴욕은 협정세계시보다 5시간 느린 UTC-5이고, 시드니는 협정세계시보다 10시간 빠른 UTC+10이다. 다음은 전 세계 시간대를 표현한 지도이다.

---

1 ››› 0인 그리니치 표준시(GMT)도 필요하기 때문에 24개가 아닌 25개의 시간대로 나누었다. GMT+12와 GMT-12는 7.5도 너비로 나누어서 15도 너비의 시간대 23개에 7.5도 너비의 시간대 2개가 합쳐서 총 360도가 된다.

2 ››› 그리니치평균시 또는 GMT는 지금도 널리 쓰이는 용어이며 보통 협정세계시와 동일한 용어로 간주된다.

3 ››› 나라별 시간대에 대한 정보는 14쪽 국가 목록 참조.

타임존 세계 지도

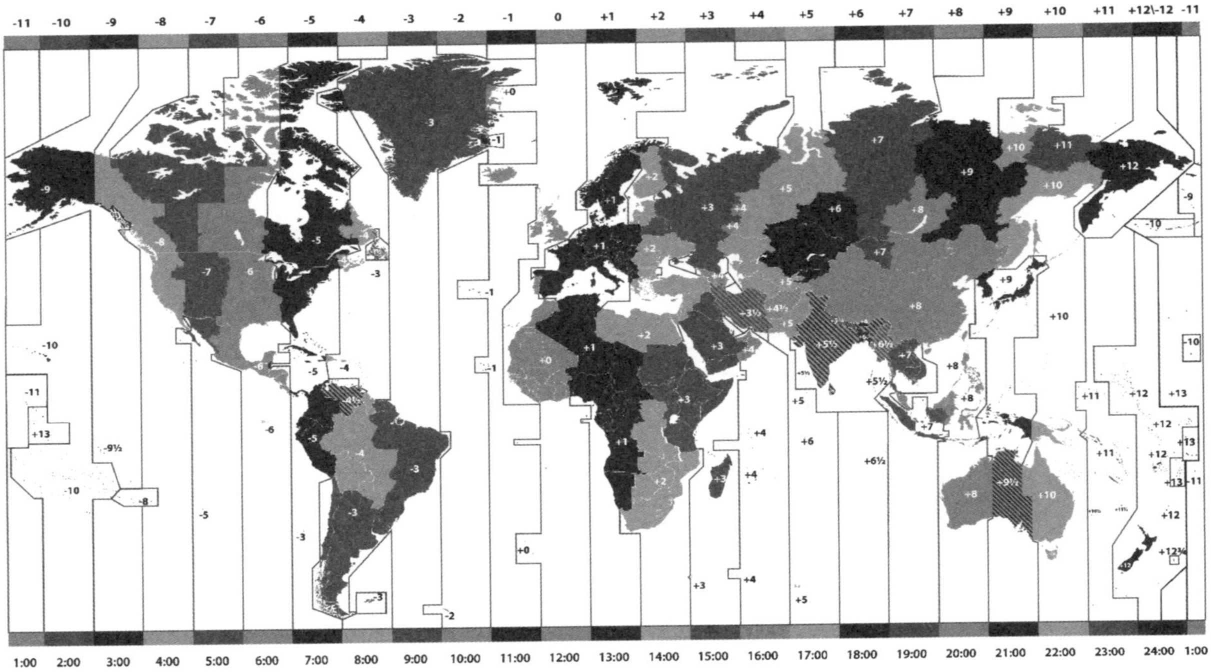
-11 -10 -9 -8 -7 -6 -5 -4 -3 -2 -1 0 +1 +2 +3 +4 +5 +6 +7 +8 +9 +10 +11 +12\-12 -11
1:00 2:00 3:00 4:00 5:00 6:00 7:00 8:00 9:00 10:00 11:00 12:00 13:00 14:00 15:00 16:00 17:00 18:00 19:00 20:00 21:00 22:00 23:00 24:00 1:00

시간 '낭비'하기

asolare (아소-라-레) 이탈리아어. 명사.
별다른 목표도 없고 생산적이지도 않지만 즐겁게 시간을 보내는 것.

아무 것도 하지 않고 계속 쉰다는 것은 얼마나 아름다운 일인지.

– 스페인 속담

여행자는 기본적으로 끊임없이 움직이려는 경향이 있다. 오랜 비행 동안 불편함을 견뎌내고 국경 검색을 거치고 울퉁불퉁한 길을 달려 목적지에 도착하고 나면 이러한 수고를 보상 받으려는 마음으로 이곳저곳을 계속 돌아다니려고 한다. 그곳에 머무르는 자체에 의미를 두지 않고 무언가를 해야만 한다는 생각에 체크리스트까지 만들어가기도 한다. 여행자로서 충분히 자연스럽고 이해할 수 있는 행동이지만 이탈리아의 아소라레를 생각해볼 필요가 있다.

아소라레는 광장에 앉아 그윽한 커피를 마시며 오후를 보내거나 정해진 목적지 없이 구불구불한 골목길을 돌아다니는 것을 의미한다. 이국적인 장소의 벤치에 앉아 해를 바라보거나 어두운 극장에 앉아 쾌적한 휴식을 취할 수도 있다. 중요한 점은 어떠한 보상 심리나 죄책감, 외부적인 요인 등으로 인해 여행 일정이 결정되어서는 안 된다는 것이다. 여행은 개인적인 것이며 다른 사람에게 정당화할 필요가 없는 일이다. 아름다운 외국 땅에서 시간을 보낸다는 사실만으로 충분하다.

티타임

영국의 전력망은 수백만 명의 국민이 동시에 차를 끓이는 유명 TV 프로그램의 광고 시간에 맞추어 조절된다. TV 픽업이라고도 불리는 이 현상의 대표적인 사례로 1990년 7월 4일 영국과 서독의 월드컵 준결승전의 승부차기가 끝난 후 거의 동시에 수많은 국민이 커피포트를 켜도 전력망에 이상이 생기지 않도록 2,800메가와트의 전력이 추가로 필요했다.

기내 난동

기내 난동으로 기록된 첫 사건은 1947년 쿠바 하바나에서 플로리다 주 마이애미로 가는 비행기에서 발생했는데 만취한 남성이 술병으로 다른 승객을 공격하고 제지하는 승무원을 깨물었다. 당시에는 비행기 여행이 흔치 않았고 기내에서 발생한 범죄를 심각하게 생각하지 않았기 때문에 술에 취해 난폭한 행동을 보였지만 범죄로 처벌되지는 않았다. 이제는 1963년 도쿄에서 작성된 항공기내에서 행한 범죄 및 기타 행위에 관한 협약에 따라 항공기 등록 국가에서 관할권을 지닌다.

둥글고 둥글게

저는 땅과 물로 이루어진 이 세계가 구 모양이라고 들어왔습니다.
프톨레마이오스를 비롯한 다른 이들의 탐험 기록을 봐도 그러했고요...
하지만 앞에서도 말씀드렸듯 다른 점을 너무 많이 발견했고 지구에 대한 다른 결론을 갖게 되었습니다. 다시 말해 지구는 저들이 말했듯 구 모양이 아니라 먹는 배와 같은 형태로 꼭지가 있는 제일 두드러지는 부분을 제외하고 둥근 모양이고 여자의 젖꼭지처럼 튀어나온 부분이 있는 둥근 공 형태입니다.

– 크리스토퍼 콜럼버스,
페르디난트 왕과 이사벨라 여왕에게 보낸 편지 중, 1498

지구의 정확한 크기에 대한 의견은 분분했지만 지구가 구와 유사한 형태라는 사실은 고대 그리스부터 널리 알려진 일반적인 상식이다. 지구가 평평한 모양이라는 잘못된 믿음은 1828년 워싱턴 어빙이 콜럼버스의 전기에 허구를 상당 부분 섞어 쓰는 바람에 확산되었다.

전 세계 노래자랑

유로비전 송 콘테스트는 아주 인기가 많은 국제 노래 경연대회로 최근에 열린 대회에는 40개국이 참가하였다. 각 나라를 대표하는 참가자 또는 참가팀은 이 콘테스트를 위한 창작곡으로 경연을 벌이며 노래 가사는 어떤 언어이든 상관없다.[1] 약 2억 명의 시청자가 ARS, 문자 메시지, 애플리케이션을 이용해 가장 좋았던 노래에 투표를 하는데 자국의 참가자에게는 투표할 수 없다. 이렇게 집계된 시청자 투표 결과와 전문가 점수를 포함해 나라별로 각 참가자에 대한 최종 점수가 결정된다. 국가별 점수가 모여 결정된 우승국에서 다음 콘테스트를 개최하게 된다. 유명한 역대 우승자 중에는 1974년 스웨덴 대표였던 아바, 1988년 스위스 대표였던 셀린 디온이 있다.

우승 횟수	국가
7	아일랜드
6	스웨덴
5	프랑스, 룩셈부르크, 영국
4	네덜란드
3	덴마크, 이스라엘, 노르웨이
2	오스트리아, 독일, 이탈리아, 스페인, 스위스, 우크라이나
1	아제르바이잔, 벨기에, 에스토니아, 핀란드, 그리스, 라트비아, 모나코, 러시아, 세르비아, 터키, 유고슬라비아

1 ››› 콘테스트 참가자가 대표 국가의 국민일 필요는 없다.

누구나 그러하듯

내 항해의 동기는 일종의 지적 열망과 새로움을 향한 열정,
대양의 한계와 대양 너머에서 살아가는 사람들에 대한 호기심이었다.

– 사모사타의 루키안,
그리스의 풍자 작가, 《실화 소설》(150)

멋진 여행

그는 왕자와 싸우고 공주를 차버리고 베네치아의 총독을 취하게 하고
마드리드의 공작부인을 유혹하고 이탈리아의 수녀원 담을 타고
리스본의 재판소를 탈출한 후
파리에서의 결투로 위대한 여행을 마무리하고...

– 조나 배링턴,
전설적인 아일랜드 여행가이자 정치가인 보샹 바게날의 유럽 대륙 순회 여행 중

여기에서 말하는 공주는 메클런버그-스텔리츠가의 샬럿으로 후에 조지 3세와 혼인해 영국의 여왕이 된다.

열기구

자크 찰스가 제작한 최초의 수소 열기구는 1783년 8월 27일 파리에서 띄워졌다. 북쪽으로 45분을 비행한 열기구는 고네스 마을 근처에 착륙했는데 열기구를 괴물로 착각하고 놀란 마을 주민들의 공격을 받았다.[1]

3주 후 1783년 9월 19일 몽골피에 형제가 루이 16세와 마리 앙투아네트를 비롯한 13만 명이 바라보는 가운데 베르사유 궁전에서 최초로 승객을 태운 열기구를 띄웠다. 처음에는 왕의 명령에 따라 범죄자들을 태우려 했지만 이후 계획이 변경되면서 양과 오리, 수탉이 최초의 시범 승객이 되었다. 양은 사람과 생리학적으로 유사하여 실험 대상으로 선택되었고, 날 수 있으며 다른 고도에서도 생존이 가능하다고 알려진 오리와 수탉이 이 실험의 대조군으로 포함되었다. 열기구는 8분 동안 457m(1,500ft)까지 상승해 3.2km(2ml)를 날아갔다. 열기구에 탑승했던 양과 오리, 수탉은 아주 멀쩡했고 덕분에 약 2개월 후 최초로 사람을 태운 열기구 비행이 가능했다.

1 ››› 이 사건을 보도한 파리의 신문 〈메르퀴르 드 프랑스〉에서는 지역 주민의 순박함을 다음과 같이 조소적으로 그려냈다. "이 괴생물체는 몸을 떨고 구르며 첫 공격을 피해냈다. 하지만 결국 치명상을 입었고 긴 한숨과 함께 고꾸라졌다."

세계적인 낙서

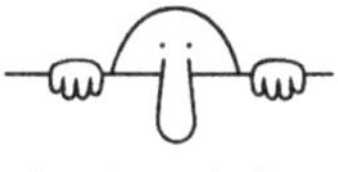

전 세계에서 가장 쉽게 볼 수 있는 낙서는 보통 위 그림과 함께 있는 '킬로이 다녀감KILROY WAS HERE'이다. 제2차 세계대전 당시 미국 병사의 낙서에서 시작되어 수많은 여행자들이 따라했고 이제는 세계 곳곳에서 볼 수 있는 낙서가 되었다.

낙서의 정확한 기원에 대해서는 의견이 분분하지만 매사추세츠 출신의 미국 조선소 검사관이었던 제임스 J. 킬로이가 시작한 것으로 여겨진다. 킬로이는 검사를 끝냈다는 의미로 조선 중인 배의 곳곳에 이 문구를 써두었고 나중에 도색 작업으로 덮일 것이라 생각했다. 하지만 전쟁이 계속되면서 도색을 하지 못한 배가 급하게 유럽으로 옮겨졌고 수천 명의 군인들은 영문도 모른 채 곳곳에 쓰인 '킬로이 다녀감'을 보게 되었다. 이후로 전투가 있었던 지역에 이 문구를 남기는 일이 유행처럼 퍼져갔고 위 그림도 비공식 마스코트처럼 함께 그려졌다.[1] 유행은 일반 대중에게까지 퍼졌고 오늘날 이 문구와 그림은 낙서가 있는 전 세계 유명 관광지 어디에서든 찾아볼 수 있게 되었다.

1 ››› 히틀러와 스탈린이 도대체 이 '킬로이'가 누구이며 어떻게 수많은 전투에 광범위하게 참전할 수 있는지 조사하라는 명령을 내렸다고 전해진다.

관광 도시의 이면

베네치아처럼 되고 싶지 않다면
바르셀로나에 대책을 마련해야 한다.

2015년 바르셀로나의 시장 아다 콜라우 발라노는 호텔 신축을 제한하고 단기 임대 시설에 대한 규제를 강화해 관광 산업을 축소하겠다는 계획을 발표했다. 바르셀로나에 비해 베네치아의 규모가 작긴 하지만 베네치아에서는 관광 산업으로 인해 지나치게 물가가 오르고 도시가 붐비면서 현지 인구수가 급격히 감소했다. 손꼽히는 주요 관광 도시인 바르셀로나는 환경을 위해서가 아니라 온전히 시민들의 삶을 위해 관광 산업을 적극적으로 축소하고 있다.

항공 및 선박 조난 신호

국제적으로 통용되는 항공 및 선박 조난 신호의 어원과 일반적인 의미를 함께 정리하였다. 조난 신호를 세 번 반복한 후에 항공기 또는 선박과 승객 상태에 대한 모든 관련 정보를 전달한다. 거짓이거나 부적절한 조난 신호 전송은 중범죄로 벌금을 물거나 징역에 처할 수 있다.

SECURITAY

시큐리떼

안전을 의미하는 프랑스어 sécurité에서 온 말

'알려야 할 중요한 안전 관련 사항이 있다.'

PAN-PAN

팬-팬

고장을 의미하는 프랑스어 panne에서 온 말

'긴급 상황이 발생했으나 승객의 생명이나 항공기/선박의 안전에 즉각적인 위험은 없다.'

MAYDAY

메이데이

도와달라는 의미의 프랑스어 m'aider에서 온 말

'즉시 구조를 요청한다. 승객의 생명이나 항공기/선박의 안전에 직접적인 위험이 있는 위급 상황이다.'

지역 전문가

bacheque (바-체크) 링갈라어. 명사.
해당 지역을 잘 아는 현지 사람.

단어 자체는 낯설지만 여러 개발도상국을 여행해 본 사람이라면 익숙한 의미를 담고 있는 단어이다. 바체크는 안내원, 통역사, 가이드, 해결사, 중개인, 사기꾼까지 모두를 아우르는 폭넓은 의미의 직업이라고 할 수 있다. 바체크의 사무실은 길거리이고 바체크는 모두를 알고 모든 것을 구할 수 있고 여행자에게 전혀 익숙하지 않은 방식으로 일이 처리되는 현지에서 무슨 일이든 가능하게 만들어주는 사람이다.

좋은 바체크를 만나면 여행에 몹시 유용한 도움을 받을 수 있다. 일부 국가의 경제 상황은 문화적인 민감성이 너무 깊이 반영되어 있거나 부패가 만연해서 의사소통도 되지 않는 여행자가 도움 없이 현지 관료들과 문제를 처리하기가 거의 불가능하다. 하지만 바체크가 아무 대가 없이 이러한 종합적인 서비스를 제공하는 것은 아니다. 바체크의 수입 형태가 명확하게 드러나 있지 않지만 이들은 보통 여행자의 우위에 있다. 신뢰할 수 없는 바체크는 여행자를 데리고 가면 고급 레스토랑이나 호텔에서 받는 뒷돈이나 비싸게 요구하는 교통비, 부풀린 환율로 계산하는 환전 등을 통해 돈을 더 챙긴다. 면밀히 잘 살피고 경계해서 정직한 서비스를 제공하는 바체크에게는 후한 팁을 주되 그렇지 않은 바체크는 사기꾼과 다를 바가 없다는 사실을 기억하자.

깃발의 의미

다음은 세계적으로 통용되는 깃발 게양 방법이다. 많은 나라에서 국기 또는 국기 이미지가 담긴 물건을 훼손하는 행위는 중범죄로 취급된다.

반기[1]	애도 또는 추모
거꾸로 게양[2]	조난
묶어놓은 깃발[3]	조난
검은 깃발	위험, 휴전의 종료, 해적
붉은 깃발[4]	경고
흰 깃발	대화 요청, 휴전
깃발 내리기	항복

1 ››› 이란, 이라크, 사우디아라비아 국기에는 이슬람교의 신성한 문구가 적혀있기 때문에 반기 게양을 하지 않는다.

2 ››› 거꾸로 게양된 필리핀 국기는 전쟁 중이라는 의미이다.

3 ››› 위아래가 같아 거꾸로 게양해도 구별이 되지 않는 깃발은 위험 상황을 알리기 위해 대에 묶어두기도 한다. 특히 바다에서 식별하기 어려운 깃발 형태는 선원들이 위험에 처했다는 의미로 볼 수 있다.

4 ››› 붉은 깃발은 곧 문제가 발생할 것이라는 의미의 관용어로 널리 쓰인다. 정확한 기원은 알 수 없지만 붉은 깃발은 수백 년 전부터 많은 문화권에서 전쟁과 재난, 경고의 의미로 사용되었다.

말썽쟁이

김정은이 북한의 지도자로 확정된 것은 이복 형 김정남이 2001년 5월 일본에서 체포되어 아버지 김정일의 눈 밖에 난 직후라고 알려져 있다. 당시 확실한 후계자로 여겨졌던 김정남은 '팡숑'이라는 가명의 도미니카공화국 위조여권을 사용해 비밀리에 도쿄 디즈니랜드에 방문하려다 체포되었다. 중국어로 뚱뚱한 곰을 의미하는 '팡숑'이라는 이름 때문에 중국 언론에서는 앞다투어 이 일을 보도했다.

차 한잔 하세요

집에 방문한 손님에게 차, 커피 등 음료를 권하는 문화는 많은 나라에서 접할 수 있으며 문화적 의미가 담겨있는 관습이니 아주 예외적인 상황이 아니면 거절하지 않아야 한다.

음료를 권하는 것은 손님을 환영하는 상징적인 행동이며 권한 음료를 마시는 것은 주인의 환대를 감사하게 받아들이며 친선의 태도를 확실히 보여주는 행동이다. 손님이 대접한 음료를 거절하면 주인은 불쾌하게 생각하기 쉽다. 음료를 다 마시면 다시 채워줄 수 있으니 음료가 입에 맞지 않으면 천천히 마시도록 하자.

당연하게 생각하지 말 것

전 세계 인구를 기준으로 전문가들이 추정한 통계이다.

> 94%가 비행기를 타본 적이 없다.

> 75%가 유당분해효소결핍증이다.

> 66%가 직접 눈을 본 적이 없다.

> 45%가 술을 마셔본 적이 없다.[1]

1 ››› 15세 이상 인구 중.

감사합니다, 부통령님

미국의 부통령이 기꺼이 당신의 가방을 들어드리지요

– 리처드 닉슨 부통령,
뉴욕 아이들와일드 공항에서 유명 트럼펫 연주자 루이 암스트롱에게 한 말, 1958

닉슨은 루이 암스트롱을 만나 사진을 찍은 후에 그가 세관 통과를 위해 줄 서 있는 것을 보았다. 예비 대통령은 고령의 음악가를 불러 세관을 넘어갈 수 있게 해주며 그의 가방을 들어주기까지 했다. 나중에야 그 가방 안에 1kg이 넘는 마리화나가 들어있었다는 사실이 밝혀졌다.

전기의 세계

호환되지 않는 세계

100년 전부터 세계적으로 전기 사용이 확대되면서 각 나라에서는 국제적 호환성에 대한 고려 없이 이 새로운 기술을 사용하기 위한 각자의 표준 방식을 만들었다. 그 결과 지구의 전력망은 나라마다 전압도 다르고 콘센트도 천차만별인 아주 혼란스러운 상태가 되었고 앞으로도 계속 이런 상태일 것으로 보인다. 현재의 기반 구조를 갖추기 위해 각 나라에서 들여 온 재정적 노력이 상당하기 때문에 큰 변화나 표준화를 기대하기는 어렵다. 다음은 복잡한 세계의 전기를 파악하는 데 도움이 되는 몇 가지 정보들이다.

호환성

전기를 다룰 때에는 전압과 콘센트 종류에 유의해야 한다.

구분	설명	해당 기기
전압	콘센트와 플러그 사이에 흐르는 전기 에너지 양	변환기, 변압기
콘센트/플러그 종류	콘센트와 그에 맞는 플러그의 물리적 형태	어댑터

낯선 여행지에서 전기를 사용할 때에는 전압과 콘센트 종류를 반드시 확인해야 한다. 콘센트와 플러그의 모양이 맞는다 하더라도 전자기기의 정격전압과 맞지 않으면 치명적인 손상이 발생할 수 있다.

호환을 위해서는 주파수도 맞아야 하는데 현재 사용되는 전자기기 대부분이 50Hz에서 60Hz로 통일되어 있기 때문에 큰 문제가 되지 않는다. 하지만 대형 모터나 정밀한 아날로그 시계를 쓰는 기기의 경우 주파수 충돌의 영향을 받을 수 있으니 미리 확인하는 편이 좋다.

여기에서 다루는 내용은 직류 전기DC가 아닌 교류 전기AC를 기준으로 한다. 전 세계의 소비 전력은 교류 전기를 표준으로 하고 있다.

일부 개발도상국에서는 전기 공급이 불안정해 정전, 스파이크, 전압 변동이 자주 발생한다. 전기가 들어왔을 때 갑자기 큰 전압이 흐르며 스파이크가 발생할 수 있기 때문에 정전 중에는 플러그를 빼두는 것이 좋다. 서지 프로텍터를 사용하면 불규칙적인 전기 공급으로 인한 손상을 방지할 수 있다.

알아두기

1단계: 전압 확인하기

> 현지 전압[1]과 보통 플러그 모양으로 알 수 있는 기기의 정격전압을 확인한다.

> 휴대폰이나 배터리 충전기 등 요즘 출시되는 전자 기기 중에는 '110V-240V' 등으로 표시되는 광범위한 전압 사용이 가능한 기기가 많다.

- 호환되는 전압인 경우 3단계로 이동.
- 호환이 되지 않는 전압인 경우 2단계로 이동.

2단계: 변압하기

> 기기의 정격전압이 하나뿐이고 현지 전압과 맞지 않는다면 기기의 정격전압에 맞게 현지의 전압을 변압해야 한다. 변환기나 변압기를 이용해 현지 전압을 높이거나 낮추면 된다.[2]

> 어떤 종류의 변환기 혹은 변압기가 필요한지 세심하게 알아보고 사용 전에 사용법을 정독한다. 대부분의 변환기와 변압기는 한 번에 2시간 이상 사용할 수 없게 되어 있다.

- 변환기는 전기를 이용하는 기기에 사용한다. 기계 모터를 쓰는 전기 면도기나 발열 장치를 쓰는 헤어드라이어 등이 해당된다.
- 변압기는 전기를 이용하는 기기에 사용한다. 컴퓨터 칩 또는 회로가 포함되는 휴대폰이나 위치 추적기 등이 해당된다.

3단계: 플러그 종류 확인하기

> 전압의 호환성을 확인한 후에는 현지 콘센트 모양과 플러그의 모양이 맞는지 확인해야 한다. 호환되는 플러그와 콘센트는 손쉽게 모양이 구별 가능하며 힘을 주지 않아도 부드럽게 들어맞는다.

- 플러그와 콘센트가 맞는 경우 5단계로 이동.
- 플러그와 콘센트가 맞지 않는 경우 4단계로 이동.

4단계: 플러그 바꾸기

> 어댑터는 작고 저렴하며 단독 어댑터 또는 여러 종류의 콘센트에 맞추어 바꿔 쓸 수 있는 만능 어댑터로 구매할 수 있다. 이어지는 전 세계 플러그와 콘센트 모양을 정리한 표를 참고해 필요한 어댑터를 구매해 사용하도록 하자.

5단계: 플러그 꽂기

> 특히 전자 기기를 해외에서 처음 사용할 때에는 주의를 기울여 플러그나 콘센트에 발열이 있거나 이상한 냄새 또는 연기가 나지 않는지 틈틈이 살펴보는 것이 좋다.

1 ››› 14쪽 국가 목록 참조.

2 ››› 변압이 필요한 경우에만 사용하는 변환기나 변압기를 여행마다 들고 다니는 여행자도 있다. 변환기나 변압기는 비싸고 무겁기 때문에 차라리 여러 전압을 쓸 수 있는 전자 기기를 사용하는 편이 훨씬 간편하고 비용도 적게 든다.

세계의 콘센트 종류

현재 사용되고 있는 모든 콘센트 종류를 플러그 종류와 함께 정리한 표이다. 플러그와 연결될 때 접지되는지 여부와 안전한 호환이 가능한 플러그 종류도 알 수 있다.[1] 유명 여행지에서 볼 수 있는 일부 콘센트는 여러 종류의 플러그 사용이 가능한 혼합 또는 만능 콘센트이다.

나라별 콘센트 종류는 14쪽부터 시작되는 국가 목록을 참조하면 된다.

A	B	C
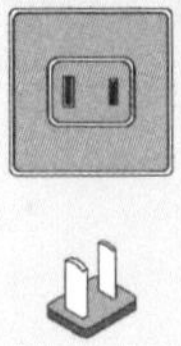		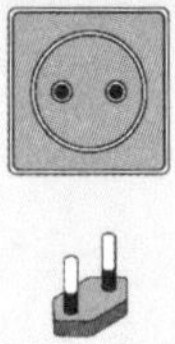
비접지 • 호환 불가	접지 • A	비접지 • 호환 불가
D	**E**	**F**
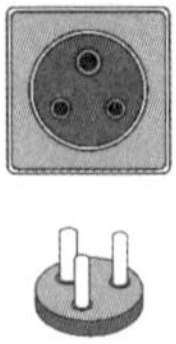	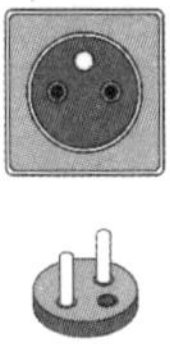	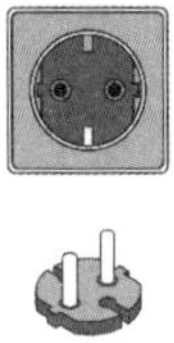
접지 • C	접지 • C, F	접지 • C, E
G	**H**	**I**
	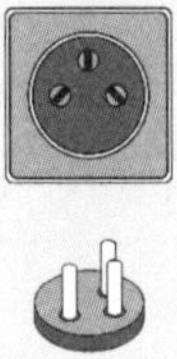	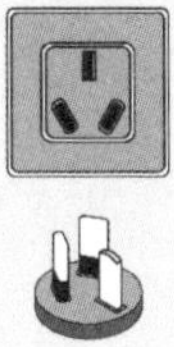
접지 • 호환 불가	접지 • C	접지,비접지[2] • C
J	**K**	**L**
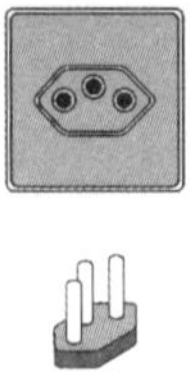	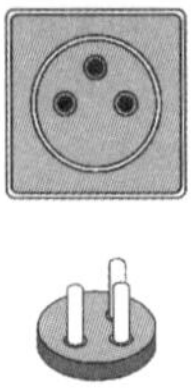	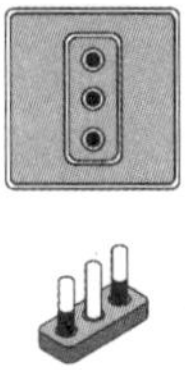
접지 • C	접지 • C	접지 • C[3]

M	N	O
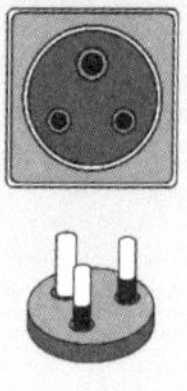		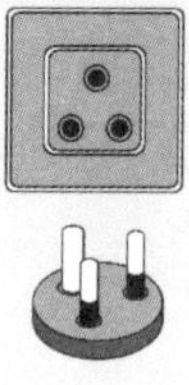
접지 • 호환 불가	접지 • C	접지 • C

1 ››› 접지 플러그는 접지 연결을 위해 세 번째 핀이 있거나 직접 접지되는 플러그이다. 고압 전류에 대한 안전성을 한층 높이고 고장이 났을 경우 금속 기기에 전하가 빠져나갈 배출구를 만들어주기 위한 방식이다. 비접지(핀 2개) 플러그 중 일부는 여러 콘센트와 호환해도 안전하다.

2 ››› I 플러그 중 핀이 2개면 접지, 핀이 3개면 비접지 형식이다.

3 ››› L 콘센트 중 일부만 C 플러그 호환이 가능하다.

중요한 물

산책이나 하이킹을 나서며 물을 챙길 때에는 늘 신중해야 한다. 불편한 짐이 되지 않을 정도로 챙기되 생각보다는 많은 양을 챙겨야 한다. 도중에 마실 물을 찾을 수 있을 거라 가볍게 생각해서는 안 된다. 아주 어려운 코스를 선택했거나 장기간 먼 곳으로 하이킹을 떠날 계획이라면 성능을 확인한 정수 필터를 챙겨가야 한다. 필요 수분 섭취량은 사람마다 다르고 에너지 소모 정도, 고도, 기온에 따라서도 달라진다. 다음은 기온이 높은 환경에서 하이킹을 할 때 성인 1명이 마셔야 하는 물의 양이다.

필요한 식수의 양

시간		2	4	6	8
부피	온스(미국)	51	101	152	203
	쿼트(미국)	1.6	3.2	4.8	6.3
	리터	1.5	3	4.5	6
무게	파운드	3.3	6.6	9.9	13.2
	킬로그램	1.5	3	4.5	6

아침 식사

다양한 나라의 전통적인 아침 식사가 세계적으로 인기를 얻게 되면서 아침밥으로 관광 홍보를 하는 경우도 생겼다. 해당 나라의 모든 사람이 늘 이렇게 먹는 것은 아니지만 여행을 가서 아침 식사를 주문하면 다음과 같은 음식이 나올 것이다.

미국

달걀, 베이컨, 소시지, 해시브라운, 토스트, 커피

오스트레일리아

베지마이트, 토스트, 시리얼, 요구르트, 과일, 커피

이스라엘

달걀, 샐러드, 치즈, 빵, 잼, 올리브, 주스, 커피

영국

차, 소시지, 베이컨, 달걀, 버섯, 콩, 토마토, 해시브라운, 토스트

일본

쌀, 된장국, 콩, 생선, 오이절임, 주스, 차

프랑스

크루아상, 페이스트리, 잼, 커피

알아두어야 할 제스처

흔히 쓰는 제스처 중 상대방이 불쾌하거나 혼동을 느낄 수 있는 손짓 및 몸짓과 해당 제스처가 오해 받기 쉬운 나라를 정리했다. 대표적인 서양의 제스처 중 전달 과정에서 의미가 변질될 수 있는 일부 사례를 정리한 것뿐 나라마다 부적절한 손짓이나 몸짓은 이외에도 많다.

손짓

손짓	설명	국가
 엄지 척	상대방이 미성숙하고 모자라다는 의미의 매우 불쾌한 모욕	그리스, 중동 및 서아프리카 국가들
 손바닥 펼치기	상대방이 역겨운 방식으로 처벌되어야 한다는 의미	그리스, 파키스탄

 손가락 사이로 엄지 내밀기	상황에 따라 모욕적이거나 성적인 의미	인도네시아, 터키, 러시아
 손가락 교차하기	여성 생식기를 모욕적으로 표현	베트남
 오케이	상황에 따라 생식기를 의미하거나 상대방이 무가치하다는 의미	브라질, 프랑스, 터키, 베네수엘라
 주머니에 손 넣기	지루함의 표현이거나 특히 중요한 자리나 어른과 대화를 할 때 예의 없는 태도	대한민국, 터키
 코 풀기	많은 나라에서 공공장소에서 코를 푸는 행위는 더럽고 무례한 행위	중국, 일본, 사우디아라비아
 턱 앞쪽 긁기	관심이 없고 자리를 떠나고 싶다는 의미를 무례하게 표현	벨기에, 프랑스, 이탈리아, 튀니지
 이리 온	일부 국가에서는 개에게만 하는 손짓	일본, 필리핀, 싱가포르
 한 손	물건을 한 손으로 주거나 받는 태도는 거만함 또는 무관심의 표현	일본, 대한민국
 손으로 뿔 만들기	상대방의 배우자가 바람을 피운다는 의미	브라질, 이탈리아, 스페인, 포르투갈
 안쪽을 향한 브이	상대방을 몹시 싫어한다는 의미의 무례한 손짓	오스트레일리아, 아일랜드, 뉴질랜드, 영국

몸짓

몸짓	설명
	불교에서 머리는 정신이 깃드는 곳이며 남아시아 국가들은 머리에 상당한 문화적 의미를 부여한다. 절대 다른 사람의 머리를 함부로 만져서는 안 되며 아기나 어린아이여도 마찬가지이다. 서양에서는 어린아이의 머리카락을 가볍고 다정하게 헝클어뜨려도 괜찮지만 태국 등의 나라에서 부모가 전통 불교 신자라면 특히 심하게 불쾌해할 수 있다.
	눈맞춤과 관련된 규범은 문화권마다 큰 차이가 있다. 아시아에서는 피하지 않고 계속 눈을 마주치면 무례하게 여겨지고 아프리카 일부 지역에서는 이방인과의 지속적인 눈맞춤을 공격성의 표현으로 생각한다. 하지만 다른 나라에서는 눈을 마주쳐도 자신감의 표현 정도로 생각하며 이방인과의 눈맞춤이 부적절하게 여겨지지 않는다. 눈맞춤에는 성별이 영향을 미칠 수도 있고 단순히 외모나 의상이 독특해 쳐다보는 것일 수도 있다. 하지만 일단은 무례함을 피하기 위해 이방인과 오래도록 눈을 마주치는 것을 피하는 것이 좋다.
	아프리카 및 중동 일부 지역과 인도에서 왼손은 전통적으로 화장실에서 쓰는 손이다. 해당 지역을 여행할 때에는 왼손으로 다른 사람을 만지거나 악수를 하거나 먹거나 선물을 받지 않도록 유의해야 한다.
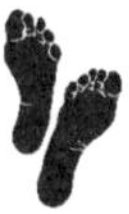	많은 문화권에서 그렇지만 특히 아시아에서 발은 깨끗하지 못한 신체 부위로 여겨진다. 발바닥을 내보이거나 무언가 가리키거나 집을 때 발을 사용해서는 안 된다. 국가 지도자의 사진이 나온 신문이나 왕실의 이미지가 담긴 화폐 등 문화적 중요성을 지닌 물건을 발로 밟는 행동은 몹시 무례하게 여겨지니 조심해야 한다.

긴급 구조 번호

전 세계에서 통용되는 긴급 구조 번호는 다음과 같다.

112[1] · 119 · 911 · 999

세계 80% 이상의 국가에서 이 번호 중 하나로 전화를 걸면 긴급 구조 서비스로 연결된다.

많은 나라에서 등록되지 않은 비활성 휴대폰일지라도 긴급 구조 번호로 전화를 걸 수 있게 되어 있다. 요금을 지불하지 않아 서비스가 끊겼더라도 작동에 이상이 없다면 긴급 구조 통화가 가능하긴 하지만 송수신 신호가 잡히지 않는 지역에서는 통화가 불가능하다.

긴급 상황이 발생했을 때에는 위치 확인 기능을 켜서 구조대원들이 위치를 빠르게 찾을 수 있도록 해두어야 한다.

긴급 구조 요청은 주로 통화로 이루어지지만 요즘에는 문자 메시지를 통한 요청도 활성화하기 위해 노력하고 있다. 보통 통화와 문자 메시지는 다른 주파수로 송수신되며 문자 메시지는 훨씬 좁은 대역폭을 이용하므로 통화 연결이 되지 않는 장소라도 필요 정보를 담은 문자 메시지는 긴급 구조 번호로 송신 가능할 수 있다. 하지만 나라에 따라 서비스 등록이 되어 있지 않으면 문자 메시지를 이용할 수 없다.

1 ››› 112는 가장 기본적인 긴급 구조 번호이기 때문에 필요시 해당 지역의 긴급 구조 서비스로 자동 연결된다. 예를 들어 시드니에서 112로 전화를 걸면 오스트레일리아의 공식 긴급 구조 번호인 000으로 자동 전환된다.

화물선 크루즈

화물선 크루즈에는 매력적인 요소가 많다. 정신 없고 혼잡한 공항과 말도 안 되는 크루즈 일정표에 지친 여행자에게 화물선 크루즈는 항구에서 항구로 옮겨 다니는 독특하고 여유로우며 꾸밈없는 진짜 여행으로 느껴진다. 지금도 화물선 여행이 가능하긴 하지만 이전처럼 손쉽게 부두에 내리고 또 올라탈 수 있지는 않다.

최신 화물선을 타고 떠나는 여행은 세심하게 계획해야 하는 고가의 여행 방식이다. 수송 서비스를 운영하는 화물선이 점차 사라지고 있고 가능한 경우에도 최대 탑승 승객은 12명뿐이며[1] 특정 여행사를 통해 최소 2개월 전에 예약해야 한다. 운임은 하루 100달러 정도이며 식사가 모두 포함된다. 보험 문제와 고용 제한 정책으로 인해 운임을 지불하지 않는 대신 화물선에서 일을 하는 등의 방법은 이용할 수 없다. 본 목적이 있는 배이기 때문에 승객의 편의보다 화물 배달 시기를 맞추는 것이 우선시된다는 사실을 기억해야 한다.

1 ››› 승객이 12명을 초과하면 법적으로 의사가 함께 승선해야 한다.

만석 버스

ngetem (엔-겟-엠) 인도네시아어. 동사.
버스가 태울 승객을 더 찾는다는 뜻.

인도네시아의 은어 중 하나인 엔겟엠은 승객이 다 타지 않으면 버스를 운행하지 않는 상황을 의미하며 이러한 상황은 여러 개발도상국의 육지 교통수단 운행에서 흔히 나타나는 특징이다. 승객이나 화물이 완전히 차지 않으면 최종 목적지를 향해 출발하지 않는다. 출발 시간이나 표의 가격, 운행 시간, 날씨는 전혀 개의치 않고 그 자리에 계속 서 있거나 다른 승객을 찾아 같은 곳을 돌거나 계속 멈춰 서서 지나가는 사람에게 표를 판다. 승객 한 명이 화를 낸다고 해서 달라지지 않는 일반적인 운행 방식이다.

게다가 만석의 개념도 문화마다 다르다. 정해져 있는 승객 수의 2배를 태우는 것은 물론이고 가축을 포함한 화물도 넘치도록 싣는다. 표가 있다고 해도 버스에 탈 수 있다는 의미일 뿐 앉을 수 있는 좌석이 있다는 의미는 아니다. 안전벨트를 비롯한 안전장치는 전혀 없고 과적으로 인한 고장도 잦다. 원한다면 좀 더 한적하고 안전한 버스를 기다려도 좋지만 아주 오래 기다려야 할 수도 있다.

실패한 마케팅

소비자들에게 본래 의미를 전달하는 데 실패한 광고 슬로건을 모아보았다.

회사	국가	슬로건	본래 의미	구어적 의미
미네소타밸리 통조림 회사	사우디 아라비아	"Jolly Green Giant"	유쾌한 녹색 거인	무서운 녹색 식인귀
슈웹스	이탈리아	"Schweppes Tonic Water"	슈웹스 토닉 워터	슈웹스 토일렛 워터
쿠어스	스페인	"Turn it loose!"	느긋하게 즐기세요	설사로 고생하세요
파카 펜	멕시코	"It won't leak in your pocket and embarrass you."	주머니에서 새지 않아 당황할 일이 없다	주머니에서 새지 않아 당신을 임신시킬 것이다
퍼듀 치킨	멕시코	"It takes a tough man to make a tender chicken."	강한 남자가 부드러운 치킨을 만든다	흥분한 남자가 사랑스러운 치킨을 만든다
펩시	중국	"Come alive with the Pepsi Generation!"	펩시 세대가 다시 살아난다	펩시가 죽은 당신의 조상을 살려낸다
포드	벨기에	"Every car has a high-quality body."	모든 차는 고급 차체를 가지고 있다.	모든 차는 고급 시체를 가지고 있다
프로텍터 앤 갬블	러시아	"Shampoo and conditioner in one bottle."	샴푸와 린스가 한 병에	샴푸와 에어컨이 한 병에

스페인의 모든 자물쇠는 뇌물로 열리고
모든 문제는 제때 건네는 뇌물로 해결된다.

– 리처드 포드,
《스페인 여행자를 위한 안내서》(1847)

뇌물을 의미하는 단어들[1]

철자와 발음, 의미에 차이가 있을 수 있다.

단어		많이 사용되는 국가	의미
Ashaan ad-dukhaan	아샨아드둔칸	이집트	당신의 담배를 위한 것
Baksheesh	박쉬스	여러 국가	선물
Chai	차이	여러 국가	차
Fakelaki	파클라키	그리스	작은 봉투
Finjaan ‘ahwa	핀얀아와	시리아	커피 한 잔
Gaseoso	가시오소	앙골라	음료
Gum eun don	검은돈	대한민국	검은 돈
Kenopenz	키노펜즈	헝가리	기름값
Kitu-kidogo	키두키도고	케냐	작은 것
Komshaw	콤샤	여러 국가	선물
Mordida	몰디다	여러 국가	한 입
Pot-de-vin	포드뱅	프랑스	와인 한 잔
Rasplata	라스플라다	루마니아	보상
Rusvet	러스벳	터키	파이
Schmiergeld	슈미어겔트	독일	기름 묻은 돈
Spintarella	스파인타렐라	이탈리아	살짝 밀기

뇌물을 바라보는 관점

뇌물에 대한 문화적 관점은 나라마다 다르다. 선진국에서는 뇌물을 공정성과 민주주의를 해치는 부끄러운 죄로 바라본다. 하지만 뇌물을 일상적인 현상으로 받아들이는 나라도 많다. 이러한 문화적 전통이 오래 지속되어서인지 정부의 부패로 인한 불가피한 결과인지는 알 수 없지만 이들에게 뇌물은 개인의 도덕성과 관련된 복잡한 문제라기보다 급여와 유사한 단순한 개념이다. 탐욕스러운 부도덕한 행동이 아니라 부패한 정부 관료와의 실랑이나 소규모 지역의 비공식적인 세금 문제를 손쉽게 해결할 수 있는 방법 또는 신속한 서비스를 받기 위해 얹어주는 여윳돈 정도로 여겨진다.

뇌물을 받는 사람

뇌물은 죄의 유무나 편의성의 문제가 아니라 상황의 문제이다. 너무나 단순하고 일관된 사실은 다른 어떤 요인이 있든지 자신의 위치와 권력을 이용해 뇌물을 요구하는 사람에게 뇌물을 주게 되어 있다는 점이다. 여행자는 이러한 상황에 적절하지 않게 정의나 공정성의 흑백 논리를 펼치곤 한다. 하지만 용서를 구하기 위해 뇌물을 주는 게 아니기 때문에 잘못한 게 없다고 외치는 일은 아무 의미가 없다. 형편이 어려운 정부 관료에게 이게 원래 당신의 일이라고 말한들 갑자기 자신의 잘못을 깨닫고 부당한 요구를 철회할 리 없다. 모호한 규정을 들먹이는 경찰이든 비자 허가를 거부하는 국경 검색대 직원이든 문제는 이들이 권력을 갖고 있고 그 권력을 이용하기로 작정한 상황이라는 점이다.

합법성

도덕성이나 재정 상황을 떠나 뇌물을 주게 되면 현지에서 혹은 고국에 돌아오고 나서 법적인 문제가 생길까 우려하는 여행자도 있다. 뇌물은 분명 불법이지만 사실상 기소될 일은 없다. 뇌물을 받는 관료는 여행자를 다루는 데 익숙하기 때문에 신속하고 은밀하게 거래를 진행한다.

자국민이 해외에 체류하며 외국 관료에게 뇌물을 주는 행위를 법으로 금지하는 국가도 있다. 하지만 이 법은 여행 중에 비교적 작은 액수의 뇌물을 건네게 되는 개별 시민을 처벌하기 위한 것이 아니라 기업이 외국 정부에 뇌물을 주는 행위를 금지하기 위한 것이다. 선진국 국민이 정상적인 여행 중에 준 뇌물 때문에 고국에서 처벌되는 경우는 없다고 보면 된다.

뇌물을 피하는 방법

영향력 최소화하기

부패한 관료도 뇌물을 요구할 만한 영향력이 있을 때에만 뇌물을 받아낼 수 있다. 어느 정도의 위험한 상황인지 제대로 파악하면 뇌물로 주어야하는 액수를 낮출 수 있다.

탄자니아의 잔지바르에서 탄자니아 면허증 없이 모터바이크를 타다 걸린 경우는 비교적 큰 문제가 아니기 때문에 적은 액수의 뇌물로 끝날 수 있다. 하지만 필리핀에서 불법 약물을 소지하는 것은 사형까지 이를 수 있는 아주 심각한 문제이기 때문에 부패 경찰의 영향력이 큰 상황이고 결과적으로 상당히 높은 액수의 뇌물을 주어야 한다.

미리 준비하기

여행자에게 뇌물을 요구하는 경우가 많다고 알려진 국가를 방문할 때에는 액수가 작은 지폐를 여러 주머니에 나누어 준비해두고 다른 여행자들에게 물어 뇌물의 적정 수준을 알아둔다.[2] 부패 관료들이 값비싼 장신구나 전자 기기에 눈독을 들일 수도 있으니 조심해야 한다.

상대방 파악하기

뇌물을 요구받은 상황에서 가장 먼저 해야 할 일은 상대방이 누구인지 파악하는 것이다. 경찰이나 정부 관료를 가장해 다양한 방법으로 사기를 치는 사기꾼이 있다.[3] 공식 유니폼을 입지 않았거나 뭉뚱그려 조사관 정도로 스스로를 소개하는 사람을 조심하자.

상대방의 공식적인 신분이 확인되면 누가 가장 높은 지위인지 파악해 그 사람과 따로 대화할 수 있도록 한다. 그렇게 해야 여러 사람에게 뇌물을 줘야 하는 상황을 피할 수 있다.

차분하게 대응하기

이미 충분히 당황스러운 상황임에도 불구하고 여행자에게 겁을 주어 자신의 요구를 관철시키려고 일부러 더 쌀쌀맞게 굴거나 불쾌해 하거나 화를 내는 경우가 있다. 이때 차분하게 대응해야 한다. 순진해 보이도록 우호적인 태도를 취하고 법을 위반했다면 사죄하는 태도를 보여야 한다. 상대방이 권한을 지니고 있다는 사실을 잊지 말고 아무리 무례하거나 이상한 요구를 해도 정중한 태도를 유지하자.

앞서가지 않기

부패가 심한 나라에 오래 머물다 보면 처음에는 무섭고 인상적이었던 뇌물을 요구받는 상황이 금세 반복적이고 시간 아까운 성가신 일이 되어버린다. 보통 뇌물 이야기를 바로 꺼내지 않고 한참동안 문제가 되는 상황의 복잡성을 설명하고 나서야 뇌물을 요구하기 때문이다. 하지만 아무리 시간이 아깝다고 해도 연설을 끝내고 진짜 이야기를 꺼내기 전에 여행자가 먼저 돈 이야기를 해서는 안 된다.

먼저 제안하지 않기

뇌물을 요구하려는 의도가 분명하다고 해도 먼저 뇌물을 직접적으로 제안해서는 안 된다. 반드시 부인할 수 있는 여지를 남겨두어야 한다. 뇌물에 대해 이야기할 때에는 앞에서 다룬 뇌물을 의미하는 다른 단어나 현지에서 사용되는 단어를 이용해 완곡하게 돌려 말해야 한다.

관료가 대놓고 뇌물을 요구하는 게 가장 낫다. 최소한 뇌물 제공에 대한 간접적인 언급도 여행자의 명확한 제안이 아니라 대화 과정에서 나와야 한다. 양쪽 다 뇌물에 대한 이야기를 꺼내지 않아서 대화가 막히면 다음과 같은 말로 협상을 시작해볼 수 있다.

'지금 여기서 벌금을 내면 되나요?'
'이 문제를 해결할 다른 방법이 있을 것 같은데요.'
'곧 여기를 떠나야 해서 가능하면 그 전에 문제를 해결하고 싶어요.'
'그쪽 기관에 기부를 할 수 있을까요?'

협상하기

뇌물의 액수는 보통 문제의 심각성에 따라 결정되지만 어느 정도는 협상이 가능하다. 멋진 나라에 여행을 와서 복잡한 상황을 잘 헤쳐 나가보려고 진심으로 노력했지만 실패한, 조금 모자라지만 호감형인 여행자로 보이도록 노력하자. 하지만 위반한 법의 중요성을 깎아내리려고 했다가는 법을 집행하는 관료의 기분을 상하게 할 수 있으니 조심해야 한다.

의도가 너무 명확하게 드러나지 않게 조심하되 상황 해결을 위해 지불할 수 있는 액수가 어느 정도인지 이야기한다. 텅 빈 지갑보다 효과적인 협상 방법은 없기 때문에 미리 준비를 해두면 아주 유용하게 활용할 수 있다.

뇌물 주기

뇌물 액수가 결정되고 나면 어떤 방식으로 돈을 주면 되는지 알려줄 것이다. 수년간의 경험을 통해 최적화된 선호하는 방식이 있기 마련이다. 간단하게 건네주거나 봉투 또는 공책에 넣어 건네거나 탁자 밑에서 주고받는 다양한 방법이 있으며 중요한 점은 조심스러워야 한다는 것이다. 여행자가 여러 명에게 뇌물을 주는 상황을 피하고 싶은 것과 마찬가지로 관료들도 자신이 받은 뇌물을 동료와 나누고 싶어 하지 않는다. 일부 문화권에서는 돈을 건넬 때 두 손으로 주는 것이 예의이며 뇌물도 포함된다.

반복되지 않도록 조심하기

뇌물은 해당 나라의 관료 한 명 또는 한 무리와 여행자 사이의 거래일 뿐이다. 전국적으로 면책권을 받은 게 아니라는 의미이며 부패한 관료들은 보통 서로 모르게 행동한다. 대놓고 현금 다발을 건네지 않고 차분하고 조심스럽게 뇌물을 협상해야 똑같은 이유로 여러 번 뇌물을 주는 상황을 피할 수 있다.

뇌물을 줄 때에는 추후에 발생할 수 있는 일에 대해서도 협상해야 하는데 대부분 확답을 주지는 않을 것이다. 그래도 관료들이 지시한 바를 따르고 이 뇌물로 인해 추가적인 문제가 발생하지 않도록 대비해야 한다.

잊고 넘어가기

뇌물은 경제적으로도 심리적으로도 큰 타격을 남기지만 뇌물 때문에 그 나라에 대한 관점이 바뀌어서는 안 된다. 부패한 관료 한 명의 행동으로 모든 사람을 판단하는 것은 어리석은 일이다. 최소한의 시간과 돈으로 문제를 잘 해결했다고 생각하고 한 번 경험해보았으니 다시 이런 일이 발생하지 않도록 조심하면서 다시 여행을 시작하면 된다.

부패한 국가와 청렴한 국가[4]

가장 부패한 국가	가장 청렴한 국가
북한, 소말리아, 아프가니스탄, 수단, 앙골라, 남수단, 이라크, 리비아	덴마크, 핀란드, 스웨덴, 뉴질랜드, 네덜란드, 노르웨이

1 ››› 편의를 위한 금품 제공 형태(급행료)를 뇌물과 구분하는 경우도 있다. 편의를 위한 금품 제공은 신속한 비자 발급 진행처럼 정당한 요구를 하기 위한 추가 요금이고 뇌물은 범죄 기소를 피하기 위한 정당하지 않은 요구를 위한 것이라는 논리이다. 하지만 여기에서는 동일하게 뇌물로 보기로 한다.

2 ››› 지갑을 2개 활용하는 방법에 대한 정보는 53쪽 참조.

3 ››› 여행자 사기에 대한 정보는 155쪽 참조.

4 ››› 국제투명성기구의 2015년 국가 부패지수 참조.

남극 소유권

남극은 어떤 나라에도 소유되어 있지 않다.[1] 현재까지 53개국이 동의한 1959년 남극 조약에 따르면 남극 대륙은 평화로운 과학 연구 목적으로만 이용되며 연구 결과를 공개한다는 조건 아래 모든 나라의 연구 수행이 허용된다.

1 ››› 아르헨티나와 오스트레일리아를 비롯한 일부 국가에서는 지금도 남극 일부 지역에 대한 소유권을 주장한다. 하지만 이러한 소유권 주장 대부분은 널리 인정되지 않으며 조약이 체결되면서 보류되었다.

최초가 되어보자

현재 시점에서 아직 정상에 오른 사람이 없는 세계에서 가장 높은 산이다.

<table>
<tr><th>이름</th><th>위치</th><th>산맥</th><th>고도</th><th>세계 순위</th></tr>
<tr><td>강카르 푼섬</td><td>부탄과 중국의 경계</td><td>히말라야</td><td>7,571m (24,840ft)</td><td>40</td></tr>
<tr><td colspan="5">정상에 혼이 깃들어 있다는 종교적 신념을 지키기 위해 2003년 부탄에서 등반을 금지하기 전까지 4차례 등반 시도가 있었으나 실패했다.</td></tr>
<tr><td>뮤추 츠히시</td><td>파키스탄 북동 지역</td><td>카라코람</td><td>7,453m (24,452ft)</td><td>60[1]</td></tr>
<tr><td colspan="5">2015년 영국의 등반 팀이 등정을 시도했으나 여러 차례의 산사태를 비롯한 문제로 인해 실패했다.</td></tr>
<tr><td>라부체 캉 III 동쪽 정상</td><td>티벳</td><td>히말라야</td><td>7,250m (23,786ft)</td><td>94</td></tr>
<tr><td colspan="5">라부체 캉은 히말라야 산맥 중에서도 접근하기 쉽지 않고 오르기도 몹시 어려운 산으로 알려져 있다. 2010년 미국 산악인이 서쪽 정상 등반을 시도하다 사망했고 동쪽 정상은 아직까지 등정을 시도한 사람이 없었다.</td></tr>
</table>

1 ››› 뮤추 츠히시가 독립된 하나의 산이 아니라 바투라 무스타그 하위 산맥의 한 부분이라고 설명하는 자료도 있다. 여기에서의 세계 순위는 명확한 분류 지정이 아니라 다른 산과의 고도 비교를 위해 포함한 것이다.

짝퉁

관광지에서 브랜드 제품을 구매할 때에는 공식판매처라 할지라도 가짜일 수 있다는 사실을 기억하자. 제품의 질만 봐도 바로 티가 나는 경우도 있지만 상인들은 값비싼 명품을 길에서 아주 저렴하게 판매할 수 있게 다량으로 들여올 수 있는 방법이 있다며 여행자를 끊임없이 설득한다. 그리 질이 좋지 않은 상품을 아주 저렴하게 살 수 있는 기회 정도로 생각해야 하며 절대 속거나 짝퉁 가운데 진짜 상품도 있을 거라는 기대를 해서는 안 된다.

해외 체류 중 가짜 상품 구매로 인해 발생할 수 있는 법적 문제는 현지에서 구매할 때와 귀국하며 세관을 통과할 때 두 가지로 나눌 수 있다.

구매할 때

나라에 따라 차이가 큰 부분이다. 일부 유럽 국가에서는 가짜 상품 구매에 1만 달러가 넘는 상당한 벌금을 부과하며 위조되는 브랜드 대부분이 뿌리를 두고 있는 프랑스와 이탈리아에서 가장 엄격한 처벌을 하고 있다. 구매를 제지하기 위해 높게 책정한 벌금이고 실제로 부과되는 경우는 매우 드물지만 한 번 걸리면 일벌백계를 위해 강하게 처벌된다. 그 외 국가에서는 가짜 상품 판매를 크게 제지하지 않아 별 걱정 없이 공개적으로 판매하고 있다.

세관을 통과할 때

대부분의 국가에서는 여행자가 소량의 가짜 상품을 들여와도 재판매 목적이 아니라 개인 사용을 위한 것으로 보고 문제 삼지 않는다. 소량이라도 법적으로 아예 허용되지 않는 국가도 있지만 실제 세관에서 관리해야 할 문제가 수없이 많기 때문에 가짜 상품 반입을 일일이 단속하지는 않는다. 하지만 현지에서 구매할 때처럼 운이 좋지 않으면 처벌되는 사례로 남을 수 있다. 언제든 변경될 수 있으니 최신 법과 세관 규정을 확인해야 한다.

가짜 상품을 구입할 때는 현금으로 결제하자. 판매 자체가 불법이니[1] 범죄 행위를 잘 아는 상인이 많아 카드로 결제하게 되면 신용카드 정보를 도난당할 수 있다. 또한 제품의 질을 파악하기 어려운 전자 기기는 구입하지 않는 것이 좋다. 헤드폰의 음질이나 가방 손잡이의 튼튼한 정도처럼 확인해볼 수 있는 것은 최대한 확인해보아야 한다. 특정 브랜드의 제품을 구입해야 하는 게 아니라면 더 저렴하고 합법적이며 위험 부담이 적은 녹오프knockoff를 구입하는 편이 낫다.

녹오프	모조품

라벨이나 로고 등 특정 브랜드 표시가 없는 가짜 상품	소비자를 속이거나 헷갈리게 하려는 의도로 특정 브랜드 표시를 통해 완전 똑같아 보이게 만든 가짜 상품

구체적인 상황에 따라 다르지만 해외에서 가짜 상품을 구매해 들여오다가 곤란한 상황에 처하게 되는 경우도 매우 드물게 발생한다. 가짜 선글라스 하나라면 처벌 없이 미국 세관을 통과할 수 있지만 가짜 구찌 가방으로 가득 채운 캐리어를 끌고 이탈리아에 입국하려 했다면 심각한 문제에 처하게 될 것이다.

1 ››› 대부분의 국가에서 가짜 상품 판매는 구매와 달리 분명한 불법이다.

환경을 위한 공식

+ '탄소발자국'은 개인 또는 단체가 활동하거나 상품을 생산하고 소비하는 과정에서 발생시키는 유해 온실가스 배출량을 의미한다. 여행의 관점에서 보면 비행기 탑승 등 특정 교통수단 이용이 환경에 미치는 영향이라고 볼 수 있다.
- '탄소상쇄'는 개인 또는 단체가 활동하거나 상품을 생산하고 소비하는 과정에서 발생시킨 유해 온실가스를 이론적으로 상쇄하기 위해 동등한 온실가스 배출량을 감소시키려는 노력을 의미한다. 여행에서는 환경 보존 기금에 기부를 함으로써 여행을 하며 발생시킨 온실가스를 상쇄하는 방법이 있을 수 있다.

= 요즘에는 승객의 이동 거리에 따라 자동으로 탄소발자국을 계산해 알려줌으로써 탄소상쇄를 위한 기부로 손쉽게 '탄소중립' 여행을 만들 수 있는 서비스를 제공하는 교통수단 회사도 있다.

본전 뽑기

이례적인 일이었다.

중국동방항공은 시안 셴양 국제공항의 허술한 규정을 이용해온 한 중국 남성의 이야기를 전하며 이렇게 표현했다. 전액 환불이 가능한 1등급 항공권을 구매한 이 남성은 예정된 비행 일정이 있기만 하면 VIP 라운지 입장이 가능하고 비행 전 요기를 위해 제공되는 고급 뷔페를 맘껏 이용할 수 있다는 것을 알게 되었다. 이 남성의 행동은 항공사 측에서 동일한 항공권 일정이 300번이나 연기되었다는 사실을 알아차리면서 발각되었다. 그럼에도 불구하고 구매했던 항공권은 전액 환불 처리되었다.

효율적인 돈 관리

여행자에게 가장 버거운 짐은 텅 빈 지갑이다.

– 영국 속담

미리 계획세우기

불필요한 지출과 재정적으로 곤란한 상황을 최소화하려면 여행 전부터 지출 계획을 잘 세워두어야 한다. 다양한 멤버십 프로그램과 추가 혜택으로 인해 신용카드를 모두 파악하기는 어렵지만 카드마다 제공되는 서비스가 다르다는 것 정도만 알아두면 된다. 해외 사용 수수료 조건을 잘 살펴보고 일정이 긴 여행이라면 여행만을 위한 신용카드나 체크카드를 발급받는 것도 좋다. 신용카드를 발급했다면 카드사에 미리 여행 계획을 알려 갑작스런 해외 사용으로 인해 카드가 정지되는 일이 없도록 하자. 현금인출기를 찾기가 쉽지 않은 나라도 많으니 다양한 종류의 카드를 여러 장 갖고 있는 편이 좋다.

어떤 신용카드 또는 체크카드를 언제 사용할지는 여행자의 재정 상황에 따라 크게 달라질 수 있다. 선진국에서는 어딜 가든 편리하게 신용카드를 사용할 수 있지만 아직 현금 사용이 기본인 나라들이 많다. 개발도상국일수록 대부분의 구매가 현금으로 이루어진다는 사실을 기억하고 비상시를 대비해 가방 깊은 곳에 약간의 현금을 넣어두자. 환전을 할 때에는 여러 요인을 잘 고려해 시간과 돈의 가치를 최대화할 수 있도록 해야 한다. 다음은 쉽지 않은 환전에 도움이 되는 정보들이다.

시간도 돈이다

여행자에게 유일하게 돈보다 중요한 것은 시간이다. 많은 여행자가 결과적으로 큰 이득을 보게 되는 것도 아닌데 좋은 환율을 찾기 위해 너무 많은 시간을 낭비한다.

환전에 소비하는 시간은 환전하는 금액의 양과 환율의 안전성에 따라 결정하면 된다. 잘 판단해야 한다. 해당 국가에 오래 머물 계획이라면 꼼꼼히 환율을 조사하고 다른 여행자에게 물어보고 좋은 환율을 찾아 많은 금액을 환전할 수 있다. 하지만 이제 막 도착해서 따뜻한 식사 한 끼와 하루 숙박을 위한 돈만 필요하다면 은행에 찾아가거나 환전소 직원과 실랑이를 하며 시간을 낭비하지 말자. 국경 근처 버스 정류장에 위치한 환전소의 환율은 당연히 시내 은행의 환율보다 좋지 않다. 하지만 환전하는 금액이 50달러밖에 되지 않는다면 하루 종일 다른 환전소를 찾아 다녀야 할 만큼 큰 손실은 아니다. 환전이 여행의 목적도 아니고 해야 할 일은 무궁무진하니 환전에 집착하지 말자.

어디에서 환전해야 할까

언제 어디서 환전을 해야 할지는 해당 국가의 경제 구조나 안전성에 따라 달라지는 문제이다. 이론상 통화 시장은 온전히 수요와 공급의 법칙에 따라 움직인다. 여행자가 소지한 통화의 가치는 그 통화에 대한 수요가 얼마나 있느냐에 따라 결정된다. 하지만 실제로는 정부의 통화 가치 조절, 국제 은행 수수료, 출금 수수료 등으로 인해 이론상으로는 단순한 통화 시장이 각기 장단점이 다른 다양한 하위 시장으로 나누어져 있다.

공식적인 경로

공식 경로를 통해 환전을 할 때에는 환율이 수요 공급의 법칙과 무관하게 인위적으로 부풀려지거나 떨어질 수 있다는 사실을 알고 있어야 한다. 다양한 경제적 장치를 통해 환율 조정에 깊이 개입하는 국가도 있고 공식적인 경로로 환전할 때 이러한 개입의 영향을 더 많이 받게 된다.

다음의 방법들은 공식적인 환율을 따른다는 점에서 모두 동일하다. 예를 들어 신용카드 거래는 거대 국제 은행에서 정한 환율을 기준으로 하며 수수료가 부과되고 길거리 환전소에서 적용하는 환율과는 무관하다. 공식 경로를 통한 환전은 안전하고 편리하지만 가장 좋은 환율을 기대하기는 어렵다.

환전 방법	단점	일반적인 환율
은행	수수료, 계좌가 없으면 환전이 불가할 수 있다.	↑
ATM	수수료, ATM이 없는 지역이 많다.	가끔 좋지 않음
신용카드	수수료, 신용카드를 받지 않는 작은 가게들이 많다.	자주 좋지 않음
환전 회사	수수료, 환전 회사가 없는 지역이 많다.	↓

비공식적인 경로

길거리 환전소에서는 안전상의 문제나 법적 위험성을 감수하는 대신 훨씬 좋은 환율로 환전할 수 있다. 비공식 경로를 통한 환전은 대부분의 국가에서 분명한 불법이지만 실제로 단속하는 정도는 나라마다 다르다. 많은 현금을 거래하게 되면 범죄의 표적이 될 수 있으니 유의해야 한다. 여러 위험 요인이 있으니 현지 규정을 알아보고 어떤 곳에서 좋은 환율을 적용해주는지 다른 여행자들에게 물어볼 필요가 있다.

비공식적인 경로로 환전할 때 어느 정도 안전하게 거래할 수 있는 방법들이다.

나누어두기

환전할 돈과 아닌 돈을 나누어 갖고 있어야 한다. 환전한 돈을 안전하게 넣어둘 가방 등을 준비해 가는 것이 좋다.

돈 파악해두기

현지 화폐의 모양과 질감을 미리 파악해두자. 전문가만 구별할 수 있는 수준의 위조지폐도 있지만 대부분은 일반인도 쉽게 구별할 수 있다.

계산 잘 하기

길거리에서 환전을 하게 되면 혼잡하고 시끄러운 환경에서 큰돈을 거래하기 때문에 여행자가 불안감을 느끼기 쉽다. 소지품을 잘 챙겨야 한다는 경계심과 불법 거래를 한다는 초조함까지 더해져 환율 계산이 잘 되었는지 정확하게 판단하기 어렵다.

일부 화폐는 화폐 단위가 작기 때문에 큰 화폐 단위에 익숙하지 않은 여행자일수록 환율 계산에 어려움을 느낄 수 있다. 말라위에 처음 방문한 여행자가 국경 근처의 환전소에서 급히 100달러 지폐를 환전해 총 7,000말라위크와차인 색색의 지폐 수십 장을 받았다고 하자. 여행자는 큰돈을 갖게 된 기분을 느끼며 1달러에 700크와차인 환율이 잘 적용된 완벽한 거래였다고 생각하고 넘기게 된다. 하지만 계산이 잘 되었는지 다시 확인해야 한다. 사실은 70,000크와차를 받아야 했지만 뒤늦게 그 사실을 깨닫는다 해도 할 수 있는 일은 없다.

입장 이해하기

물론 여행자는 사기에 당하지 않도록 조심해야 하지만 길거리 환전소 또한 영리를 목적으로 운영된다는 사실을 잊지 말아야 한다. 이러한 환전소는 공정한 시장 요율을 적용해야 하는 공식 기관이 아니라 협상이 가능한 사업장이다. 부당한 환율을 제시했다 하더라도 불쾌해 하거나 무례하게 굴어서는 안 된다. 원한다면 협상을 시도하고 그럴 마음이 없다면 다른 곳을 찾아가면 된다.

지구의 여행

<table>
<tr><td>모양</td><td colspan="2">편구면</td><td></td></tr>
<tr><td>적도 둘레</td><td>40,074km</td><td>24,902mi</td><td rowspan="10">우주
↓
관측 가능한 우주
↓
라니아케아 초은하단
↓
처녀자리 초은하단
↓
국부 은하군
↓
우리 은하
↓
오리온 팔
↓
태양계[3]
↓
지구</td></tr>
<tr><td>자연위성</td><td colspan="2">1 (달)</td></tr>
<tr><td>인공위성</td><td colspan="2">1,419 (현재 가동 중인 위성)</td></tr>
<tr><td>자전축 기울기</td><td colspan="2">23.44°</td></tr>
<tr><td>자전 방향</td><td colspan="2">서에서 동으로</td></tr>
<tr><td>적도에서의
자전 속도</td><td>1,674km/h</td><td>1,040mph</td></tr>
<tr><td>지구 공전 속도</td><td>107,870km/h</td><td>67,027mph</td></tr>
<tr><td>태양계 공전 속도</td><td>788,579km/h</td><td>490,000mph</td></tr>
<tr><td>은하계 속도</td><td>3,600,103km/h</td><td>2,237,000mph</td></tr>
<tr><td>전 우주를 계속 도는
지구에 있는 사람들이
느끼는 모든 속도[1,2]</td><td>~4,498,226km/h</td><td>~2,795,067mph</td></tr>
</table>

1 ››› 표에 나와 있듯 적도에서의 자전 속도로 인해 적도에 사는 사람이 느끼는 속도는 극지방에 사는 사람보다 1,674km/h(1,040mph) 더 빠르다.

2 ››› 관찰할 수 있는 모든 물체가 계속 움직이기 때문에 항성 간 또는 은하 간 측정 속도는 상대적이며 공통 측정 기준이 없다. 우주에는 속도 측정의 기준으로 삼을 수 있는 고정 물체가 존재하지 않는다. 그렇기 때문에 위 표의 속도는 마찬가지로 움직이고 있는 다른 별 또는 은하까지 움직이는 속도를 측정한 것이다. 최근의 연구 결과에 따르면 어디에서부터 어디까지, 어떻게 움직이는지는 아직 알 수 없지만 전 우주가 확장하는 동시에 계속해서 움직이고 있다.

3 ››› 상상력이 부족한 이름처럼 들리지만 실제로 지구가 있는 태양계의 공식 명칭은 단순히 태양계이다.

색색의 해변

색	주요 원인	유명한 해변
검은색	현무암	아이슬란드 비크 해변
녹색	감람석	미국 하와이 파파콜레아 해변
주황색	석회암	이탈리아 사디니아 포르토 페로
분홍색	산호	바하마 일루서라 핑크샌드 해변
보라색	망간 석류석	미국 캘리포니아 파이퍼 해변
빨강색	철	그리스 산토리니 콕키니 해변
하얀색	석영	오스트레일리아 뉴사우스웨일스 하이엄스 해변

습관 들이기

밤사이 신발 안으로 무엇이 기어들어갔을지 모르니 아침마다 신발을 털어주는 습관을 들이면 좋다.

바다의 주인

유엔해양법협약에서는 다음과 같이 해양에 대한 권리를 규정하였다.

배타적 경제수역	연안국이 모든 해양 자원에 대한 권리를 소유한다.	200해리 (370km/230mi)
접속수역	연안국이 통관, 재정, 출입국, 위생에 관한 법을 적용할 수 있다.	24해리 (45km/28mi)
영해	연안국의 주권이 미치는 수역이지만 외국 선박의 안전한 통행을 허가해야 한다.	12해리 (22km/14mi)

해안선

국제 수역의 정확한 범위에 대한 논쟁이 있기는 하지만 대체로 각 국가의 영해 너머부터를 국제 해양으로 본다. 국제 수역에서 벌어진 범죄에 대해서는 완전한 법적 면책권이 있다고 생각하는 사람들이 많은데 그렇지 않다. 국제 해양을 항해하는 선박은 게양 국기에 따라 해당 국가의 법적 규제를 받는다.[1]

1 ››› 그 외 다른 국가는 해당 선박에 대한 법적 규제를 전혀 할 수 없기 때문에 문제가 많은 제도라고 할 수 있다. 범죄성이 있는 선박들은 돈을 내고 몽골 등 내륙 국가의 국기를 게양할 수 있는 허가를 얻기도 하는데 몽골 정부에서 지구 반대편 어느 국제 해양 지대를 항해하는 선박을 규제하기 위해 어떤 노력도 하지 않으리라는 사실을 알기 때문이다.

내 것 표시하기

가방 안에 있는 물건 중에 휴대폰 충전기나 칫솔처럼 평범해서 다른 사람의 물건과 섞이기 쉬운 물건에는 표시를 해두자. 눈에 잘 띄는 색으로 짐에 표식을 달아두면 여행 중 여러 상황에서 시간을 아낄 수 있다. 아시아에서는 건물에 들어갈 때 신발을 벗어야 하는 경우가 많다. 유명 브랜드의 플립플롭이나 샌들을 신고 갔다면 독특한 표시를 남겨두자. 붐비는 관광지일수록 정신 없이 쌓여있는 수백 개의 엄청난 신발 가운데서 쉽게 신발을 찾을 수 있을 것이다.

국가 인터넷 도메인

국가 인터넷 도메인 또는 ccTLD라고 불리는 국가코드 최상위 도메인은 특정 지역 또는 주권국에 부여되는 고유한 도메인 확장자로 두 글자로 이루어진다. 1985년에 최초로 미국(.us), 영국(.uk), 이스라엘(.il)에 국가 인터넷 도메인이 부여되었다. 그 이후로 많은 국가가 국가 인터넷 도메인을 등록하였고 해당 도메인을 사용하는 웹사이트의 운영 권한에 대한 규정을 제정하였다. 해당 국가의 국민과 기업만 사용 가능한 나라도 있고 일정 금액을 지불하면 사용할 수 있는 나라도 있으며 중앙아프리카공화국(.cf), 가봉(.ga), 적도기니(.gq), 말리(.ml)의 도메

인은 무료로 누구나 사용할 수 있다.[1]

오늘날 인터넷이 거대한 정보망으로 기능하게 되면서 단순히 국명의 철자 덕분에 아주 높은 가치를 갖게 된 도메인들이 있다. 다음은 현재 사용되는 국가 도메인 중 상업적 가치가 높은 도메인들이다.

국가코드 최상위 도메인	국가	일반적인 의미
.ad	안도라	광고 회사
.am	아르메니아	AM 라디오방송
.be	벨기에	있다
.bz	벨리즈	비즈니스
.co	콜롬비아	기업
.dj	지부티	디스크자키
.fm	미크로네시아연방국	FM 라디오방송
.in	인도	내부, 인터넷기업
.is	아이슬란드	있다
.it	이탈리아	이것, 정보기술기업
.md	몰도바	의료기업
.me	몬테네그로	나
.mu	모리셔스	음악기업
.to	통가	~쪽으로
.tv	투발루	텔레비전기업

1 ››› 이 국가들은 국내 인터넷 사용을 촉진하고 국제적 인지도를 높이기 위해 도메인을 무상으로 제공한다.

여행자란

체호프의 작품 속 인물들처럼 거리낌이 없다. 아주 사적인 비밀까지 털어놓는다.
세상에는 정말 이상한 직업과 기이한 사람과
말도 안 되게 멍청한 사람들이 살고 있고
그 균형을 맞추기 위해 엄청난 시련이 존재한다는 것을 깨닫게 된다.

– 그레이엄 그린, 영국 작가, 《무법의 길》(1939)

방랑시인

방랑벽에 사로잡혀
정신을 모두 빼앗겨버렸네.
길의 수호신이 손짓하니
아무 것도 손에 잡히지 않네.

– 마쓰오 바쇼,
《오쿠로 가는 작은 길》(1694)

1644년 하급 사무라이 집안에서 태어난 마쓰오 바쇼는 가장 사랑받는 일본의 시인이자 하이쿠의 대가로 평가받는다. 바쇼는 긴 국내 여행을 네 차례 이상 했던 것으로 알려져 있는데 그중 1689년에 떠난 1,931km(1,200mi)의 여정에서 걸작 《오쿠로 가는 작은 길》이 만들어졌다. 《노자라시 기행》(1685)과 《오이노코부미》(1688), 《사루미노》(1691) 등의 작품에서 여행에 대한 철학적 물음부터 길에서 겪게 되는 자잘한 불편함까지 모든 것을 하이쿠에 담아냈다.

여행자의 마음은
움직이는 초롱불처럼
한 곳에 오래 머물지를 못하네.

벼룩과 이가 물어뜯어
밤새 잠 이루지 못하고
말이 내 귀 옆에 오줌을 누네.

대사관의 기능

대사관[1]은 국제적인 명령을 수행하기 위한 경로 역할을 하는 기관이다. 대사관의 여러 역할 중 하나는 여행자 지원으로 여권 재발급, 의료 서비스 제공, 법적 변호, 응급 상황 시 대피 등 다양한 여행, 의료, 법률 문제를 다룬다.

개입의 정치성

대사관 및 대사관의 직원들은 본국 정부의 연장선상에 있기 때문에 대사관의 조치는 광범위한 정치적 영향력을 갖는다. 예를 들어 대사관에서 여행자 보호를 위해 군인을 지원했다면 단순히 국민의 생명을 보호하기 위한 조치 이상의 문제가 된다. 아주 심각한 정치적 의사결정으로 심하면 선전포고와 같은 의미로 해석될 수 있다. 대사관은 여행 정보와 지원을 위한 도움을 주는 기관일 뿐 해외 체류 국민 보호가 주목적은 아니다. 대사관은 싸움 중간에 뛰어들어 구해줄 큰형이 아니라 국제적인 네트워크를 갖추고 있어 응급 상황에 도움이 되는 능력 있는 친구 정도로 생각해야 한다.

대사관과 영토

많은 사람들이 생각하는 것과 달리 대사관은 본국의 영토로 분류되지 않는다. 특정 법과 규정에 대한 면책권이 적용되는 것은 사실이지만 파견국 내의 지정 지역에 위치한다. 파견국의 국민은 허가 없이 타국 대사관에 들어갈 수 없고 대사관 직원 일부는 외교 면책 특권을 가지며 대사관 공격은 본국에 대한 공격과 동일하게 취급되지만 대사관 자체가 본국의 영토로 분류되지는 않는다.

대사관이 없을 때는

전 세계 모든 나라에 대사관을 두고 있는 국가는 없다. 현재 미국이 공식적인 외교 관계를 맺고 있지 않아 대사관을 두지 않은 국가는 부탄과 이란, 북한이다. 적대적인 정치 관계도 이유가 되지만 비교적 단순한 현실적인 이유도 있다. 미국은 작은 섬 국가인 세인트루이스와 우호적인 정치 관계를 유지하고 있지만 별도의 대사관을 두지 않고 근처에 있는 바베이도스 대사관을 통해 일처리를 하고 있다. 이러한 경우가 국제 관계에서 일반적이기 때문에 여행자가 방문한 국가에 본국의 대사관이 없는 것도 드문 일이 아니다.

본국의 공식 대사관이 없는 곳에서 도움이 필요하다면 대사관이 있는 가장 가까운 나라의 대사관에 연락을 취해야 한다. 해당 대사관의 직원은 유사한 상황을 많이 겪어봤기 때문에 능숙하게 안내를 해줄 것이다. 보통은 대사관 역할을 대신 해주는 연합국의 대사관으로 연결시켜 준다. 외교 관계가 그리 활발하지 않은 모든 나라에 대사관을 두기는 어렵기 때문에 이런 식의 연합이 점점 더 많아지고 있다. 대사관이 없는 국가에 장기간 머물 계획이라면 해당 지역에서 이용할 수 있는 공식적인 연합 관계를 알아두어야 한다. 오스트레일리아와 캐나다는 많은 국가에서 서로의 대사관을 이용하고 있으며 EU 회원국 대사관에서는 모든 EU 회원국 국민에게 대사관 역할을 해줘야 할 의무가 있다. 많은 국가가 이러한 외교적 연합 덕분에 전 세계 어디에서든 자국민에게 도움을 줄 수 있다.

1 ››› 이와 같은 외교 역할을 하는 기관을 칭하는 용어는 영사관, 총영사관, 고등법무관, 상임공관 등 나라마다 다양하다. 기관에서 담당하는 기능도 나라에 따라 다르다. 파견국의 대표가 수도에 머물며 주요 외교 업무를 수행하는 것이 보통의 기능이지만 공식적인 자격이 없더라도 이와 같은 외교적 역할을 하면 대사라고 부를 수 있다.

자식 이기는 부모는 없다지만

부모로서는 여행을 떠나려고 하는 젊은 자식을 이해하기 어려울 수 있다. 부모는 여행하기에 다소 위험했던 세상을 기억하고 있고 고작 몇 달의 여행이 자식의 앞날에 큰 변화를 줄 거라고 생각하지 않는다. 게다가 여행을 향한 젊은이의 열망은 미래에 대한 계획보다는 명확히 설명할 수 없는 생각에서 시작되는 경우가 많다. 그렇기 때문에 부모와 자식 사이에 갈등이 생길 수밖에 없다. 현재 이러한 갈등을 겪고 있는 여행자라면 똑같은 상황이 아주 오래전부터 있어왔다는 사실에 마음이 다소 편해질지도 모르겠다. 세상을 탐험하는 여행자의 뒤에는 늘 그가 집으로 돌아오기를 바라며 마음 졸이는 부모가 있었다.

다음은 22세의 찰스 다윈이 의사였던 아버지 로버트 다윈에게 비글호에 올라 남아메리카 대륙을 탐험하고 싶다며 쓴 편지에서 발췌한 내용이다. 결과적으로 이 여행은 다윈의 진화론 탄생의 뼈대가 되었으며 지난 500년을 통틀어 가장 중요한 여행이었다고 말할 수 있다.

하지만 1831년의 찰스 다윈은 이제 막 사회로 나온 젊은이였고 여행에 회의적인 아버지를 설득해 여행을 허락받고 재정적 도움을 받고자 노력해야 했다. 아버지가 강하게 반대한다는 것을 알고 있던 찰스 다윈은 반대 이유마다 상세한 설명을 덧붙였고 삼촌 조사이어 웨지우드의 도움도 받아 아버지에게 이 여행의 가치를 이해시키고자 했다.

아버지께,
또 원치 않으시는 이야기를 꺼내서 죄송합니다.
그래도 고심 끝에 여행에 대한 제 생각을
한 번은 더 들어주실 거라고 생각했습니다...

로버트 다윈의 반대 이유와 조사이어 웨지우드의 반박

> **장차 성직자로서의 평판에 오점이 된다.**

저는 성직자로서의 평판에 어떤 오점도 남지 않으리라 생각합니다. 직업으로 삼는다면 모르겠지만 학문으로서의 자연사는 성직자로서 탐구하기에 아주 적절한 분야이며 오히려 명예로운 일이 될 것입니다.

> **무모한 계획이다.**

이 부분은 어떻게 반박해야 할지 모르겠지만 찰스는 본인이 하고자 하는 일에 대해 분명한 목표를 갖고 있고 적응하는 능력을 키워갈 것이며 찰스가 앞으로 다가올 2년을 집에서 보내더라도 어떤 방식으로든 이 계획과 크게 다르지 않을 거라 생각합니다.

> **동식물 연구가 자리는 찰스 말고도 다른 많은 사람에게 먼저 제안한 자리이다.**

편지를 읽으면서 이런 생각은 하지 못했습니다. 편지를 다시 읽어보아도 이 이유의 근거를 찾기는 어렵습니다.

> **내가 허락하더라도 선박이나 탐험 자체가 반대에 부딪힐 것이다.**

해군 측에서 이 탐험에 좋지 않은 선박을 보내진 않을 거라 생각합니다. 탐험에 대한 반대도 개별적인 문제이며 혹 누군가 반대를 하더라도 찰스의 승선에 문제가 될 일은 없다고 생각합니다.

> **여행을 다녀오면 안정적인 삶을 살기 어려울 것이다.**

저보다는 찰스의 성정을 잘 알고 계실 겁니다. 찰스가 제안을 거절하고 이곳에 머무르면 안정적인 삶을 살아갈 텐데 탐험을 떠나 2년의 시간을 보내고 나면 정착하지 못하고 불안정하게 살아갈 것이라 생각하신다면 반대할 만하다고 생각합니다. 하지만 많은 선원들이 고국에 돌아와 조용한 삶을 살아가지 않던가요?

> **잠자리가 몹시 불편할 것이다.**

저도 잘 알 수는 없으나 해군의 부름을 받은 이상 선박에서 가능한 한 좋은 잠자리를 요구할 수 있을 것이라 생각합니다.

> **이 탐험으로 인해 직업을 바꾸려 할 수도 있다.**

찰스가 직업으로 삼고자 자연사 공부를 전문적으로 한다면 말려야 한다고 생각하지만 그럴 생각은 없는 것으로 보입니다. 찰스가 자연사 탐구에 몰두하는 것은 탐험에 필요하기 때문일 뿐이라고 생각합니다.

> **무용한 일이다.**

성직자라는 직업만 두고 보면 무용할 수 있지만 호기심이 충만한 사람으로서 흔치 않은 사람과 상황을 경험할 수 있는 좋은 기회가 될 것입니다.

편지는 성공적이었다. 로버트 다윈은 여행에 동의했고 2년의 여행을 허락했다. 찰스는 세상에서 가장 독특한 생태계를 직접 경험하고 세계 일주를 마친 후 5년이 지나 여행에서 돌아왔다. 그가 여행을 통해 얻은 지식과 경험은 지구상 모든 생명의 근간에 의문을 던지는 엄청난 업적을 이루었다.

베드버그

빈대
실제크기

빈대
5배 확대

베드버그라 불리는 빈대는 작고 빠르며 주로 밤에 활동하기 때문에 눈으로 확인하기 어렵다.

방 확인하기

짐을 끌고 방에 들어가기 전에[1] 손전등을 켜고 담요와 침대 시트, 헤드보드, 매트리스 패드, 매트리스 그리고 그 주변을 샅샅이 확인한다. 베드버그는 면 시트부터 나무 책상까지 거의 모든 재질에 서식할 수 있다. 실제 베드버그를 발견하기는 쉽지 않지만 적갈색 또는 검은색 얼룩이나 반점을 찾아본다. 이 핏자국이 발견되면 베드버그가 그 자리에서 사람의 피를 빨았다고 생각하면 된다. 이름대로 대부분의 베드버그는 침대 주변 3m(10ft) 내에 서식한다.

짐 확인하기

베드버그에 물렸을 때의 반응은 사람마다 다르지만 일렬로 3개 이상의 붉은 물린 자국이 나타나는 것이 가장 일반적이다. 며칠이 지나고 나서야 자국이 나타나기도 하며 부어오르거나 가려울 수 있다. 베드버그가 질병을 옮기지는 않는다.

베드버그에 물렸다면 옷과 소지품에 베드버그가 남아있지 않도록 조치해야 한다. 베드버그는 이나 벼룩과 달리 사람의 몸에 붙어있지는 않지만 여행 가방 안으로 들어가 여러 물건에 터전을 잡을 수도 있다. 옷을 모두 꺼내 가능한 가장 높은 온도로 세탁해야 하며 권장되는 온도는 45°C(110°F) 이상이다. 베드버그가 붙어있을 수 있지만 세탁이 불가능한 물건은 따로 비닐 가방에 모아 넣고 남아있는 베드버그가 없는지 면밀히 확인해야 한다.

1 ››› 베드버그가 있을 확률이 제일 낮은 욕조에 짐을 두어도 된다.

탐험을 꿈꾼다면 이제 움직여야 한다. 아무리 완벽한 책이라 해도 더 이상은 무의미하다. 이제는 가장 어려운 단계인 '경험'을 통해 고난과 어려움을 마주하고, 거대한 과학과 문명의 도움 없이 주어진 조건에서 극복해 나가는 방법을 배워야 한다.

이 책의 몇 장이 위대하고 신비로운 세상의 장막을 열어젖혀 살짝이라도 그 내면을 보여주었다면, 이 조언과 안내의 단어 몇 개가 탐험가의 길을 조금이라도 순탄하고 손쉽게 만들어주었다면, 지붕과 창문 유리를 때려대는 빗방울 말고는 마음에 거리낄 것 없이 편안하게 집안의 난롯가에 앉아 이 책을 보고 있는 누군가가 대도시의 고성과 복잡함에서 멀리 떨어져 누구의 방해도 받지 않는 고독이 가능한 광활한 대륙에 서있는 자신의 모습을 상상했다면, 단 한 시간 동안이라도 방랑자가 겪는 모든 성공과 실망을 떠올려보고 그 불안의 무거움을 느끼거나 안도의 한숨을 내쉬어 보았다면, 만약에 그렇다면 이 책을 헛되이 쓰지는 않았다고 생각한다.

- W. O. 캠벨

《파타고니아를 지나》(1901)

감사의 인사

이 책을 쓰는 동안 많은 분들께 분에 넘치는 도움을 받았습니다. 다 언급할 수도 없을 만큼 많은 분들이 시간과 노력을 쏟아주셨고 이 은혜는 평생 갚지 못할 거라 생각합니다. 여기서 모두에게 감사 인사를 할 수는 없지만 볼티모어, 워싱턴 D.C., 뉴욕, 텍사스에 있는 친구들을 비롯해 많은 분들이 주신 도움을 언제나 기억하겠습니다.

톰슨 출판 에이전시의 에이전트 신디 어: 독특한 생각을 가진 경력 없는 작가에게 기회를 주셔서 감사합니다. 늘 열정을 유지하고 진정성을 잃지 않도록 큰 도움을 주셨습니다. 톰슨 출판 에이전시의 메그 톰슨을 비롯한 모든 분들의 도움과 지지에 감사드립니다.

블랙도그앤레벤탈의 편집자 리사 테날리아: 잘 알지 못하는 장르로 첫 집필을 하면서 이토록 친절하고 재능 있는 편집자와 일할 수 있어 영광이었습니다. 모든 아이디어를 꼼꼼히 검토하고 수많은 조언을 해주셨고 무엇보다도 함께 일하는 과정이 즐거웠습니다. 리사의 재능과 인내심 덕분에 훨씬 좋은 결과가 나왔다고 생각합니다. 정말 감사해요. J. P. 레벤탈과 모린 윈터, 미셸 아이엘리, 카라 손턴, 오데트 플레밍, 마이크 올리보, 안쿠르 고시를 비롯한 아셰트와 블랙도그앤레벤탈의 모든 분들의 노고에 감사드립니다.

헤드케이스 디자인의 폴 케플과 맥스 반덴버그: 이 책의 모든 페이지를 창조적이고 전문적인 솜씨로 꾸며주어서 감사합니다. 몹시 광범위하고 다양한 이야기들을 솜씨 좋게 정리해주고 놀라운 디자인을 보여주셨습니다. 덕분에 뒤죽박죽인 생각들이 멋진 책으로 나올 수 있었습니다. 감사합니다.

이국의 땅에서 만난 모든 친구들: 앨리, 카티아, 니셜, 데이미온, 팀,

스코티, 라이언, 산나, 세라, 크레이그, 말로스, 마크, 다라, 게리, 다닐로, 마이크, 가베, 라오이시, 톰, 아디, 피트, 로니, 앨리슨, 몰리, 레이철, 리지를 비롯한 모두 사랑해. 멈추지 마. 길에서 다시 만나자.

탄자니아 타보라의 얼: 며칠 동안 힘겨운 여정을 보내고 회의가 들기 시작했을 때 골든이글호텔에서 당신을 만났습니다. 저를 초대해 다정한 가족들과 인사시켜주셨고 오랜 시간 이야기를 나누었죠. 당신이 보여주신 친절함은 지금도 앞으로도 절대 잊지 못할 겁니다. 당신과 같은 분들이 있기에 여행을 합니다. 감사합니다.

카트린과 니콜라스: 남부 르완다에서 만나 키갈리에 있는 집에서 신세도 졌죠. 거의 반사적인 수준의 친절함을 보여준 두 사람 덕분에 여행을 더욱 사랑하게 되었습니다. 지금 어디에 있든 안녕하길.

독일 하멜션버그의 본 클렌케 가족: 저와 가족들에게 언제나 따뜻한 대접을 해주셨습니다. 그 환대 덕분에 많은 유럽의 국가를 방문할 수 있었고 헨리와 함께 러시아도 여행했죠. 변함없는 따뜻함과 친절함에 감사드립니다.

캐시 허드슨과 그레그 오토: 언제나 저를 지지해 주고 남들과 다른 길을 가는 제가 흔들리지 않도록 응원과 조언을 아끼지 않았습니다.

그리고 찰리 토튼, 로런 마크스, 앤드루 윌리엄스, 엘리 드레스너, 맥과 앤 윌리엄스 부부, 보즈먼 식구들, 마이클 캐링턴, 모든 프렌즈기빙 크루, 스콧 프레시몬, C. 알렉산더 '샌디' 런던, 브라이언 케빈, 스테이시 시프 그리고 볼티모어, 브루클린, 부스베이 하버의 공공 도서관 직원 분들에게 감사를 전합니다.

피터와 애비 잭슨: 마케팅과 디자인에 도움을 주고 늘 긍정적이고 힘이 되는 친구가 되어주어 고마워.

맷과 세라 포프: 다 적지 못할 만큼 많은 방면으로 이 책을 완성할 수 있게 도와주었고 언제나 열렬히 응원해주어 고마워.

맷 오언스: 기술 책임자로 역할해준 것뿐 아니라 늘 다정하고 의리 있는 친구가 되어주어 고마워.

아이작 볼탄스키: 20년이 넘도록 배려 깊은 친구로 곁에 있어주어

고마워. 언제나 너그럽고 다정한 친구일 뿐 아니라 귀한 조언을 해주는 친구였어.

닉 실버겔드: 네가 없었다면 이 책은 정말 나올 수 없었을 거야. 함께 핼러윈 도그 퍼레이드를 즐기고 당구를 치고 술을 마시던 브루클린에서의 나날은 더없이 즐거웠을 뿐 아니라 이 책에도 중요한 역할을 했어. 고마워.

닉과 케이트 콜빈: 이 긴 여정 동안 너희 둘은 언제나 나를 지지하고 배려해준 놀라운 친구들이었어. 처음 시작부터 단계마다 나를 북돋아 주었고 꿈을 쫓아갈 수 있게 큰 힘을 주었지. 정말 고마워.

메그: 식사를 대접하고 선물을 주고 도움이 되는 친구들을 소개해주며 많은 것을 베풀어준 메그. 너는 그 누구보다 이타적이고 끊임없이 사랑과 격려를 보내주는 사람이야.

버그: 언제나 긍정적인 태도로 응원해주어 고마워.

드림: 네가 나에게, 그리고 이 책에 준 모든 도움은 다 설명할 수도 없을 거야. 늦은 밤 뉴욕에서 너와 함께 식사를 하며 아이디어를 떠올렸고 너의 아파트에 지내며 글을 쓰기 시작했지. 너는 항상 가장 가까이에 있는 친구이자 조언자였고 이 책이 만들어지는 데 핵심적인 역할을 해주었어. 너의 베풂과 친절, 우정은 절대 잊지 않을 거야.

콜린: 최고의 형제이자 누구보다도 진정으로 사려 깊고 다정한 콜린. 무슨 일을 하든 늘 자랑스럽게 생각해. 변함없는 믿음에 고마워.

몰리: 사람들을 돕고자 하는 너의 마음과 헌신은 늘 내게도 자극이 돼. 너는 최고의 여동생이야. 너의 사랑과 격려에 더 없이 감사해.

부모님: 모두 다 감사드려요. 온전히 두 분 덕분에 그 누구보다도 큰 행운을 누리며 살고 있어요. 제가 무엇을 하든 온 마음으로 지원해주신 두 분에 대한 사랑은 말로 다 표현할 수가 없어요. 감사합니다.

이 책에는 제프 라이스, 낸시 맥패든, 도러시 맥패든, 존 맥패든, 베티 제인 라이스, 롬니 '버드' 라이스와 함께한 다정한 기억들이 담겨 있습니다.

찾아보기

도판 출처

Pg. 8-11: dikobraziy / iStock
Pg. 36: Nastasic / iStock
Pg. 42: Tupungato / Shutterstock (second image from top)
Pg. 42: Morphart Creation / Shutterstock (third image from top)
Pg. 42: bingo_flamingo / Shutterstock, Inc (bottom)
Pg. 43: Kletr / Shutterstock (top)
Pg. 43: lynea / Shutterstock (middle)
Pg. 43: andrey oleynik / Shutterstock (bottom)
Pg. 49: Hein Nouwens / Shutterstock
Pg. 53: CJansuebsri / Shutterstock (left)
Pg. 53: Andrei Kuzmik / Shutterstock (right)
Pg. 56: Vlad Klok / Shutterstock
Pg. 60: Goderuna / Shutterstock
Pg. 60: ilbusca / iStock (bottom)
Pg. 61: Morphart Creation / Shutterstock
Pg. 62: admin_design / Shutterstock (top)
Pg. 63: kuril_solomov / iStock
Pg. 64: Pavel K/ Shutterstock
Pg. 66-67: cetus / Shutterstock
Pg. 70: admin_design / Shutterstock (bottom)
Pg. 76: lusikkolbaskin / iStock
Pg. 82: Alhovik / Shutterstock
Pg. 82: MIRARTI Illustrations / Shutterstock
Pg. 82: Maria Ruiz Perez / Shutterstock
Pg. 97: Pim / Shutterstock
Pg. 103: Hein Nouwens / Shutterstock (top)
Pg. 103: DoubleBubble / Shutterstock (middle)
Pg. 103: Archimboldus / Shutterstock (bottom)
Pg. 106: Sergey Mikhaylov / Shutterstock (top)
Pg. 106: Morphart Creation / Shutterstock (bottom)
Pg. 121: Fourleaflover / Shutterstock
Pg. 133: Olga Lobareva / Shutterstock (middle)
Pg. 133: Nadir Gafarov / Shutterstock (bottom)
Pg. 134: Hein Nouwens / Shutterstock
Pg. 147: duncan1890 / iStock
Pg. 150: Fourleaflover / Shutterstock
Pg. 151: nicoolay / iStock (buffalo, elephant)
Pg. 151: Classix / iStock (lion, leopard)
Pg. 151: duncan1890 / iStock (rhino)
Pg. 170: Skocko / Shutterstock
Pg. 176: Everett Historical / Shutterstock (top)
Pg. 184: MaKars / Shuttestock (dog)
Pg. 184: diana pryadieva / Shutterstock (ferret)
Pg. 184: silver tiger / Shutterstock (cat)
Pg. 210: Andrey_Popov / Shutterstock (bottom)
Pg. 211: Nowik Sylwia / Shutterstock
Pg. 212: wavebreakmedia / Shutterstock (bottom)
Pg. 215: Fourleaflover / Shutterstcok
Pg. 231: angelh / Shutterstock (boat)
Pg. 237: KUCO / Shutterstock
Pg. 238: DoubleBubble / Shutterstock
Pg. 239: Sergey Kohl / Shutterstock (top)
Pg. 240: andrey oleynik / Shutterstock (top)
Pg. 240: nicoolay / Shutterstock (bottom)
Pg. 241: ivan−96 / iStock (top)
Pg. 241: viktoriya_art / Shutterstock (bottom)
Pg. 242: ilbusca / iStock (top)
Pg. 242: Hein Nouwens / Shutterstock (bottom)
Pg. 243: MaKars / Shutterstock
Pg. 246: Jktu_21 / Shutterstock
Pg. 250: AVA Bitter / Shutterstock (balloon)
Pg. 250: Mur34 / Shutterstock (duck)
Pg. 250: lynea / Shutterstock (sheep)
Pg. 250: La puma / Shutterstock (rooster)
Pg. 258-259: Estilo_Libre / Shutterstock
Pg. 263: posscriptum / Shutterstock
Pg. 271: LAATA9 / Shutterstock
Pg. 279: Christos Georghiou / Shutterstock
Pg. 285: AVA Bitter / Shutterstock

All other illustrations are in the public domain or courtesy of the Noun Project.

유용한 정보

단위 변환

1센티미터(cm) ≒ 0.39인치(in)
1미터(m) ≒ 3.28피트(ft)
1미터(m) ≒ 1.9야드(yd)
1킬로미터(km) ≒ 0.62마일(mi)

1해리(nmi) ≒ 1.85킬로미터(km)
1해리(nmi) ≒ 1.15마일(mi)

1제곱미터(m^2) ≒ 1.20제곱야드(sq yd)
1제곱킬로미터(km^2) ≒ 0.39제곱마일(sq mi)
1헥타르(ha) ≒ 2.47에이커(ac)

1밀리미터(ml) ≒ 0.20미국티스푼(tsp)
1밀리미터(ml) ≒ 0.07미국테이블스푼(tbsp)
1리터(L) ≒ 33.81미국액온스(fl oz)
1리터(L) ≒ 4.17미국컵(c)
1리터(L) ≒ 2.11미국파인트(pt)
1리터(L) ≒ 1.06미국쿼트(qt)
1리터(L) ≒ 0.26미국갤런(gal)

1영국티스푼(tsp) ≒ 1.20미국티스푼(tsp)
1영국테이블스푼(tbsp) ≒ 1.20미국테이블스푼(tbsp)
1영국액온스(fl oz) ≒ 0.96미국액온스(fl oz)

1영국컵(c) ≒ 1.18미국컵(c)
1영국파인트(pt) ≒ 1.20미국파인트(pt)
1영국쿼트(qt) ≒ 1.20미국쿼트(qt)
1영국갤런(gal) ≒ 1.20미국갤런(gal)

1그램(g) ≒ 0.035온스(oz)
1킬로그램(kg) ≒ 2.20파운드(Ib)
1메트릭톤(t) ≒ 1.10미국톤(ton)

온도

섭씨(C°)	화씨(F°)
100	212
90	194
80	176
70	158
60	140
50	122
40	104
30	86
20	68
10	50
0	32
-10	14
-20	-4
-30	-22
-40	-40

속도

시간당 킬로미터(km/h)	20	40	60	80	100	120	140	160
시간당 마일(mph)	12	25	37	50	62	75	87	99
노트(kn)	11	22	32	43	54	65	76	86

국제 모스 부호

SOS: · · · — — — · · ·

일반적인 긴급 라디오 주파수

121.5MHz: 민간항공기 조난
243.0MHz: 군용항공기 조난
406.0MHz: 국제 조난 주파수

156.8MHz(채널 16 VHF): 해양 긴급 상황
500kHz: 구식 긴급 모스 부호 주파수
2182kHz: 해양 긴급 상황